Carsten Handel

Charmonium-Produktion bei ATLAS

Carsten Handel

Charmonium-Produktion bei ATLAS

Messung der Charmonium- Produktion und Energiekalibration für Elektronen mit dem ATLAS-Experiment

Südwestdeutscher Verlag für Hochschulschriften

Impressum/Imprint (nur für Deutschland/only for Germany)
Bibliografische Information der Deutschen Nationalbibliothek: Die Deutsche Nationalbibliothek verzeichnet diese Publikation in der Deutschen Nationalbibliografie; detaillierte bibliografische Daten sind im Internet über http://dnb.d-nb.de abrufbar.
Alle in diesem Buch genannten Marken und Produktnamen unterliegen warenzeichen-, marken- oder patentrechtlichem Schutz bzw. sind Warenzeichen oder eingetragene Warenzeichen der jeweiligen Inhaber. Die Wiedergabe von Marken, Produktnamen, Gebrauchsnamen, Handelsnamen, Warenbezeichnungen u.s.w. in diesem Werk berechtigt auch ohne besondere Kennzeichnung nicht zu der Annahme, dass solche Namen im Sinne der Warenzeichen- und Markenschutzgesetzgebung als frei zu betrachten wären und daher von jedermann benutzt werden dürften.

Coverbild: www.ingimage.com

Verlag: Südwestdeutscher Verlag für Hochschulschriften GmbH & Co. KG
Heinrich-Böcking-Str. 6-8, 66121 Saarbrücken, Deutschland
Telefon +49 681 37 20 271-1, Telefax +49 681 37 20 271-0
Email: info@svh-verlag.de

Zugl.: Mainz, Johannes Gutenberg-Universität, Diss., 2011

Herstellung in Deutschland (siehe letzte Seite)
ISBN: 978-3-8381-3127-6

Imprint (only for USA, GB)
Bibliographic information published by the Deutsche Nationalbibliothek: The Deutsche Nationalbibliothek lists this publication in the Deutsche Nationalbibliografie; detailed bibliographic data are available in the Internet at http://dnb.d-nb.de.
Any brand names and product names mentioned in this book are subject to trademark, brand or patent protection and are trademarks or registered trademarks of their respective holders. The use of brand names, product names, common names, trade names, product descriptions etc. even without a particular marking in this works is in no way to be construed to mean that such names may be regarded as unrestricted in respect of trademark and brand protection legislation and could thus be used by anyone.

Cover image: www.ingimage.com

Publisher: Südwestdeutscher Verlag für Hochschulschriften GmbH & Co. KG
Heinrich-Böcking-Str. 6-8, 66121 Saarbrücken, Germany
Phone +49 681 37 20 271-1, Fax +49 681 37 20 271-0
Email: info@svh-verlag.de

Printed in the U.S.A.
Printed in the U.K. by (see last page)
ISBN: 978-3-8381-3127-6

Copyright © 2012 by the author and Südwestdeutscher Verlag für Hochschulschriften GmbH & Co. KG and licensors
All rights reserved. Saarbrücken 2012

Messung der Charmonium-Produktion und Energiekalibration für Elektronen mit dem Atlas-Experiment

Dissertation
zur Erlangung des Grades
„Doktor
der Naturwissenschaften"
am Fachbereich Physik
der Johannes Gutenberg-Universität
Mainz

Carsten Handel
geb. in Mainz

Überarbeitete Fassung
Mainz, im März 2012

1. Gutachter: Prof. Dr. ST*
2. Gutachter: Prof. Dr. H-JA

Datum der mündlichen Prüfung: 23.11.2011
Dissertation an der Universität Mainz (D77)

---

*In der Verlagsfassung wurden Namen aus Datenschutzgründen durch Initialien ersetzt.

Abstract

The cross section of Charmonium production was measured using data from pp collisions at $\sqrt{s} = 7\,\text{TeV}$ taken by the Atlas experiment at the LHC in 2010. To improve the necessary knowledge of the detector performance, a calibration of the energy was performed.

Using electrons from decays of the Charmonium, the energy scale of the electromagnetic calorimeters was studied at low energies. After applying the calibration, deviations in the energy measurement were found to be lower than $0.5\,\%$ by comparing with energies determined in Monte Carlo simulations.

With an integrated luminosity of $2.2\,\text{pb}^{-1}$, a first measurement of the inclusive cross section of the process $\text{pp} \to J/\psi\,(e^+e^-) + X$ at $\sqrt{s} = 7\,\text{TeV}$ was done. For this, the accessible region of transverse momenta $p_{T,ee} > 7\,\text{GeV}$ and of rapidities $|y_{ee}| < 2.4$ was used. Dierential cross sections for the transverse momentum $p_{T,ee}$, and for the rapidity $|y_{ee}|$ were determined. Integration of the dierential cross sections yields the values $(85.1 \pm 1.9_{\text{stat}} \pm 11.2_{\text{sys}} \pm 2.9_{\text{Lum}})$ nb, and $(75.4 \pm 1.6_{\text{stat}} \pm 11.9_{\text{sys}} \pm 2.6_{\text{Lum}})$ nb for $\sigma\,(\text{pp} \to J/\psi X)\,\text{BR}\,(J/\psi \to e^+e^-)$, being compatible within systematics.

Comparisons with measurements of the process $\text{pp} \to J/\psi\,(\mu^+\mu^-) + X$ done by Atlas and CMS have shown good agreement. To compare with theory, predictions from dierent models in next-to-leading order, and partially considering contributions in next-to-next-to-leading order were combined. Comparisons show a good agreement when taking into account contributions in next-to-next-to-leading order.

Kurzzusammenfassung

Der Wirkungsquerschnitt der Charmoniumproduktion wurde unter Nutzung der Daten aus pp-Kollisionen bei $\sqrt{s} = 7\,\text{TeV}$, die im Jahr 2010 vom Atlas-Experiment am LHC aufgezeichnet wurden, gemessen. Um das notwendige Detektorverständnis zu verbessern, wurde eine Energiekalibration durchgeführt.

Unter Nutzung von Elektronen aus Zerfällen des Charmoniums wurde die Energieskala der elektromagnetischen Kalorimeter bei niedrigen Energien untersucht. Nach Anwendung der Kalibration wurden für die Energiemessung im Vergleich mit in Monte-Carlo-Simulationen gemessenen Energien Abweichungen von weniger als $0{,}5\,\%$ gefunden.

Mit einer integrierten Luminosität von $2{,}2\,\text{pb}^{-1}$ wurde eine erste Messung des inklusiven Wirkungsquerschnittes für den Prozess $pp \to J/\psi\,(e^+e^-) + X$ bei $\sqrt{s} = 7\,\text{TeV}$ vorgenommen. Das geschah im zugänglichen Bereich für Transversalimpulse $p_{T,ee} > 7\,\text{GeV}$ und Rapiditäten $|y_{ee}| < 2{,}4$. Es wurden dierentielle Wirkungsquerschnitte für den Transversalimpuls $p_{T,ee}$ und für die Rapidität $|y_{ee}|$ bestimmt. Integration beider Verteilungen lieferte für den inklusiven Wirkungsquerschnitt $\sigma\,(pp \to J/\psi X)\,BR\,(J/\psi \to e^+e^-)$ die innerhalb der systematischen Unsicherheiten kompatiblen Werte $(85{,}1 \pm 1{,}9_{\text{stat}} \pm 11{,}2_{\text{sys}} \pm 2{,}9_{\text{Lum}})\,\text{nb}$ und $(75{,}4 \pm 1{,}6_{\text{stat}} \pm 11{,}9_{\text{sys}} \pm 2{,}6_{\text{Lum}})\,\text{nb}$.

Vergleiche mit von Atlas und CMS für den Prozess $pp \to J/\psi\,(\mu^+\mu^-) + X$ durchgeführten Messungen zeigten gute Übereinstimmung. Zum Vergleich mit der Theorie wurden Vorhersagen mit verschiedenen Modellen in nächst-zu-führender und mit Anteilen in nächst-zu-nächst-zu-führender Ordnung kombiniert. Der Vergleich zeigt eine gute Übereinstimmung bei Berücksichtigung von Anteilen in nächst-zu-nächst-zu-führender Ordnung.

Inhaltsverzeichnis

1. Einleitung	**1**
I. Grundlagen	**5**
2. Theoretische Grundlagen	**7**
2.1. Das Standardmodell der Teilchenphysik	8
2.1.1. Die elektromagnetische Wechselwirkung	11
2.1.2. Die schwache Wechselwirkung	13
2.1.3. Die elektroschwache Vereinigung	15
2.1.4. Die starke Wechselwirkung	16
2.1.5. Oene Fragen und „neue" Physik	18
2.2. Kollisionen hochenergetischer Protonen	19
2.2.1. Teilchenkollisionen und tiefinelastische Streuung	20
2.2.2. Partonmodell und Strukturfunktionen	21
2.2.3. Harte Streuung von Protonen	22
3. Produktion von Charmoniumzuständen in Protonenkollisionen	**27**
3.1. Das Charmonium und seine angeregten Zustände	27
3.2. Modelle zur Produktion von Resonanzen	30
3.2.1. Drell-Yan-Prozesse	31
3.2.2. Farb-Singulett-Modell	32
3.2.3. Farb-Evaporations-Modell	34
3.2.4. Produktion aus Zerfällen von B-Mesonen	35
3.2.5. Beiträge zum Charmonium-Zerfall in Elektronenpaare	36
3.3. Aktuelle Situation	37
4. Der Atlas-Detektor am Large-Hadron-Collider	**39**
4.1. Der Large-Hadron-Collider am CERN	40
4.1.1. Aufbau und technische Daten des LHC	41
4.2. Überblick über den Atlas-Detektor	42

Inhaltsverzeichnis

    4.3. Anforderungen an den Atlas-Detektor 44
    4.4. Spurpunkt- und Impulsmessung im Inneren Detektor 45
        4.4.1. Der Pixeldetektor 47
        4.4.2. Der Siliziumstreifendetektor 47
        4.4.3. Der Übergangsstrahlungsdetektor 48
        4.4.4. Der zentrale Solenoidmagnet 48
    4.5. Energiemessung mit den Flüssig-Argon-Kalorimetern 49
        4.5.1. Der Präsampler 53
        4.5.2. Das Barrelkalorimeter 53
        4.5.3. Die Endkappenkalorimeter 54
        4.5.4. Das Vorwärtskalorimeter 55
        4.5.5. Das Kachelkalorimeter 56
    4.6. Myon-Spektrometer 56
    4.7. Luminositätsmessung in der Phase früher Datennahme 57
    4.8. Das Triggersystem 58
        4.8.1. Das Level-1-Triggersystem 59
        4.8.2. Das Level-2-Triggersystem 60
        4.8.3. Der Ereignisfilter 61
        4.8.4. Das Triggermenü 61
        4.8.5. Der Minimum-Bias-Trigger 62

II. Methoden   65

5. Reinheitsmessung im Flüssig-Argon-Kalorimeter   67
    5.1. Messprinzip und Realisierung durch den Reinheitsmonitor 68
    5.2. Auslese der Reinheitsmonitore und Integration in das Detektorkontrollsystem 71
    5.3. Messungen der Reinheit des flüssigen Argons 75
    5.4. Tests am U-70-Beschleuniger in Protvino 81
        5.4.1. Der Aufbau am U-70-Beschleuniger in Protvino 82
        5.4.2. Ergebnisse der Reinheits- und Temperaturmessung 84

6. Ereignisrekonstruktion   91
    6.1. Infrastruktur der Datenanalyse bei Atlas 91
        6.1.1. Auslesekette und Verteilung der Daten 92
        6.1.2. Atlas Analyse-Software 93
    6.2. Monte-Carlo-Simulationen 95
        6.2.1. Monte-Carlo-Generation auf (N)LO-Ebene 96

Inhaltsverzeichnis

    6.2.2. Simulation des Detektors 97
    6.2.3. MC-Samples und Produktion von Charmoniumzerfällen . . 98

7. Rekonstruktion und Identifikation von Elektronen   **105**
    7.1. Spurrekonstruktion 106
    7.2. Rekonstruktion von Vertices 107
    7.3. Clusterrekonstruktion 109
        7.3.1. Clusterrekonstruktion mit der Sliding-Window-Methode . . 110
        7.3.2. Clusterrekonstruktion mit topologischen Clustern 111
        7.3.3. Clusterrekonstruktion mit topo-initiierten Sliding-Window-Clustern 114
    7.4. Rekonstruktion von Elektronen 114
        7.4.1. Rekonstruktion von Elektronen 115
        7.4.2. Rekonstruktion von Elektronen im Vorwärtsbereich 115
    7.5. Identifikation im Zentralbereich 116
    7.6. Identifikation im Vorwärtsbereich 118
    7.7. Optimierung der Identifikation niederenergetischer Elektronen . . . 121
        7.7.1. Tests mit Fits an die identifizierten Elektronenpaare 125

8. Bestimmung der Energieskala der Elektronen   **133**
    8.1. Kalibration der Energierekonstruktion mit Monte-Carlo-Studien . . 134
    8.2. Interkalibration und Bestimmung der absoluten Energieskala 135
        8.2.1. Interkalibration mit Resonanzzerfällen 136
        8.2.2. Interkalibration mit Resonanzzerfällen im Vorwärtsbereich . 137
    8.3. Test der Kalibration im Vorwärtsbereich mit MC-Simulationen . . 138
        8.3.1. Test mit Elektronen aus Resonanzzerfällen 139
        8.3.2. Erwartete Statistik 142

III. Messungen   **151**

9. Kalibration mit Zerfällen neutraler Pionen in ersten Daten   **153**
    9.1. Selektion und Messung des neutralen Pions 153
    9.2. Tests der Methode zur Kalibration im Zentralbereich 158

10. Energieverhalten von Elektronen und Vergleiche mit MC   **163**
    10.1. Messungen bei niedrigen Luminositäten 164
        10.1.1. Selektion und erste Messung von Elektronenzerfällen des Charmoniums bei Atlas 164

Inhaltsverzeichnis

  10.1.2. Linearität des Flüssig-Argon-Kalorimeters 169
  10.1.3. Vergleich zwischen Daten und Monte-Carlo-Simulationen . . 178
 10.2. Messungen bei hoher Luminosität 183
  10.2.1. Selektion des Elektronzerfalls von Charmonium 183
  10.2.2. Energieverhalten der Flüssigargon-Kalorimeter 188
  10.2.3. Vergleich zwischen Daten und MC-Simulationen 196
 10.3. Vergleich der Resultate aus ersten Daten 203
  10.3.1. Vergleich der gemessenen Korrekturfaktoren 203
  10.3.2. Resultate der Vergleiche mit MC-Simulationen 206

11. Messung des inklusiven Charmonium-Wirkungsquerschnittes 209
 11.1. Selektion 210
 11.2. Entkopplung von Signal- und Untergrundereignissen 213
 11.3. Bestimmung der Akzeptanz 215
 11.4. Bestimmung der Rekonstruktionse zienz 216
 11.5. Bestimmung der Identifikationse zienz 219
 11.6. Bestimmung der Triggere zienz 220
 11.7. Bestimmung des Wirkungsquerschnittes 222
  11.7.1. Migration zwischen generierten und rekonstruierten Werten 223
  11.7.2. Bestimmung der Gesamte zienz 224
  11.7.3. Berechnung des di erentiellen Wirkungsquerschnittes 226
 11.8. Untersuchung systematischer E ekte 228
  11.8.1. E ekte aus der Bestimmung der integrierten Luminosität . . 228
  11.8.2. E ekte durch die Entkopplung von Signal und Untergrund
     mit Fitfunktionen 228
  11.8.3. E ekte aus der verwendeten Identifikationse zienz 231
  11.8.4. E ekte aus der verwendeten Gesamte zienz 232
  11.8.5. E ekte durch Anwendung der Migration 233
  11.8.6. E ekte durch Einflüsse aus nicht-prompten Zerfällen 233
  11.8.7. E ekte durch die Triggere zienz 235
  11.8.8. E ekte durch die Fragmentation der E zienzen 238
  11.8.9. Zusammenfassung der systematischen E ekte 240
 11.9. Bezug zu anderen Messungen und zur Theorie 243

12. Zusammenfassung 249

Inhaltsverzeichnis

IV. Anhang i

A. Zusatzinformationen iii
A.1. Rekonstruktion niederenergetischer Elektronen iii
A.2. Magnetfeldkorrektur iv
A.3. Schnittoptimierung in Abhängigkeit von der Pseudorapidität ix
A.4. Fits der Linearität im Barrelbereich xi

B. Formelsymbole und Abkürzungen xvii

Literaturverzeichnis xvii

Danksagung xxxiii

1. Einleitung

Mit dem Atlas-Experiment im LHC-Ring in Genf werden Kollisionen hochenergetischer Protonen bei höchsten bisher erreichten Energien untersucht. Studien dieser Kollisionen sollen den Zugang zur Teilchenphysik in bisher nicht untersuchten Bereichen ermöglichen. Neben der Suche nach dem vorhergesagten Higgs-Boson gibt es ein umfangreiches Programm zur Messung von Zerfällen von b-Mesonen. Für beide Analysen ist das Verständnis von niederenergetischen Elektronen wichtig.

Die Suchen in höchsten Energiebereichen erfordern ein gutes Verständnis des Detektors. Bei der Arbeit mit ersten Daten hatte und hat deswegen die Kalibration zur Erlangung von Detektorverständnis eine hohe Priorität. Zur Demonstration des Detektorverständnisses werden bekannte Zerfälle vermessen und mit bekannten Größen verglichen.

Ziel der vorliegenden Arbeit ist es, den Wirkungsquerschnitt der Produktion von Charmonium mit Elektronenzerfällen zu messen. Dazu wurden Tests der Energieskala der elektromagnetischen Kalorimeter des Atlas-Detektors unter Nutzung von niederenergetischen Elektronen aus dem Zerfall $J/\psi \rightarrow e^+e^-$ verwendet. In der Anfangszeit vor der Datennahme wurde eine Kalibration im Vorwärtsbereich angestrebt. Durch die Wahl der Trigger wurde zu Beginn der Datennahme klar, dass diese Studien nicht durchführbar würden. Deswegen wurde die Energieskala im zentralen Kalorimeterbereich mit niederenergetischen Elektronen studiert.

Die Arbeit wurde in drei Teile untergliedert. Mit dem Standardmodell wird in Kap. 2 das zugrunde liegende theoretische Modell erklärt. Die Teilchen des Standardmodelles und ihre Wechselwirkungen werden vorgestellt und es wird auf den Prozess der Kollision zwischen Protonen eingegangen.

Bei der Kollision von Protonen wird die Resonanz J/ψ produziert. Die Produktion und der anschließende Zerfall in Elektronenpaare, dem Prozess der später zur Kalibration verwendet wird, werden in Kap. 3 vorgestellt. Es wird kurz auf die Bedeutung des J/ψ-Mesons für die Teilchenphysik eingegangen. Die beitragenden Kanäle und Produktionsmodelle werden vorgestellt und die aktuelle Situation bei der Vermessung und der theoretischen Beschreibung wird erläutert.

1. Einleitung

Gemessen werden die Elektronenpaare aus dem Zerfall im Atlas-Detektor. In Kap. 4 wird ein Überblick über den Detektor, der an einem der Kollisionspunkte im LHC-Ring die Kollisionen von hochenergetischen Protonen vermisst, gegeben. Auf die elektromagnetischen Flüssig-Argon-Kalorimeter wird dabei näher eingegangen, da die Untersuchung ihrer Energieskala eines der Ziele der vorliegenden Arbeit ist.

Zu Beginn des zweiten Teils der Arbeit wird in Kap. 5 das System zur Reinheitsmessung des flüssigen Argons in den Kalorimetern erklärt. Das System zur Reinheitsmessung gewährleistet, dass die Verunreinigung des flüssigen Argons in den Kalorimetern stabil und klein ist und wird von der Universität Mainz betreut. Die Verunreinigung des flüssigen Argons ist eine der Komponenten, die die Energiemessung beeinflussen. Eine stabile Verunreinigung ist eine Komponente, die gewährleistet sein muss, um eine zeitstabile Kalibration der gemessenen Energien vornehmen zu können.

Eine Beschreibung der Infrastruktur, mit der die Daten verarbeitet werden erfolgt in Kap. 6. Neben dem immensen Aufkommen an Daten müssen auch Simulationen vorgenommen werden. Die in späteren Kapiteln zu verwendenden Simulationen werden in diesem Kapitel beschrieben.

Die von der Infrastruktur zur Datenverarbeitung geleistete Rekonstruktion zur Aufbereitung der Daten für Analysen wird in Kap. 7 gesondert behandelt. Es wird auf die standardisierten Prozesse der Rekonstruktion von Elektronen und auf die anschließende Identifikation zur Unterdrückung von Untergrundbeiträgen eingegangen. Um eine ursprünglich geplante Kalibration im Vorwärtsbereich vorzubereiten, wurde die Selektion von Elektronen in diesem Bereich untersucht. Eine Optimierung der Identifikation niederenergetischer Elektronen im Vorwärtsbereich wird präsentiert.

In Kap. 8 wird auf Methoden zur Kalibration der Energieskala mit Elektronen aus Resonanzzerfällen eingegangen. Dem ursprünglichen Plan für die Analyse im Vorwärtsbereich folgend wird eine Methode zur Untersuchung der Energieskala für die Kalorimeter im Vorwärtsbereich entwickelt. Die erwartete Statistik in diesem Bereich wird untersucht und es wird diskutiert, wodurch die ursprünglichen Erwartungen für die Statistik eingeschränkt werden. Damit wird gezeigt, warum die Anwendung dieser Methode zur Kalibration des Vorwärtsbereiches für den Zerfall $J/\psi \rightarrow e^+e^-$ nicht erfolgsversprechend ist.

Untersuchungen mit allerersten Daten des Atlas-Detektors aus dem Jahr 2009 bei Injektionsenergien von $\sqrt{s} = 900\,\text{GeV}$ werden in Kap. 9 gezeigt. Gemessene Zerfälle des neutralen Pions $\pi^0 \rightarrow \gamma\gamma$ wurden in den zentralen Kalorimetern des Atlas-Detektors nachgewiesen. Durch Anwendung der ursprünglich für den Vorwärtsbereich entwickelten Kalibrationsmethode auf Energieeinträge der Photonen aus diesen Zerfällen wird ein erster Eindruck von der Energieskala des Kalorimeter bei niedrigen Energien gewonnen.

Erste Messungen der J/ψ-Resonanz am Atlas-Detektor waren erst mit den Daten bei $\sqrt{s} = 7$ TeV aus dem Jahr 2010 möglich. Die ersten Messungen des und mit dem J/ψ werden in Kap. 10 gezeigt. Die Energieskala wird im Zentralbereich der Kalorimeter untersucht und es wird gezeigt, dass die im Jahr 2010 gefundene Kalibration für hochenergetische Elektronen auch für niederenergetische Elektronen anwendbar ist. Unter Verwendung unterschiedlicher Methoden werden Verteilungen aus Daten mit den Erwartungen aus Monte-Carlo-Simulationen verglichen.

Die abschließende Messung des Wirkungsquerschnittes für die inklusive Produktion des Zerfalles J/$\psi \to e^+e^-$ ist in Kap. 11 beschrieben. Dabei werden dierentielle Wirkungsquerschnitte in Abhängigkeit vom Transversalimpuls des Elektronenpaares und in Abhängigkeit von der Rapidität des Elektronenpaares studiert. Vergleiche mit experimentellen Ergebnissen für den Zerfall J/$\psi \to \mu^+\mu^-$ und mit theoretischen Vorhersagen werden vorgestellt.

Teil I.
Grundlagen

2. Theoretische Grundlagen

Obgleich die Theorie und das Experiment zwei unterschiedliche Felder der Physik bilden, sind sie doch untrennbar miteinander verknüpft. Zur Beschreibung von experimentellen Ergebnissen entstehen theoretische Modelle. Diese theoretischen Modelle müssen in der Lage sein, Vorhersagen zu treen, die dann wieder in Experimenten veri- oder falsifiziert werden können. Im gegenseitigen Wechselspiel entsteht so ein robustes Verständnis der Physik.

Dieses Kapitel soll als knappe Einführung der theoretischen Modelle dienen, die die Teilchenphysik nach heutigem Stand beschreiben. In Abschnitt 2.1 wird das Standardmodell der Teilchenphysik eingeführt, in dem die elementaren Teilchen und deren Wechselwirkungen beschrieben sind. Das Standardmodell der Teilchenphysik hat sich bisher als sehr robust gezeigt. Trotzdem gibt es noch eine Vorhersage, die Existenz eines Higgs-Teilchens, die bisher nicht verifiziert werden konnte. Der Nachweis dieses Teilchens ist das zentrale Problem der heutigen Teilchenphysik und das Hauptziel der Experimente bei höchsten Energien.

In Abschnitt 2.2 wird beschrieben, was bei Kollisionen von Protonen bei diesen höchsten Energien passiert. Bei der Kollision hochenergetischer Teilchen entsteht aus Energie Masse. Diese Masse tritt in Form von Teilchen zutage. Studien von den Erzeugungsmechanismen dieser Teilchen geben Zugang zu experimentellen Tests des Standardmodelles.

In der Teilchenphysik spielen Energien, Impulse und Massen eine wichtige Rolle. Die Größen sind über das Quadrat des Viererimpulses $p^2 \equiv m^2 c^4 = E^2 - \vec{p}^2 c^2$ verknüpft. Aus dieser Gleichung lässt sich der Unterschied ihrer Dimensionen ablesen. Die Energie wird in $[E] = eV$ gemessen. Ein Elektronenvolt ist die kinetische Energie einer Elementarladung nach Durchlaufen eines Potentiales von $1\,V$. Die Dimensionen von Impuls und Masse sind $[\vec{p}] = eV/c$ und $[m] = eV/c^2$. Im Verlauf der vorliegenden Arbeit wird die in der Teilchenphysik gängige Konvention $c \equiv 1$ Anwendung finden.

2. Theoretische Grundlagen

2.1. Das Standardmodell der Teilchenphysik

Das Standardmodell der Teilchenphysik beschreibt die elementaren Teilchen und die fundamentalen Wechselwirkungen zwischen diesen Teilchen. Nach dem heutigen Bild gibt es zwei Klassen von fundamentalen Teilchen, die als Fermionen f einen halbzahligen Spin tragen: die Quarks q und die Leptonen l. Zu jedem Fermion f gibt es ein Antifermion $\bar{f}$. Teilchen und Antiteilchen haben gleiche Massen und Spins und entgegengesetzte Ladungen. Die Produktion von Fermionen geschieht meist paarweise ein Form eines Teilchens und seines Antiteilchens, ebenso können solche Paare von Fermionen annihilieren.

Die Quarks unterliegen der starken, der elektromagnetischen und der schwachen Wechselwirkung. Die Generation der leichten Quarks besteht aus Quarks mit den Aromen up u und down d mit den Ladungen 2/3 und −1/3. Neben den leichten Quarks gibt es zwei weitere Generationen schwererer Quarks mit den Aromen charm c und strange s und den Aromen top t und bottom b. Abgesehen von ihrer Masse haben sie identische Eigenschaften zu der Generation der leichten Quarks. Die Generationen der Quarks sind als Teichen des Standardmodells in Abb. 2.1 gezeigt.

Die Leptonen unterliegen nicht der starken Wechselwirkung, sondern nur der elektromagnetischen und der schwachen. Neben dem Tupel aus dem Elektron e und seinem Neutrino ν_e gibt es auch bei den Leptonen zwei weitere Generationen von Teilchen. In der zweiten Generation finden sich das Myon µ mit seinem Neutrino ν_μ, in der dritten Generation das Tauon τ mit dem assoziierten Neutrino ν. Während das Elektron und seine Schwesterteilchen geladen sind, sind die Neutrinos ungeladen und unterliegen damit nicht der elektromagnetischen Wechselwirkung.

Die fundamentalen Wechselwirkungen zwischen den Teilchen werden ebenfalls vom Standardmodell beschrieben. Die Austauschteilchen dieser Wechselwirkungen sind Bosonen, Teilchen mit ganzzahligem Spin. Die masselosen Photonen γ sind die Austauschteilchen der elektromagnetischen Wechselwirkung. Die elektromagnetische Wechselwirkung wirkt auf Ladungen und wird in Abschnitt 2.1.1 erklärt.

Im Gegensatz zu den Photonen haben die schweren Eichbosonen Z^0 und $W^\pm$ eine Masse. Sie sind die Austauschteilchen der schwachen Wechselwirkung und

2.1. Das Standardmodell der Teilchenphysik

wirken auf alle linkshändigen[1] Fermionen und rechtshändigen Antifermionen des Standardmodells. Um die schwache Wechselwirkung geht es in Abschnitt 2.1.2.

Das langfristige Ziel aller Bemühungen in der Teilchenphysik ist es, die Erkenntnis zu gewinnen, die eine Vereinheitlichung der Wechselwirkungen ermöglicht. Für die elektromagnetische und die schwache Wechselwirkung gibt es dafür mit der elektroschwachen Vereinheitlichung (Abschnitt 2.1.3) einen sehr erfolgreichen Ansatz.

Gluonen g, die Austauschteilchen der starken Wechselwirkung, sind ebenfalls masselos. Sie wirken zwischen den Farbladungen der Quarks und untereinander. Die starke Wechselwirkung ist das Thema von Abschnitt 2.1.4.

Die Teilchen des Standardmodells sind in Abb. 2.1 skizziert. Die grundlegenden Eigenschaften der Fermionen sind in Tab. 2.1 aufgelistet, die der Bosonen in Tab. 2.2. Das Higgs-Teilchen wurde im Rahmen der elektroschwachen Vereinheitlichung vorhergesagt und ist in Abschnitt 2.1.3 näher beschrieben; eine experimentelle Bestätigung fand bisher nicht statt. Ein schneller Zugang zum Standardmodell findet sich in Ref. [Hil96], grundlegende Einführungen z.B. in den Referenzen [Hal84a], [Per00] und [Pov09].

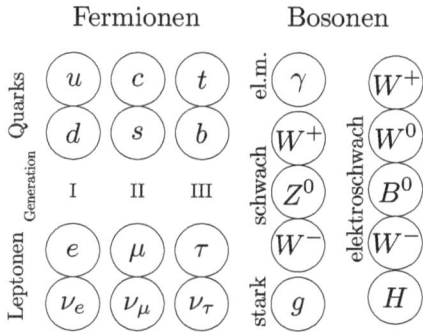

Abbildung 2.1.: *Die Teilchen des Standardmodells.*

---

[1]Die Händigkeit bezieht sich auf die Spineinstellung relativ zum Impuls. Bei linkshändigen Teilchen sind Impuls und Spin entgegengesetzt ($\vec{p} \cdot \vec{s} < 0$), bei rechtshändigen gleich gerichtet ($\vec{p} \cdot \vec{s} > 0$).

2. Theoretische Grundlagen

Generation	Quark	m	q
I	u	$(1{,}7 - 3{,}3)$ MeV	$+2/3$
I	d	$(4{,}1 - 5{,}8)$ MeV	$-1/3$
II	c	$1{,}27^{+0,07}_{-0,09}$ GeV	$+2/3$
II	s	101^{+29}_{-21} MeV	$-1/3$
III	t	$(172{,}0 \pm 0{,}9 \pm 1{,}3)$ GeV	$+2/3$
III	b	$4{,}67^{+0,18}_{-0,06}$ GeV	$-1/3$
Generation	Lepton	m	q
I	e	$(0{,}510\,998\,910 \pm 0{,}000\,000\,013)$ MeV	-1
I	ν_e	< 2 eV	0
II	μ	$(105{,}658\,367 \pm 0{,}000\,004)$ MeV	-1
II	ν_μ	< 2 eV	0
III	τ	$(1.776{,}82 \pm 0{,}16)$ MeV	-1
III	ν	< 2 eV	0

Tabelle 2.1.: *Fermionen des Standardmodelles mit ihren Massen und Ladungen. [Nak10]*

Boson	m
Z^0	$(91{,}1876 \pm 0{,}0021)$ GeV
$W^\pm$	$(80{,}399 \pm 0{,}023)$ GeV
γ	$< 10^{-18}$ eV
g	0

Tabelle 2.2.: *Bosonen des Standardmodelles mit ihren Massen. [Nak10]*

2.1. Das Standardmodell der Teilchenphysik

Obgleich das Standardmodell sehr erfolgreich war, gibt es auch Dinge, die es nicht erklären kann. Einige oenen Fragen und Modelle, die einen möglichen Erklärungsansatz wagen, werden in Abschnitt 2.1.5 angerissen.

Obwohl auch eine Wechselwirkung, wird die Gravitation im Standardmodell nicht berücksichtigt. Sie wird als Wechselwirkung zwischen massereichen Teilchen angesehen und durch Austausch von Gravitonen übertragen. Im Vergleich zu den anderen Wechselwirkungen ist sie sehr klein und spielt im Standardmodell keine Rolle.

2.1.1. Die elektromagnetische Wechselwirkung

Die Theorie der elektromagnetischen Wechselwirkung ist die Quantenelektrodynamik (QED). Die elektromagnetische Kraft wirkt auf geladene Teilchen; Austauschteilchen ist das masselose Photon. Die Kopplung der elektromagnetischen Wechselwirkung ist in Abb. 2.2 in Form eines Feynman-Diagrammes dargestellt. Fermionen sind als Linien dargestellt, Photonen durch Wellenlinien. Feynman-Diagramme sind bildliche Veranschaulichungen von Zerfallsprozessen. Sie repräsentieren Wahrscheinlichkeitsamplituden oder Übergangsmatrixelemente. Mit dem Feynman-Kalkül ist eine Transformation möglich. Das Matrixelement einer Wechselwirkung, die durch den Hamiltonoperator H beschrieben wird und den Anfangszustand ψ_i in den Endzustand ψ_f überführt ist durch Fermi's Goldene Regel

$$\mathrm{M}_{fi} = \langle \psi_f | \mathrm{H} | \psi_i \rangle = \int \psi_f^* \mathrm{H}\, \psi_i \mathrm{d}V \qquad (2.1)$$

gegeben. Aus Matrixelementen lassen sich Übergangswahrscheinlichkeiten und damit Wirkungsquerschnitte und Zerfallszeiten berechnen. Im Verlauf dieser Arbeit soll die Zeitachse von Feynman-Diagrammen entlang der Horizontalen verlaufen.

Anhand des gezeigten Feynmandiagrammes lassen sich neben der Erklärung der zentralen Elemente dieser Diagramme auch die Eigenschaften der elektromagnetischen Wechselwirkung ablesen, insbesondere Erhaltungsgrößen. So sind die Viererimpulse in jedem Punkt des Diagrammes erhalten.

Der Punkt, an dem mindestens drei Linien unter Änderung ihrer Viererimpulse koppeln, ist ein Vertex. Jede derartige Kopplung hat einen bestimmten Wert, abhängig von der Stärke der Kopplung. Im Fall der elektromagnetischen Wechselwirkung handelt es sich um die Wurzel aus der Feinstrukturkonstante $\sqrt{\alpha} = \sqrt{1/137}$.

Die Anzahl der auftretenden Vertices gibt die Ordnung des Feynmandiagrammes an. Die Elemente der Feynman-Diagramme tragen zu Übergangsmatrixele-

2. Theoretische Grundlagen

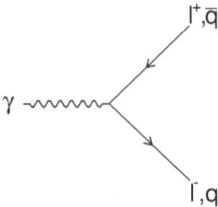

Abbildung 2.2.: *Kopplung der elektromagnetischen Wechselwirkung: Ein Photon koppelt an ein Paar geladener Teilchen und ihrer Antiteilchen, z.B. Leptonen oder Quarks.*

menten bei. Diese Elemente müssen quadriert werden, um Aussagen über Wahrscheinlichkeiten treen zu können. Nach dem Quadrieren des Matrixelementes ist für jeden Vertex eine Kopplungskonstante mit Exponenten 1 vorhanden. Beim betrachteten Diagramm mit einer Kopplung handelt es sich um ein Diagramm der Ordnung O (α^1). Diagramme mit höheren Ordnungen werden durch die kleinen Kopplungskonstanten gegenüber denen mit geringer Ordnung unterdrückt. Hat eine Wechselwirkung Kopplungskonstanten $\alpha \ll 1$, so können Entwicklungen in Feynman-Diagramme zunehmend unterdrückter Ordnungen vorgenommen werden. Dabei handelt es sich um einen Störungsansatz, der für renormierbare Theorien möglich ist.

Der Fluss der Fermionen in den Vertices muss erhalten sein. Fermionenlinien bewegen sich vorwärts, Antifermionenlinien rückwärts in der Zeit. Bei der elektromagnetischen Wechselwirkung sind die Aromen der Quarks und der Leptonen erhalten. Wird beispielsweise ein Quark mit dem Flavour u erzeugt, so muss unter Erhaltung des Flusses gleichzeitig dessen Antiaroma ū erzeugt werden.

Im Falle der elektromagnetischen und der starken Wechselwirkung existieren auch die Prozesse, die entstehen, wenn Feynman-Diagramme in Schritten von 90 ° „gedreht" werden. Das ist eine Folge aus der Symmetrie unter Spiegelung des Raumes, der Zeit und der Ladung. Das gezeigte Feynman-Diagramm mit Konversion des Photons in ein Paar geladener Teilchen kann durch „Drehung" um 90 ° eine Streuung beschreiben, durch „Drehung" um 180 ° die Annihilation des Elektronenpaares. Eine Änderung der Richtung von geladenen Teilchen führt dabei zum Übergang eines Teilchens in sein Antiteilchen. Die Spiegelungssymmetrien sind mit der Erhaltung der Paritäten P, C und T assoziiert.

Ein weiteres Element der Feynman-Diagramme ist in dem vorliegenden Diagramm nicht zu sehen. Tauchen innere Linien auf, so werden diese als Propagatoren bezeichnet. Propagatoren mit Masse M tragen mit einem Term umgekehrt

2.1. Das Standardmodell der Teilchenphysik

proportional zu M^2 + Q^2 zur Übergangsmatrix bei, wobei Q der übertragene Impuls ist. Innere Teilchen können virtuell sein, das Quadrat ihres Viererimpulses muss nicht zwangsläufig auf der Massenschale liegen. Wird im Falle der elektromagnetischen Wechselwirkung ein masseloses Photon ausgetauscht, so ist der Propagator nur vom Impulsübertrag abhängig.

2.1.2. Die schwache Wechselwirkung

Im Gegensatz zur elektromagnetischen verfügt die schwache Wechselwirkung über massereiche Austauschteilchen. In Feynman-Diagrammen sind die Austauschteilchen der schwachen Wechselwirkung durch gestrichelte Linien gekennzeichnet. Es gibt drei solcher Teilchen, die elektrisch geladenen W$^\pm$-Bosonen und das elektrisch neutrale Z^0-Boson. Diese Bosonen tragen jeweils eine schwache Ladung g und wechselwirken mit Teilchen, die ihrerseits eine schwache Ladung tragen.

Der einfachste Fall ist die Konversion des Z-Bosons (Abb. 2.3 (b)). Im Gegensatz zum Konversionsprozess der QED koppelt die schwache Wechselwirkung nur an linkshändige Teilchen und rechtshändige Antiteilchen. Damit ist die schwache Wechselwirkung maximal paritätsverletzend. Im Zerfall des W-Bosons (Abb. 2.3 (a)) in Paare von Quarks und Antiquarks unter Ladungserhaltung, bevorzugt aus der gleichen Generation, oder in Paare von Leptonen und Antileptonen unter Ladungserhalt, ebenfalls bevorzugt aus der gleichen Generation, zeigt sich ein weiterer Unterschied. Die Aromen der Quarks sind nicht erhalten.

Ein weiterer Unterschied zur QED wurde bereits erwähnt. Die Austauschteilchen der schwachen Wechselwirkung tragen selbst eine schwache Ladung. Damit handelt es sich bei der Theorie der schwachen Wechselwirkung um eine nichtabel'sche Theorie und die Austauschteilchen können untereinander koppeln (siehe Abb. 2.3 (c)). Dadurch, dass W-Bosonen eine elektromagnetische Ladung tragen, kann es außerdem zu einer Kopplung mit Photonen kommen (Abb. 2.3 (d)), was durch eine Vereinheitlichung zwischen beiden Wechselwirkungen erklärt werden kann (Abschnitt 2.1.3).

An den Vertices gibt $\alpha_\text{schwach} \propto g^2$ die Kopplungsstärke an. Die schwache Kopplung liegt in der gleichen Größenordnung wie die elektrische Kopplung $\alpha \propto e^2$. Der Name „schwache" Wechselwirkung resultiert aus der Masse der Austauschteilchen. Das Auftauchen von Massen im Propagatorterm führt zur Unterdrückung der Wechselwirkung, insbesondere bei kleinen Impulsübertägen. Die schwache Wechselwirkung ist entsprechend kurzreichweitig.

Zusätzlich zur Verletzung der Aromaerhaltung können unter der schwachen Wechselwirkung auch Quarks aus unterschiedlichen Generationen mischen. Das

2. Theoretische Grundlagen

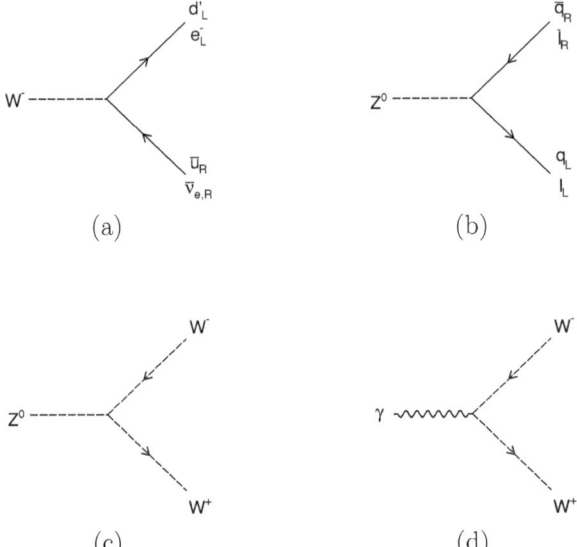

Abbildung 2.3.: *Kopplung der schwachen Wechselwirkung: Ein geladener Strom koppelt unter Ladungserhaltung an linkshändige Quarks oder Leptonen und rechtshändige Antiquarks oder -leptonen aus der gleichen Generation (a), ein neutraler Strom an ein linkshändiges Quark oder Lepton und sein rechtshändiges Antiteilchen (b). Da die Austauschbosonen der schwachen Wechselwirkung jeweils eine schwache Ladung g tragen, ist außerdem die Kopplung der schwachen Austauschbosonen untereinander möglich (c). Das elektromagnetisch geladene Bosonenpaar kann außerdem elektromagnetisch an ein Photon koppeln (d).*

2.1. Das Standardmodell der Teilchenphysik

liegt daran, dass die Massenzustände der elektromagnetischen Wechselwirkung andere sind, als die Zustände der schwachen Wechselwirkung. Beschrieben wird das, indem die Quarkzustände der schwachen Wechselwirkung mit Ladung $-1/3$ ($|d'\rangle$) durch Anwendung der CKM²-Matrix

$$\begin{pmatrix} |d'\rangle \\ |b'\rangle \\ |s'\rangle \end{pmatrix} = \begin{pmatrix} V_{ud} & V_{us} & V_{ub} \\ V_{cd} & V_{cs} & V_{cb} \\ V_{td} & V_{ts} & V_{tb} \end{pmatrix} \begin{pmatrix} |d\rangle \\ |s\rangle \\ |b\rangle \end{pmatrix} \quad (2.2)$$

als Mischzustand aus den Massezuständen ($|q\rangle$) hervorgehen.

Neben der Mischung der Generationen von Quarks, sind auch die Zustände der Neutrinos unter der schwachen Wechselwirkung Mischzustände aus Massenzuständen. Das Auftreten von Neutrinooszillationen ist der Beweis dafür, dass Neutrinos eine Masse haben. Die schwachen Mischzustände ($|\nu_e\rangle$, $|\nu_\mu\rangle$ und $|\nu_\tau\rangle$) entstehen durch Mischung

$$\begin{pmatrix} |\nu_e\rangle \\ |\nu_\mu\rangle \\ |\nu_\tau\rangle \end{pmatrix} = \begin{pmatrix} U_{e1} & U_{e2} & U_{e3} \\ U_{\mu 1} & U_{\mu 2} & U_{\mu 3} \\ U_{\tau 1} & U_{\tau 2} & U_{\tau 3} \end{pmatrix} \begin{pmatrix} |\nu_1\rangle \\ |\nu_2\rangle \\ |\nu_3\rangle \end{pmatrix} \quad (2.3)$$

aus den Massenzuständen ($|\nu_1\rangle$, $|\nu_2\rangle$ und $|\nu_3\rangle$).

2.1.3. Die elektroschwache Vereinigung

Ein Ziel der Physik ist es, die Erkenntnis zu erlangen, die sich in immer allgemeineren Gesetzen niederschlägt. Im Fall des Standardmodells gibt es die Honung, dass sich die unterschiedlichen Wechselwirkungen zu einer einzigen zusammenfassen lassen. Das Modell der elektroschwachen Wechselwirkung vereinigt sehr erfolgreich die elektromagnetische und die schwache Wechselwirkung in einem Modell.

Werden die Leptonen und Fermionen nach der Quantenzahl des schwachen Isospins T mit z-Komponente T_3 angeordnet, so ergibt sich die in Tab. 2.3 aufgelistete Struktur. Die schwache Wechselwirkung wirkt nur auf die linkshändigen Teilchen. Diese formen Dupletts mit halbzahligem Isospin. Die geladenen rechtshändigen Teilchen wechselwirken nicht schwach und tragen keinen schwachen Isospin. Rechtshändige Neutrinos unterliegen keiner der Wechselwirkungen des Standardmodelles und sind deswegen auch kein Bestandteil.

---

[2] CKM steht für Cabibbo-Kobayashi-Maskawa. Cabibbo hat zuerst die Mischung in zwei Generationen theoretisch beschrieben, Kobayashi und Maskawa haben die Verallgemeinerung auf drei Generationen vorgenommen.

2. Theoretische Grundlagen

	Fermionenmultipletts			T	T_3	q
Quarks	$\begin{pmatrix} u \\ d' \end{pmatrix}_L$	$\begin{pmatrix} c \\ s' \end{pmatrix}_L$	$\begin{pmatrix} t \\ b' \end{pmatrix}_L$	1/2	+1/2 −1/2	+2/3 −1/3
	u_R	c_R	t_R	0	0	+2/3
	d_R	s_R	b_R	0	0	−1/3
Leptonen	$\begin{pmatrix} \nu_e \\ e \end{pmatrix}_L$	$\begin{pmatrix} \nu_\mu \\ \mu \end{pmatrix}_L$	$\begin{pmatrix} \nu_\tau \\ \tau \end{pmatrix}_L$	1/2	+1/2 −1/2	0 −1
	e_R	μ_R	τ_R	0	0	−1

Tabelle 2.3.: *Fermionen des elektroschwachen Modells mit ihrem schwachen Isospin und ihrer Ladung.*

Um die Übergänge zwischen den Zuständen mit halbzahligem Isospin erklären zu können, muss den $W^\pm$-Bosonen ein ganzzahliger Isospin $T = 1$ zugeordnet werden. Neben dem positiven Eichboson W^+ mit $T_3 = +1$ und dem negativen Eichboson W^- mit $T_3 = -1$ muss der entstehende Triplettzustand durch ein Eichboson W^0 mit $T_3 = 0$ vervollständigt werden. Das W^0 ist als schwach wechselwirkendes Teilchen nicht mit dem Z^0 identisch, das auch in Leptonenpaare konvertieren kann. Zur Komplettierung wird ein Singulettzustand B^0 gefordert, der den schwachen Isospin $(T, T_3) = (0,0)$ hat und nicht schwach wechselwirkt.

Durch Mischung der elektroschwachen Zustände ($|W^0\rangle$, $|B^0\rangle$) mit dem Weinberg-Winkel $\theta_W \approx 28{,}2°$ ergeben sich mittels

$$\begin{pmatrix} |\gamma\rangle \\ |Z^0\rangle \end{pmatrix} = \begin{pmatrix} \cos\theta_W & \sin\theta_W \\ -\sin\theta_W & \cos\theta_W \end{pmatrix} \begin{pmatrix} |B^0\rangle \\ |W^0\rangle \end{pmatrix} \qquad (2.4)$$

die neutralen Austauschbosonen der elektromagnetischen Wechselwirkung ($|\gamma\rangle$) und der schwachen Wechselwirkung ($|Z^0\rangle$).

2.1.4. Die starke Wechselwirkung

Die Kopplungen der starken Wechselwirkung sind in Abb. 2.4 gezeigt. Die Gluonen, die Austauschbosonen der starken Wechselwirkung, werden durch Schraubenlinien dargestellt. Durch die starke Wechselwirkung herrscht eine Kraft zwischen Teilchen, die eine Farbladung tragen. Die Farbladung ist ein innerer Freiheitsgrad,

2.1. Das Standardmodell der Teilchenphysik

der Quarks und Gluonen zugeordnet wird. Jedes Quark erhält eine der drei Farben rot, grün oder blau. Antiquarks haben entsprechende Antifarben. Man bezeichnet die Theorie der starken Wechselwirkung entsprechend auch als Quantenchromodynamik (QCD).

Für einen gebundenen Zustand wird Farblosigkeit gefordert. Das erfordert entweder das Vorkommen aller Farben im gleichen Gewicht oder einer Farbe und ihrer Antifarbe. Es folgen entsprechend zwei Möglichkeiten, die Quarks zu Hadronen zusammenzusetzen. Die Zusammensetzung eines Quarks und eines Antiquarks wird als Meson bezeichnet, der Zusammenschluss von drei Quarks als Baryon und der Verbund von drei Antiquarks als Antibaryon.

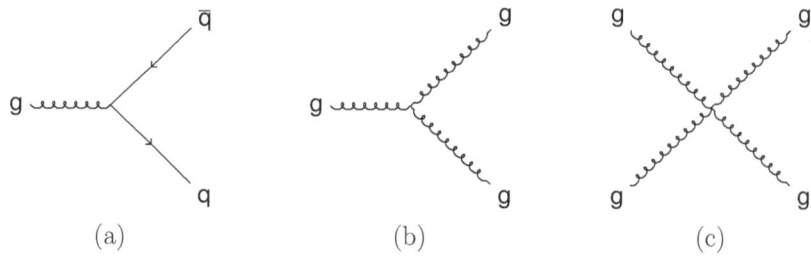

Abbildung 2.4.: *Kopplung der starken Wechselwirkung: Ein Gluon koppelt an ein Paar farbgeladener Quarks (a). Dadurch, dass Gluonen selbst Farbladung tragen, kann es zur Kopplung eines Gluons an ein Gluonpaar (b) oder zweier Gluonpaare (c) kommen.*

Bei der Kopplung wird von einem Gluon g die Farbe der Quarklinie gewechselt, indem eine Farbe und eine Antifarbe fortgetragen werden. Analog tragen das der Produktion von einem Gluon erzeugte Quark und Antiquark (Abb. 2.4 (a)) eine Farbe und eine Antifarbe. Es existiert ein Oktett von 8 derartigen Gluonen mit unterschiedlichen Kombinationen aus Farben und Antifarben. Ein hypothetischer Singulettzustand, der keinen Wechsel des Farbzustandes hervorruft, spielt bei der Beschreibung der starken Wechselwirkung keine Rolle. Die Stärke der Kopplung wird durch die starke Kopplungskonstante $\alpha_{stark}\left(Q^2\right) \propto \ln^{-1}\left(Q^2\right)$ festgelegt.

Obwohl die Gluonen masselos sind und der Propagator entsprechend eine Proportionalität zu $1/Q^2$ aufweist, ist die Reichweite der Wechselwirkung durch die Forderung nach Farbneutralität begrenzt. Einzelne Gluonen können sich nicht durch den Raum bewegen, ohne die Forderung nach Farblosigkeit zu verletzen.

2. Theoretische Grundlagen

Da die Gluonen Farbladung tragen, kann es zur Selbstwechselwirkung der Gluonen untereinander kommen. Dabei kann sowohl ein Gluon unter Erzeugung einer Farbe und der zugehörigen Antifarbe in ein Gluonenpaar übergehen (Abb. 2.4 (b)), als auch ein Gluonenpaar unter Vernichtung eines Gluonpaares und Erhalt der ursprünglichen Farben entstehen (Abb. 2.4 (c)).

Die Selbstwechselwirkung führt zur Produktion von Gluonenwolken um farbgeladene Objekte. Aus größerer Entfernung (bei kleineren Impulsüberträgen) scheint mehr Farbladung vorhanden zu sein, und die Kopplungskonstante wird größer. Dieser Eekt ist als Antiabschirmung bekannt. Durch die geringere Kopplungskonstante bei kleinen Entfernungen kann das „Confinement", das „Eingesperrtsein" von Quarks in Baryonen, erklärt werden.

2.1.5. Oene Fragen und „neue" Physik

So gut das Standardmodell nach heutiger Sicht auch verstanden scheint, bleiben doch oene Fragen, die weitere Untersuchungen erfordern. Beispielhaft soll näher auf das Higgs-Boson eingegangen werden, das von der elektroschwachen Vereinheitlichung (Abschnitt 2.1.3) vorhergesagt wurde. Die elektroschwache Vereinigung sagte dabei bereits sehr erfolgreich die neutralen Ströme, das Charm-Quark und die schweren Eichbosonen vorher. All diese Voraussagen konnten verifiziert werden.

Im Rahmen der elektroschwachen Theorie entstehen Photonen und neutrale Ströme durch Mischung der gleichen Zustände. Es ist nicht oensichtlich, warum die anderen Eichbosonen massiv sein sollten, während das Photon masselos ist. Abhilfe schat das Konzept der spontanen Symmetriebrechung. Eine spontane Symmetriebrechung tritt dann auf, wenn ein ursprünglich symmetrisches System bei Unterschreitung einer gewissen Energie durch einen Phasenübergang zwei mögliche Zustände annehmen kann, wodurch seine Symmetrie gebrochen wird. Musterbeispiel ist ein nicht magnetisierter Eisenstab, der unterhalb der Curie-Temperatur eine magnetische Ausrichtung aufbaut, deren Richtung vorher unbestimmt ist.

Im Fall des elektroschwachen Modelles werden den Eichbosonen Higgs-Felder zugeordnet. Unterhalb gewisser Energien werden diese Felder von den Teilchen absorbiert und geben ihnen ihre Masse. Das Higgs-Boson des masselosen Photons wird nicht absorbiert und muss entsprechend als freies Higgs-Boson nachweisbar sein.

Die Existenz des Higgs-Bosons ist notwendig für das Funktionieren des Standardmodells. Entsprechend ist die Suche nach dem Higgs-Boson eine der dringlichsten Aufgaben der heutigen Teilchenphysik. In Ref. [Bar03] werden Suchen nach im Prozess $e^+e^- \to Z^0H$ abgestrahlten Higgsbosonen beschrieben, die am LEP[3]-Ring durchgeführt wurden. Diese Suchen lieferten eine untere Ausschlussgrenze von $m_H > 114{,}4\,\text{GeV}$ in einem Vertrauenbereich von 95 %, lieferten aber auch Anzeichen für ein mögliches Higgs-Boson bei $m_H = 115\,\text{GeV}$. Direkte Suchen mit $p\bar{p}$-Kollisionen wurden am Tevatron durchgeführt und sind in Ref. [Aal11] zusammengefasst. Gesucht wurde nach Zerfällen von Higgs-Bosonen in Paare von geladenen Eichbosonen, Leptonen oder Photonen. Die Suchen ergaben eine Ausschlußgrenze von $158 < m_H < 173\,\text{GeV}$, ebenfalls in einem Vertrauensbereich von 95 %.

Weitere oene Fragen entstammen der Kosmologie. Beobachtungen zwingen zu dem Schluss, dass die im Standardmodell zusammenfassend behandelte Masse nur einen Bruchteil der tatsächlich vorkommenden Materie ausmacht, die Einbeziehung der Gravitation also durchaus zu Problemen führt. Aus Erklärungsnot entstanden teils exotische Modelle wie die Supersymmetrie. Diese Modelle fordern leichte massereiche Teilchen, die abgesehen von der Gravitation nicht oder nur schwach wechselwirken. Andere oene Fragen sind z.B. die Frage, warum ausgerechnet 3 Generationen von Teilchen existieren sollten, sowie die Frage nach der Herkunft der Asymmetrie zwischen Materie und Antimaterie.

2.2. Kollisionen hochenergetischer Protonen

Bei der Kollision von Protonen muss die Zusammensetzung aus Partonen berücksichtigt werden. Die Kollision von Partonen aus den Protonen ist in Abb. 2.5 skizziert. Die auftretenden Eekte sollen in diesem Abschnitt erklärt werden. Als Grundlage wird in Abschnitt 2.2.1 der Fall diskutiert, in dem strukturlose Teilchen kollidieren.

Im zweiten Schritt wird in Abschnitt 2.2.2 auf die Unterstruktur der Protonen eingegangen. Bei hohen Energien sind es die konstituierenden Partonen, die miteinander wechselwirken. Beim Stoßprozess muss die statistische Verteilung des Protonimpulses auf die konstituierenden Teilchen berücksichtigt werden. Es wird erklärt, wie diese Verteilungen in Form von Partondichtefunktionen beschrieben werden.

Auf dieses Wissen aufbauend, wird in Abschnitt 2.2.3 auf den harten Streuprozess zwischen hochenergetischen Protonen eingegangen. Bei der Wechselwirkung

---

[3]Im Ring des „Large Electron-Positron Collider" wurden auf einem Umfang von 27 km Elektronen und Positronen beschleunigt. Ihre Kollisionen wurden bei Schwerpunktsenergien von bis zu 209 GeV untersucht.

19

2. Theoretische Grundlagen

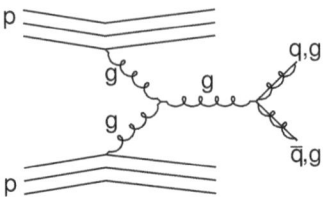

Abbildung 2.5.: *Skizze der Gluonenannihilation bei Protonkollisionen.*

zwischen Partonen interagieren farbgeladene Quarks oder Gluonen. Im Prozess der Fragmentation hadronisieren die entstandenen Quarks oder Gluonen. Unter Forderung nach farbneutralen Endzuständen müssen neben den eigentlichen Zerfallsprodukten gegebenenfalls weitere farbgeladene Teilchen entstehen.

2.2.1. Teilchenkollisionen und tiefinelastische Streuung

Bei der Kollision von Teilchen wird zwischen der elastischen Streuung und der inelastischen Streuung unterschieden. Bei der elastischen Streuung ändern sich nur Energie und Impuls der kollidierenden Teilchen. Bei der inelastischen Streuung ändert sich zusätzlich die innere Struktur.

Elastische Kollisionsexperimente werden durchgeführt, um die Kräfte zwischen streuendem und gestreutem Teilchen zu untersuchen. Bei höheren Energien verbessert sich das Auflösungsvermögen. Zur Auflösung eventueller Unterstrukturen wird die Energie weiter erhöht, und es kommt zu inelastischen Streuungen. Dabei wird kinetische Energie zur Anregung umgewandelt. Durch Beobachtung der auslaufenden Teilchen nach der anschließenden Abregung ist ein Schluss auf den Aufbau der Teilchen möglich.

Im Verständnis der Teilchenphysik bilden die einlaufenden Teilchen dabei einen Vertex aus, an dem es zu einer Wechselwirkung kommt. Je nach Art der kollidierenden Teilchen können unterschiedliche Prozesse stattfinden. Im Falle kollidierender Elektronen wird beispielsweise ein Photon gebildet. Das Massenquadrat des kurzlebigen Photons entspricht dabei dem Quadrat des Impulsübertrags.

Das entstandene propagierende Teilchen, hier das Photon, liegt meist nicht auf der Massenschale und zerfällt instantan weiter. Mittels dieses virtuellen Photons kann kinetische Energie in Masse umgewandelt werden. Die Masse entspricht der Schwerpunktsenergie. An einem zweiten Vertex sind beim Photon Konversionen in auslaufende Paare geladener Teilchen und ihrer Antiteilchen möglich, abhängig vom zur Verfügung stehenden Phasenraum. Die möglichen Zerfallskanälen tre-

2.2. Kollisionen hochenergetischer Protonen

ten mit unterschiedlichen Wahrscheinlichkeiten auf. Um präzise Untersuchungen anzustellen ist es notwendig, eine große Anzahl von Kollisionen zu untersuchen.

2.2.2. Partonmodell und Strukturfunktionen

Kollidieren hochenergetische Protonen, so muss deren Unterstruktur berücksichtigt werden. In Abschnitt 2.1.4 wurde erläutert, dass Baryonen gebundene Zustände aus 3 Quarks sind. Bei der Bindung dieser „Valenzquarks" mit der starken Wechselwirkung entstehen neben Gluonen auch Quarkpaare, die als „Seequarks" bezeichnet werden. Alle Quarks und Gluonen in einem Baryon bilden die Menge der „Partonen".

Untersuchungen der Strukturfunktionen finden üblicherweise als Funktion der Bjorken'schen Skalenvariable statt. Die Bjorken'sche Skalenvariable $x_{Bj} = \frac{Q^2}{2p\,q}$ beschreibt den Anteil, den ein Parton am Impuls des Protons trägt. Die Definition erfolgt für tiefinelastische Streuungen mit ausgetauschtem Viererimpuls q, dem Viererimpuls des Protons p und der Definition $Q^2 = -q^2$. Die Partonimpulsverteilung $f_i(x_{Bj})$ wird in führender Ordnung als die Wahrscheinlichkeit interpretiert, dass das Parton i den Anteil x_{Bj} am Impuls des Protons trägt.

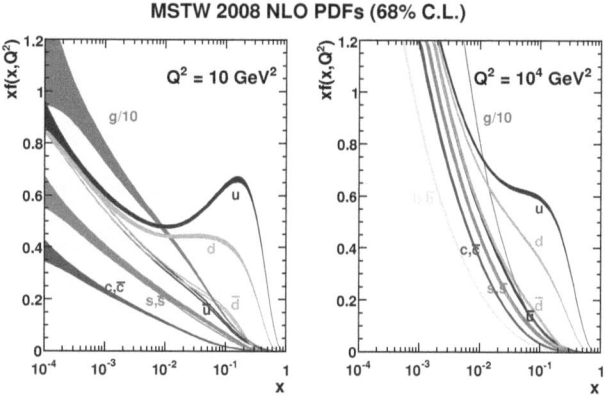

Abbildung 2.6.: *Impulsverteilungen der Partonen im Proton bei einem Impulsübertragsquadrat von $10\,\mathrm{GeV}^2$ (a) und von $10^4\,\mathrm{GeV}^2$ (b). Die Impulsverteilungen entstammen Fits in nächst-zu-führender Ordnung, die eingetragenen Bereiche entsprechen einer Unsicherheit von $1\,\sigma$. [Mar09]*

2. Theoretische Grundlagen

Die naive Erwartung für die Partonimpulsverteilungen für ein Proton mit 3 Valenzquarks wäre eine schmale Verteilung um $x_{Bj} = 1/3$. Die tatsächlich beobachteten Impulsverteilungen der Partonen sind in Abb. 2.6 für unterschiedliche Impulsüberträge gezeigt. Die Verteilung der Valenzquarks zeigt sich als Abweichung in den Verteilungen von Quarks und Antiquarks. Durch die Gluonen tritt eine Verschmierung ein und die Bildung von Seequarks und Gluonen reduziert den wahrscheinlichsten Impulsanteil auf einen Wert um 0,2. Die Beiträge der Seequarks tragen überwiegend kleine Impulsanteile.

Während es bei der Kollision von Paaren beschleunigter Elektronen über die Einstellung der betrachteten Schwerpunktsenergien $\sqrt{s}$ möglich ist, die invariante Masse der produzierten Teilchen präzise vorzugeben, wird bei Protonenkollisionen eine möglichst hohe Energie gewählt. Das Quadrat der invarianten Masse der Teilchen ergibt sich aus den Verteilungen der Impulsanteile $x_{Bj,1}$ und $x_{Bj,2}$ der kollidierenden Partonen zu $M^2 = x_{Bj,1} x_{Bj,2} s$.

2.2.3. Harte Streuung von Protonen

Zu harten Streuungen tragen mehrere Prozesse bei, bei denen die möglichen Kombinationen der Partonen miteinander wechselwirken. Neben der in Abb. 2.7 (a) gezeigten Streuung von zwei Quarks qq' kann es auch zu der in Abb. 2.7 (b) gezeigten Streuung zwischen Quarks und Antiquarks $q\bar{q}'$, zu der in Abb. 2.7 (c) gezeigten Wechselwirkung zwischen Quarks und Gluonen qg und zur in Abb. 2.7 (d) gezeigten Streuung zwischen Gluonen gg kommen. Die in Analogie möglichen Streuungen zwischen Antiquarks $\bar{q}\bar{q}'$ und zwischen Gluonen und Antiquarks $g\bar{q}$ sind durch die geringen Impulsanteile der Antiquarks gegenüber den Valenzquarks unterdrückt.

Bei diesen Streuprozessen kommt es zum Impulsübertrag mit dem Quadrat t zwischen den durchgehenden Partonlinien durch den Propagator, die Beiträge werden nach der Mandelstam-Variablen als t-Kanal bezeichnet. Da es sich um Streuprozesse handelt, kommt es nur zu kleinen Impulsüberträgen. Die hauptsächlichen Beiträge dieser Streuprozesse haben nur geringe Winkel zur Strahlachse und liegen in Kollisionsexperimenten außerhalb möglicher Detektorabdeckungen.

Die bei den später betrachteten Prozessen interessanteren Beiträge zur harten Streuung sind die, in denen es zur Annihilation der ursprünglich gestreuten Partonen kommt. Für Paare von Quarks und Antiquarks $q\bar{q}$ ist diese Annihilation in führender Ordnung in Abb. 2.8 (a) gezeigt, für Gluonenpaare gg in Abb. 2.8 (b). Dabei muss bei der Annihilation des Quarkpaares nicht zwangsweise ein Gluon entstehen. Das entstehende Teilchen ist aber ein (virtueller) Propagator, es

2.2. Kollisionen hochenergetischer Protonen

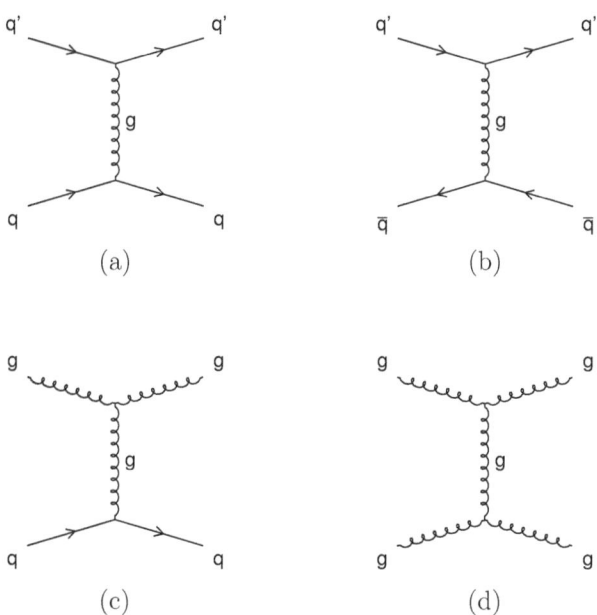

Abbildung 2.7.: *In führender Ordnung mögliche Streuprozesse von Partonen in pp-Kollisionen.*

2. Theoretische Grundlagen

schließt sich instantan ein weiterer Prozess an. Die Annihilation von Antiquarks aus dem See ist wieder unterdrückt. Bei der Annihilation ist das Quadrat des Impulsübertrages durch den Propagator gleich der quadrierten Schwerpunktsenergie der Partonen. Entsprechend heißt der Kanal nach der entsprechenden Mandelstam-Variable auch s-Kanal.

Im Optimalfall gleicher Impulse der kollidierenden Partonen wäre das Ruhesystem des Zerfalles gleich dem Laborsystem. In der Realität folgen die Impulsanteile der Partonen den in Abschnitt 2.2.2 vorgestellten Verteilungen und das Ruhesystem der Partonen hat einen Impuls in Strahlrichtung. Im Ruhesystem wird eine homogene Abstrahlung der Zerfallsprodukte in den gesamten Raumwinkel erwartet, der sich mit dem Impuls in Strahlrichtung überlagert.

Wie in Abb. 2.6 gezeigt wurde, ist der Anteil von Gluonen in hochenergetischen Protonen wesentlich größer, als der Anteil der Antiquarks, die im See zu finden sind. Deswegen liefert die Gluonfusion den wichtigsten Beitrag zum Wirkungsquerschnitt bei hochenergetischen Proton-Proton-Kollisionen.

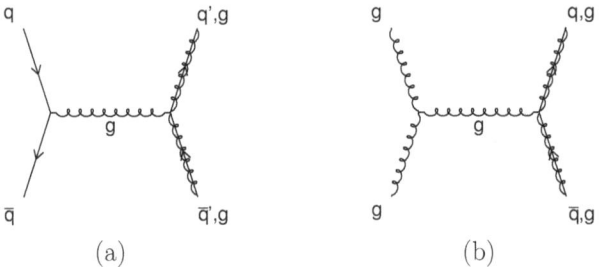

Abbildung 2.8.: *In führender Ordnung mögliche Annihilationsprozesse von Partonen in pp-Kollisionen.*

Auf die Erzeugung von Quarks und Gluonen in Stößen folgt der Prozess der Fragmentation. In ihrem Ruhesystem müssen erzeugte Paare von Partonen wegen der Impulserhaltung in entgegengesetzte Richtungen emittiert werden. Durch das „Confinement" funktioniert das nur unter anschließender Erzeugung von zumindest einem weiteren Quarkpaar. Durch die großen Abstände zwischen den erzeugten Quarks, bei denen die Prozesse üblicherweise stattfinden, ist die (laufende) Kopplungskonstante der starken Wechselwirkung während dem Prozess groß.

2.2. Kollisionen hochenergetischer Protonen

Prozesse höherer Ordnungen werden kaum noch unterdrückt und die Störungsrechnung lässt sich nicht mehr anwenden. Unter Erhaltung des Viererimpulses werden weitere Quarks und Gluonen erzeugt.

Beim Prozess der Hadronisierung von Quarks werden die entstandenen Quarks so angeordnet, dass farblose Endzustände entstehen. Als Resultat bilden sich zwei Jets[4] aus Hadronen aus die, der Richtung der ursprünglichen Quarks weitestgehend folgend, in entgegengesetzte Richtungen abgestrahlt werden. Farbneutralität muss auch von den Protonresten erfüllt werden, so dass diese ebenfalls hadronisieren.

In der Realität müssen die beschriebenen Kanäle von Streuprozessen noch um Beiträge höherer Ordnungen ergänzt werden. Durch die Forderung nach Farbneutralität können weitere Partonschauer entstehen. Je nachdem, ob diese von den ein- oder von den auslaufenden Teilchen erzeugt werden, kommt es zu initialen oder zu finalen Abstrahlungen. Ein anderer Eekt ist die elektromagnetische Abstrahlung. Die Erzeugung von Schleifen in Diagrammen höherer Ordnung wird z.B. bei der in Abschnitt 3.2 beschriebenen Produktion von Charmoniumresonanzen eine Rolle spielen.

---

[4]Ein Jet ist ein „Strahl" von hadronischen Teilchen, wie er durch Fragmentation eines hochenergetischen Partons entsteht.

3. Produktion von Charmoniumzuständen in Proton-Proton-Kollisionen

In der vorliegenden Arbeit werden Zerfälle des Charmoniumzustandes J/ψ in Elektronen untersucht. Die Entdeckung des J/ψ geschah 1974 beinahe zeitgleich durch zwei Experimente. In Ref. [Aub74] ist die Entdeckung an einem Fixed-Target-Experiment am AGS[1]-Beschleuniger am BNL[2] beschrieben, in den Referenzen [Aug74] und [Wil03] die Entdeckung mit dem Mark-I-Detektor im SPEAR[3]-Ring am SLAC[4]. Mit der Entdeckung der J/ψ-Resonanz wurde das geforderten Charm-Quarks c entdeckt.

Die Forderung nach dem Charm-Quark ergab sich bereits 1970 aus der Forderung nach Erhaltung der Strangeness im schwachen Strom unter der gefundenen Mischung der Quarks. Diese Forderung schlug sich im GIM-Mechanismus nieder [Gla70]. Die Entdeckung des vierten Quarks und die nun mögliche Gruppierung der bekannten Quarks in die im GIM-Mechanismus angekündigten zwei Generationen wird als „Novemberrevolution" bezeichnet.

In Abschnitt 3.1 wird erklärt, was Charmoniumzustände sind und wie sie zerfallen. In der vorliegenden Arbeit werden J/ψ betrachtet, die in Proton-Proton-Kollisionen erzeugt wurden. Die Produktion kann im Detail noch nicht theoretisch erklärt werden. Die gängigen Modelle werden in Abschnitt 3.2 vorgestellt.

3.1. Das Charmonium und seine angeregten Zustände

Zum Verständnis des Spektrums angeregter Zustände der Quarkoniazustände $c\bar{c}$ werden die gut verstandenen Zustände des Wasserstos betrachtet. In einem ers-

---
[1] „Alternate-Gradient-Synchrotron".
[2] „Brookhaven National Laboratory".
[3] „Stanford Positron Electron Asymmetric Rings".
[4] „Stanford Linear Accelerator Center".

3. Produktion von Charmoniumzuständen in Protonenkollisionen

ten Schritt wird die Analogie zwischen dem Wasserstosystem, in dem ein schweres Proton von einem leichten Elektron umkreist wird, und dem Positronium, einem System aus einem positiv und einem negativ geladenen Elektron, betrachtet. Im weiteren Verlauf dieser Arbeit sollen Elektronen und Positronen ladungsunabhängig als Elektronen bezeichnet werden, ein Paar von Elektron und Positron als Elektronenpaar.

Die Energieniveaus des Wasserstoatoms sind zunächst aufgespalten nach der Hauptquantenzahl der Radialwellenfunktion, n = N + l+1, wobei N die Knotenzahl der Radialwellenfunktion und l den Bahndrehimplus des Wasserstoatoms bezeichnet. Die sich so ergebenden Energiezustände $E_n = -\frac{\alpha^2 mc^2}{2n^2}$ mit der elektromagnetischen Kopplung α und der reduzierten Masse $m = \frac{m_p m_e}{m_p + m_e}$ erfahren weitere Aufspaltungen. Die Feinstruktur wird durch die Wechselwirkung von Elektronspin und Bahndrehimpuls des Elektrons verursacht und ist proportional zu α^2. Die Hyperfeinstruktur beruht auf der Wechselwirkung vom Spin des Elektrons mit dem Spin des Protons. Die Aufspaltung ist proportional zu $\alpha^2 \frac{\mu_p}{\mu_e}$, mit den magnetischen Momenten des Protons μ_p und des Elektrons μ_e.

Das Positroniumsystem besteht nicht mehr aus einem Elektron, das um einen viel schwereren Kern kreist. Es liegt ein System aus einem gleich schweren Elektronenpaar aus Elektron e^- und Positron e^+ vor. Damit ändern sich im Wesentlichen die reduzierte Masse und die magnetischen Momente. Während sich die Bindungsenergie mit der reduzierten Masse halbiert, wird die Aufspaltung durch die Hyperfeinstruktur mit dem magnetischen Moment viel größer. Zur Beschreibung eines solchen Zustandes verwendet man neben der Hauptquantenzahl n den Bahndrehimpuls L, den Gesamtspin S und den Gesamtdrehimpuls J. Die Notation eines solchen Zustandes folgt dem Schema $n^{2S+1}L_J$. Der Gesamtdrehimpuls liegt dabei in den Grenzen $|L - S| \leq J \leq L + S$ und für Werte des Bahndrehimpulses L = (0,1,2,3) wird die Notation (S, P, D, F) verwendet. Wegen der möglichen Annihilation des Elektronenpaares hat das Positroniumsystem nur eine endliche Lebensdauer.

Wie das Potential der elektromagnetischen Wechselwirkung im Positroniumsystem zeigt das Potential der starken Wechselwirkung zwischen zwei Quarks im Nahbereich eine Proportionalität zu $V_{nah} \propto -r^{-1}$. Die Situation in Quarkonia ist ähnlich zu der im Positronium. Für größere Entfernungen spielt zwischen zwei Quarks das einschließende lineare Potential $V_{fern} \propto r$ die dominierende Rolle. Ein Paar von Charm-Quarks, die sich in einem gebundenen Zustand befinden, sind überwiegend nahe zueinander. Die Beschreibung der Spektren von Quarkonia ist ähnlich der des Positroniums. Für die Hauptquantenzahl wird eine andere Kon-

3.1. Das Charmonium und seine angeregten Zustände

vention verwendet, nämlich n = N + 1. Die Anregungszustände lassen sich in Fig. 3.1 ersehen.

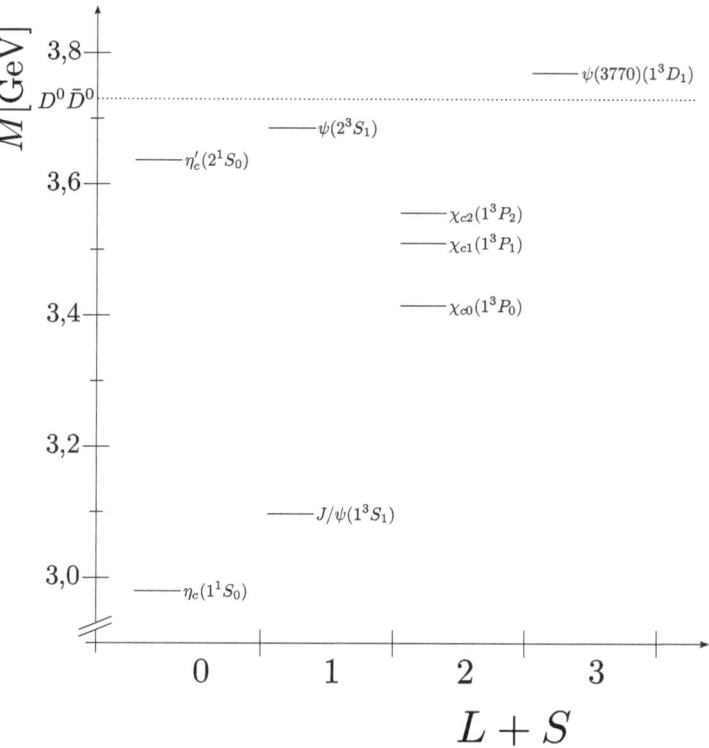

Abbildung 3.1.: *Energieniveaus des Charmonium. Resonanzen oberhalb der gestrichelten Linie zerfallen bevorzugt in leichtere Hadronenpaare. Informationen über die Resonanzen wurden Ref. [Nak10] entnommen.*

Aus einem Teilchen und seinem Antiteilchen bestehend sind Charmoniumresonanzen, wie auch das Positronium, nicht stabil. Es gibt vier Zerfallsmöglichkeiten. Der Charmoniumzustand 1^3S_1 mit der Masse $m_{J/\psi} = (3096{,}916 \pm 0{,}011)$ MeV [Nak10] hat die gleichen Quantenzahlen[5] $J^P = 1^-$ wie das Photon. Deswegen ist

---
[5]Für die Parität von Mesonen gilt $P = (-1)^{L+1}$.

3. Produktion von Charmoniumzuständen in Protonenkollisionen

eine elektromagnetische Annihilation (Abb. 3.2) möglich. Die virtuellen Photonen zerfallen in Leptonen oder Hadronen. Als leichteste Charmoniumresonanz mit den Quantenzahlen virtueller Photonen hat das J/ψ den höchsten Produktionswirkungsquerschnitt. Bei der hadronischen Annihilation müssen wegen Farb- und Paritätserhaltung 3 Gluonen erzeugt werden. Die höhere Ordnung dieser Prozesse führt zu einer geringeren Zerfallsbreite. Bei den Zuständen η_c mit J = 0 kann eine Annihilation in zwei Photonen oder Gluonen erfolgen.

Bei der elektromagnetischen Abstrahlung geht eine angeregte Resonanz in einen niedrigeren Anregungszustand über. Dabei müssen die Auswahlregeln für elektrische ((Δ S, Δ L) = (0,1)) oder magnetische ((Δ S, Δ L) = (1,0)) Dipolstrahlung beachtet werden. Die Anregungszustände χ_{cJ} können unter elektrischer Abstrahlung in das J/ψ übergehen.

Erreichen die Charmoniumresonanzen die doppelte Masse des D ^{0}-Mesons[6], so werden hadronische Zerfälle in Zustände möglich, die die ursprünglichen Quarks enthalten. Dieser starke Prozess hat eine hohe Zerfallsbreite. Sobald von der zur Verfügung stehenden Masse her möglich, ist er favorisiert. Schwache Zerfälle unter Abstrahlung von W -Bosonen treten quasi nicht auf.

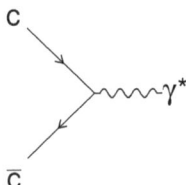

Abbildung 3.2.: *Annihilation eines Paares von Charm-Quarks in ein virtuelles Photon.*

3.2. Modelle zur Produktion von Resonanzen

In diesem Kapitel werden die Modelle vorgestellt, die die Produktion von J/ψ-Resonanzen in Kollisionen von Protonen theoretisch versuchen zu erklären. Eines der zu betrachtenden Modelle sind Drell-Yan-Prozesse, die die Entstehung

---

[6]D ^{0}-Mesonen sind die leichtesten Mesonen, die ein c-Quark enthalten.

3.2. Modelle zur Produktion von Resonanzen

von Leptonpaaren bei Kollisionen von Teilchen beschreiben (Abschnitt 3.2.1). Die Charmoniumresonanzen treten als Peaks aus diesem Untergrund hervor.

Zur Beschreibung der Produktion durch die starke Wechselwirkung gibt es unterschiedliche Modelle. Neben dem in Abschnitt 3.2.2 vorgestellten Farb-Singulett-Modell werden in Abschnitt 3.2.3 Farb-Evaporations-Modelle eingeführt. Die unterschiedlichen Modelle sind in Ref. [Lan06] zusammengefasst. Bei hohen Transversalimpulsen spielt die Produktion aus B -Zerfällen eine zunehmende Rolle. Dieser Prozess wird in Abschnitt 3.2.4 behandelt. In Abschnitt 3.3 wird auf die Übereinstimmung zwischen Theorie und experimentellen Resultaten eingegangen.

3.2.1. Drell-Yan-Prozesse

Drell-Yan-Prozesse beschreiben allgemein die Produktion von Leptonpaaren in tiefinelastischen Kollisionen. Der Produktionsprozess in führender Ordnung ist die Annihilation eines Paares aus Parton und Antiparton, wie in Abb. 3.3 illustriert.

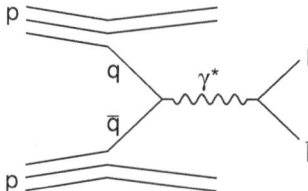

Abbildung 3.3.: *Produktion eines Paares von Leptonen während eines Drell-Yan-Prozesses bei einer Proton-Proton-Kollision.*

Der Wirkungsquerschnitt bei Drell-Yan-Prozessen aus dem eingehenden Quark q mit Impulsanteil $x_{Bj,1}$ und dem eingehenden Antiquark $\bar{q}$ mit Impulsanteil $x_{Bj,2}$

$$\sigma = \sum_q \int dx_{Bj,1} dx_{Bj,2} f_q(x_{Bj,1}) f_{\bar{q}}(x_{Bj,2}) \sigma_{q\bar{q} \to l^+ l^-} \tag{3.1}$$

wird durch Wichtung des Wirkungsquerschnittes des Prozesses $q\bar{q} \to l^+ l^-$ mit den Verteilungsfunktionen und durch Summierung über die möglichen Kombinationen aus Quarks und Antiquarks bestimmt. Eine Beschreibung dieser Prozesse findet sich in Ref. [Dre70].

3. Produktion von Charmoniumzuständen in Protonenkollisionen

In niedrigster Ordnung ist der Wirkungsquerschnitt $\sigma_{q\bar{q}\to l^+l^-}$ durch den Annihilationsprozess $q\bar{q} \to \gamma* \to l^+l^-$ gegeben. Stimmt der Impulsübertrag Q^2 mit dem Massenquadrat eines anderen erzeugbaren Teilchens überein, so kann dieses Teilchen als Resonanz erzeugt werden. In Messungen des dierentiellen Wirkungsquerschnittes in Abhängigkeit von der invarianten Masse des Leptonenpaares zeigen sich derartige Resonanzen.

Durch den kleinen Transversalimpuls der Partonen haben Resonanzen J/ψ, die durch Drell-Yan-Prozesse führender Ordnung erzeugt werden, sehr kleine Transversalimpulse. Bei der Kollision von Protonen verwendete Detektoren sind in Bereichen kleiner Impulse nicht sensitiv. Die dominanten Beiträge zur Produktion von Charmoniumzuständen bei hohen Transversalimpulsen sind in starken Prozessen zu suchen.

3.2.2. Farb-Singulett-Modell

Im Farb-Singulett-Modell CSM[7] wird gefordert, dass ein Paar von Quarks in einem Farb-Singulett-Zustand erzeugt wird, dass also Quark und Antiquark die assoziierte Farbe und Antifarbe haben.

Zur mathematischen Behandlung in der QCD wird die nichtrelativistische QCD (NRQCD) verwendet [Bod94]. Die NRQCD ist eine eektive Feldtheorie, die eine Faktorisierung in einen relativistischen Anteil und einen nichtrelativistischen Anteil vornimmt. Der kurzreichweitige relativistische Anteil findet auf der Skala des Impulsübertrags statt. Er beschreibt die Quarkproduktion und ist perturbativ behandelbar.

Der langreichweitige nichtrelativistische Beitrag beschreibt die Bindung der Quarks im Charmonium. Er findet auf den Energieskalen der Impulse $m_q v$ und der kinetischen Energien der Quarks im Ruhesystem des Mesons $m_q v^2/2$ statt. Dieser Anteil kann in Form von prozessunabhängigen Matrizen parametrisiert werden, die als freier Parameter der Theorie experimentell bestimmt werden müssen. Um die NRQCD anwenden zu können, muss gefordert werden, dass die typische Geschwindigkeit v der betrachteten Quarks mit Massen m_q im gemeinsamen Ruhesystem klein ist. Das ist um so besser der Fall, je größer die betrachteten Quarkoniummassen sind.

Eine Möglichkeit der Produktion eines farblosen Zustandes aus Quark und Antiquark ist ein verallgemeinerter Drell-Yan-Prozess. Dieser Prozess ist in Abb. 3.4 gezeigt. Der Prozess hat aber einen zu kleinen Wirkungsquerschnitt, um Produktionsprozesse mit den gemessenen Wirkungsquerschnitten zu beschreiben. Der Pro-

---
[7]„Colour Singlett Model".

3.2. Modelle zur Produktion von Resonanzen

zess ist durch seine niedrige Ordnung $\mathcal{O}\left(\alpha_S^6\right)$ unterdrückt, was damit zusammenhängt, dass er keine durchgehenden Quarklinien[8] hat. Analog zum allgemeinen Drell-Yan-Prozess haben J/ψ aus diesem Kanal nur geringe transversale Impulse.

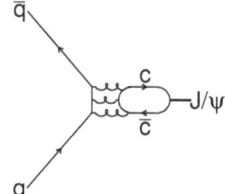

Abbildung 3.4.: *Produktion des J/ψ aus einem Quark-Antiquark-Paar.*

Unter Anderen wurde in den Referenzen [Cha79] und [Bai81] gezeigt, dass die Produktion von J/ψ weitestgehend über andere Prozesse abläuft. Bei Schwerpunktsenergien von $\sqrt{s} = 14\,\text{TeV}$ die Produktion aus Gluonpaaren gg dominant [Etz07]. Ihr Beitrag liegt bei 80 %. Es folgt die Produktion aus Wechselwirkungen von Gluonen mit Quarks gq, die die verbleibenden 20 % ausmacht. Diese Berechnungen wurden im Farb-Oktett-Modell durchgeführt, das im nächsten Abschnitt vorgestellt wird. Berechnungen bei $7\,\text{TeV}$ finden sich in Ref. [Lan10].

Je nach betrachtetem Transversalimpuls ändern sich die Anteile der beitragenden Kanäle. Bei dem in Abb. 3.5 (a) gezeigten Kanal wird ein $\chi_{c0,2}$ erzeugt, das unter Photonabstrahlung in ein J/ψ zerfallen kann. Der Prozess ist von der relativ niedrigen Ordnung $\mathcal{O}\left(\alpha_S^2\right)$, die Produktion von J/ψ-Mesonen wird aber noch um das entsprechende Verzweigungsverhältnis unterdrückt. Durch den Übergang $\chi_{c0,2} \to J/\psi\gamma$ erhält das J/ψ-Meson eine transversale Impulskomponente. Durch den geringen Massenunterschied zwischen den Zuständen trägt der Kanal bei eher kleinen Transversalimpulsen bei.

Bei der direkten Produktion des J/ψ muss aus Gründen der Paritätserhaltung ein Gluon abgestrahlt werden. Der Prozess hat damit die Ordnung $\mathcal{O}\left(\alpha_S^3\right)$ (Abb. 3.5 (b)). Wegen der Impulserhaltung führt die Abstrahlung des Gluons dazu, dass das direkt produzierte J/ψ transversalen Impuls trägt. Bei der in Abb. 3.5 (c) gezeigten Produktion $gq \to \chi_{cJ}q \to J/\psi\gamma$ aus Gluonen und Quarks bleibt das

---

[8]Nach der Zweig-Regel sind Prozesse, bei denen die Quarks aus dem Anfangszustand im Endzustand nicht mehr vorliegen, unterdrückt.

3. Produktion von Charmoniumzuständen in Protonenkollisionen

einlaufende Quark erhalten. Entsprechend tragen die erzeugten χ_{cJ} ebenfalls bei größeren Transversalimpulsen bei.

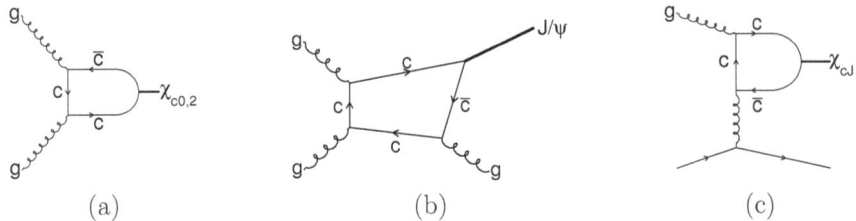

(a) (b) (c)

Abbildung 3.5.: *Beispielhafter Beitrag zur Produktion des J/ψ aus Gluonen im Farb-Singulett-Modell in führender Ordnung.*

3.2.3. Farb-Evaporations-Modell

Abweichungen gemessener Verteilungen zu den Vorhersagen des Farb-Singulett-Modells führten zur Suche nach neuen Modellen. Bei Farb-Evaporations-Modellen wird die Forderung aufgegeben, die produzierten Quarkpaare sollten im Farb-Singulett-Zustand sein. Es wird angenommen, dass niederenergetische Farbwechselwirkungen auftreten, die zwar die Farbe der Quarks ändern, nicht aber deren Impuls. Das lässt die Produktion von Charmoniumresonanzen aus Feynman-Diagrammen niedriger Ordnungen zu. Für die Produktion des J/ψ aus einem Gluonenpaar ist ein Feynman-Diagramm niedrigstmöglicher Ordnung in Abb. 3.6 (a) gezeigt, für die Produktion der χ_{cJ}- und der η_c-Zustände in Abb. 3.6 (b).

Um mit diesem Modell Wirkungsquerschnitte zu berechnen gibt es zwei Ansätze. Der erste Ansatz ist das Farb-Oktett-Modell (COM[9]). In diesem Modell wird der Wirkungsquerschnitt für alle resultierenden $c\bar{c}$-Paare berechnet. Um die Kombinatorik zu berücksichtigen, wird durch 9 dividiert. Unter Verwendung von Gewichten werden die Singulett-Zustände auf die möglichen Charmonium-Zustände aufgeteilt. Wie das Farb-Singulett-Modell kann das Farb-Oktett-Modell in der nichtrelativistischen QCD (NRQCD) formuliert werden.

Eine weitere Methode ist die Methode der niederenergetischen Farbwechselwirkungen. Hier wird in Monte-Carlo-Simulationen eine Wahrscheinlichkeit implementiert, dass Partonen in niederenergetischen Wechselwirkungen ihre Farbe

---
[9] „Colour Octett Model".

3.2. Modelle zur Produktion von Resonanzen

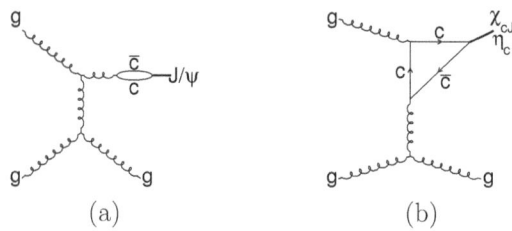

Abbildung 3.6.: *Beispielhafter Beitrag zur Produktion des J/ψ (a) und der Zustände χ_{cJ} und η_c (b) aus Gluonen im Farb-Oktett-Modell in führender Ordnung.*

ändern. Die so entstandenen Farb-Singulett-Zustände werden verwendet, um analog zum Farb-Oktett-Modell einen Wirkungsquerschnitt zu berechnen.

3.2.4. Produktion aus Zerfällen von B-Mesonen

In Ref. [Hal84b] wurde betrachtet, welche Kanäle zur Produktion des Charmoniums mit anschließendem Zerfall in Leptonpaare beitragen. Zum ersten Mal wurde dabei aufgezeigt, dass der Zerfall von Mesonen mit b-Quarks bei höheren Anforderungen an die transversalen Impulse der Leptonen einen zunehmend signifikanten Beitrag liefern könnte. Der Produktionsprozess ist in Abb. 3.7 gezeigt.

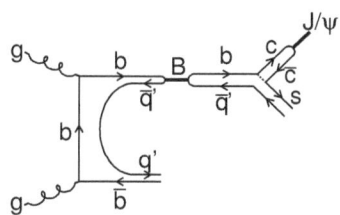

Abbildung 3.7.: *Produktion von B -Mesonen und folgender schwacher Zerfall in Charmonium.*

Neben den höheren transversalen Impulsen ist bei den Zerfällen des J/ψ aus dem Zerfall von relativ langlebigen B -Mesonen der Abstand zum Primärvertex größer. Wie in Ref. [Che09] beschrieben, kann dieser Unterschied zur Unterscheidung der Kanäle verwendet werden.

3. Produktion von Charmoniumzuständen in Protonenkollisionen

3.2.5. Beiträge zum Charmonium-Zerfall in Elektronenpaare

Im Verlauf dieser Arbeit werden Analysen vom Charmoniumzerfall $J/\psi\,(1^3S_1) \to e^+e^-$ in Elektronenpaare durchgeführt. Das J/ψ hat die Quantenzahlen, die einen Zerfall über virtuelle Photonen in Elektronenpaare ermöglichen. Zustände mit anderen Quantenzahlen für den Spin oder für den Drehimpuls müssen erst in das J/ψ „abgeregt" werden. Der nächste Zustand mit passenden Quantenzahlen $\psi\,(2^3S_1)$ ist mit einer höheren invarianten Masse von m $= (3{,}68609 \pm 0{,}00004)$ GeV [Nak10] klar unterscheidbar. Durch die größere Masse hat es einen viel kleineren Wirkungsquerschnitt.

Entsprechend gibt es neben der direkten Produktion des J/ψ in Proton-Proton-Kollisionen die Kanäle, in denen das J/ψ selbst Zerfallsprodukt ist. Diese Art der Produktion heißt indirekte Produktion. Die beitragenden Kanäle sind die Zerfälle $\chi_{cJ}\,(1^3P_J) \to J/\psi\,(1^3S_1)\,\gamma$, bei denen ein elektrischer Dipolübergang unter Abstrahlung eines Photons stattfindet.

Neben diesen prompten Kanälen, bei denen die Produktion des J/ψ quasi-instantan am Ort der Kollision erfolgt, gibt es Prozesse nicht-prompter Produktion. Bei der nicht-prompten Produktion zerfallen langlebigere Zwischenzustände. Die interessanten Kanäle sind hier die in Abschnitt 3.2.4 beschriebenen schwachen Zerfälle von B -Mesonen. Neben der Zerfallszeit seit Produktion nimmt für solche Zerfälle auch das Spektrum des Transversalimpulses größere Werte an. Durch Forderung höherer Transversalimpulse werden nicht-prompte Beiträge angereichert. Die hauptsächlich beitragenden Kanäle sind in Tab. 3.1 aufgelistet.

Zerfall	Verzweigungsverhältnis BR		
$pp \to J/\psi \to e^+e^-$	$BR\,(J/\psi \to e^+e^-) = (5{,}94 \pm 0{,}06)$ %	direkt	prompt
$pp \to \chi_{c0} \to J/\psi\gamma$	$BR\,(\chi_{c0} \to J/\psi\gamma) = (1{,}16 \pm 0{,}08)$ %	indirekt	
$pp \to \chi_{c1} \to J/\psi\gamma$	$BR\,(\chi_{c1} \to J/\psi\gamma) = (34{,}4 \pm 1{,}5)$ %		
$pp \to \chi_{c2} \to J/\psi\gamma$	$BR\,(\chi_{c2} \to J/\psi\gamma) = (19{,}5 \pm 0{,}8)$ %		
$pp \to B \to J/\psi X$	n.a.		nicht-prompt

Tabelle 3.1.: *Beiträge zur Produktion des Charmoniumzustandes $J/\psi\,(1^3S_1)$ in Proton-Proton-Kollisionen. Da die Zerfälle $B \to J/\psi X$ aus unterschiedlichen Kanälen bestehen, lässt sich keine Angabe zum Verzweigungsverhältnis machen.*

3.3. Aktuelle Situation

Welches der korrekte Weg zur theoretischen Beschreibung der Produktion des Charmoniums ist, ist Bestandteil fortlaufender Untersuchungen. Quarkoniumzustände ermöglichen es, das Verständnis der QCD bei hohen und niedrigen Energien zu testen. Die Arbeit mit diesen Energieregimen und ihrer Verknüpfung macht die korrekte Beschreibung des Quarkoniums zu einer Herausforderung. Der Stand der Forschung aus dem Jahr 2004 ist in Ref. [Bra04] festgehalten, die aktuelle Entwicklung in Ref. [Bra10].

Das Farb-Singulett-Modell in führender Ordnung beschrieb sehr erfolgreich die Produktionsraten bei relativ niedrigen Energien. Bei höheren Energien sind die Vorhersagen dieses Modelles zu niedrig. Beispielsweise zeigten Messungen [Abe97a] von CDF[10] einen um Größenordnungen höheren Wirkungsquerschnitt für die Suche nach $\psi(2S)$, in Ref. [Abe97b] beschriebene Messungen lieferten für den Anteil von χ_c an der J/ψ-Produktion Werte, die wesentlich unter den vom Farb-Singulett-Modell in führender Ordnung vorhergesagten lagen.

Unter Verwendung des Farb-Oktett-Modelles berechnete Wirkungsquerschnitte zeigten bessere Übereinstimmung. Das wurde in Messungen [Abb98] von DØ[11] gezeigt. Für hohe Transversalimpulse $p_T \gg m_{J/\psi}$ entstammt in diesen Modellen der Großteil der produzierten J/ψ der in Abb. 3.6 (a) gezeigten Fragmentation von Gluonen. Dadurch wird eine transversale Polarisation[12] vorhergesagt. Messungen [A00] von CDF konnten diese Vorhersage nicht bestätigen.

Eine Vermutung für die Abweichung der Vorhersagen ist, dass in der NRQCD verwendete Abschätzungen für die Massenskala des J/ψ nur unzureichend gelten. Neuere Berechnungen des Farb-Singulett-Modelles in nächst-zu-führender Ordnung, wie sie z.B. in den Referenzen [Cam07] und [Lan10] vorgestellt werden, stellen einen möglichen Ausweg dar. Das Problem dabei ist, dass die Größe der Korrekturen bei höheren Ordnungen Zweifel erlauben, ob die Behandlung im Rahmen einer Störungstheorie gerechtfertigt ist. Von den LHC-Experimenten Atlas [Aad11c] und CMS [Kha10] vorgestellte Messungen werden mit zunehmender Statistik fortgeführt werden und von der experimentellen Seite zur Klärung der Situation beitragen. Dabei werden die zugänglichen Regionen in den transversalen Impulsen fortlaufen höher; leider bedeutet das auch, dass Bereiche niedriger transversaler Impulse zunehmend unzugänglich sind.

---

[10] „Collider Detector at Fermilab".
[11] „Schwesterexperiment" des CDF-Experimentes am Tevatron.
[12] Mit der Polarisation ist die bevorzugte Ausrichtung der Spins der J/ψ-Mesonen gemeint. Die transversale Polarisation bezieht sich auf die bevorzugte Ausrichtung orthogonal zur Flugrichtung.

4. Der Atlas-Detektor am Large-Hadron-Collider

Der Atlas-Detektor befindet sich an einem der Kollisionspunkte im LHC[1]-Ring bei Genf. Wie in Abschnitt 2.2 eingeführt, werden im LHC-Ring Protonen kollidiert. Der Atlas-Detektor misst die Zerfallsprodukte. Ein Überblick über den LHC-Beschleuniger wird in Abschnitt 4.1 gegeben.

Der Atlas-Detektor ist ein Multifunktionsdetektor, in dessen Zentrum Protonen kollidiert werden. Der Detektor soll eine möglichst vollständige Messung des Viererimpulses der entstehenden Zerfallsprodukte vornehmen, und das möglichst hermetisch. In Abschnitt 4.2 wird zunächst das Koordinatensystem des Detektors eingeführt. Die Ziele, die den Aufbau motivieren, werden in Abschnitt 4.3 vorgestellt.

Zur Vermessung der Zerfallsteilchen findet im Inneren Detektor, der in Abschnitt 4.4 beschrieben wird, eine Messung von Spurpunkten statt. Der Innere Detektor liegt innerhalb eines Solenoidmagneten. Die Ablenkung im Feld dieses Magneten lässt eine Messung des transversalen Impulses zu. Auf den Solenoidmagneten folgt das Kalorimeter, in dem Teilchen gestoppt werden und ihre Energie gemessen wird. Das Kalorimeter wird in Abschnitt 4.5 beschrieben. Durch die Messung von Energie und Impuls ist der Viererimpuls vollständig bestimmt.

Während die meisten elektromagnetisch und hadronisch wechselwirkenden Teilchen spätestens im Kalorimeter gestoppt werden, durchqueren Myonen mit ihrer großen Strahlungslänge die Kalorimeter. Auf den Detektor zum Nachweis und zur Vermessung von Myonen wird in Abschnitt 4.6 nur kurz eingegangen, da er in der vorliegenden Analyse keine Verwendung findet. Eine Beschreibung des gesamten Atlas-Detektors und seiner Komponenten findet sich in Ref. [Aad09b], die Beschreibung seines erwarteten Verhaltens in Ref. [Aad09a]. Zusätzliche Literatur für die einzelnen Detektorkomponenten ist in den entsprechenden Abschnitten angegeben. Für eine detailliertere Beschreibung allgemeiner Detektorkonzepte, die auch dem Atlas-Detektor zugrunde liegen, sei auf die Referenzen [Gru93] und [Kle05] verwiesen.

---

[1] „Large Hadron Collider".

4. Der Atlas-Detektor am Large-Hadron-Collider

Um Aussagen über die gelieferte Statistik treffen zu können, ist es notwendig, die integrierte Luminosität zu messen. Die Messung der integrierten Luminosität wird in Abschnitt 4.7 erklärt.

Die vollständige Auslese aller Kollisionsereignisse im Detektor ist nicht möglich. Es müssen im Strahlbetrieb schnelle Entscheidungen getroffen werden, welche Ereignisse von besonderem Interesse sind und aufgezeichnet werden sollen. Das geschieht mit Hilfe des Triggers. Das Triggersystem wird in Abschnitt 4.8 beschrieben.

4.1. Der Large-Hadron-Collider am CERN

Das Europäische Kernforschungszentrum CERN[2] wurde 1952 zur Erforschung fundamentaler physikalischer Forschung von europäischer Seite gegründet. Damals war das die Erforschung der Struktur von Atomkernen. Mittlerweile ist das Hauptfeld die Untersuchung fundamentaler Teilchen und ihrer Wechselwirkungen. Seit Ende des Kalten Krieges geschieht das zunehmend unter internationaler Beteiligung.

Seit Gründung spielte das CERN eine führende Rolle bei der Entdeckung fundamentaler Physik. Zum Auflösen immer kleinerer Strukturen waren Teilchenstrahlen mit immer höherer Energie und damit immer größere Beschleuniger notwendig. Die Forschung geschah in Konkurrenz mit amerikanischen Forschungszentren wie dem Fermilab in der Nähe von Chicago und mit sowjetischen Zentren wie dem Institut für Hochenergiephysik IHEP in Protvino.

Um noch höhere Schwerpunktsenergien von bis zu $\sqrt{s} = 14\,\text{TeV}$ zu erreichen, wurde nach dem Abschalten des LEP-Beschleunigers im Jahre 2000 mit der Installation des LHC-Beschleunigers im vormaligen LEP-Tunnel begonnen. Eine Übersicht über den LHC und seine Vorbeschleuniger ist in Abb. 4.1 gezeigt.

Neben einem umfangreichen Programm von geplanten Untersuchungen ist das erklärte Ziel des LHC die Entdeckung des vorhergesagten Higgs-Bosons. Nach Einstellung des konkurrierenden amerikanischen SSC[3]- und des sowjetischen UNK-Projektes [Gur95] geschah dies unter zunehmender internationaler Beteiligung. Eine Vorstellung des LHC erfolgt in Abschnitt 4.1.1

---

[2] „Conseil Européen pour la Recherche Nucléaire" ist der Namen unter dem das CERN gegründet wurde. Mittlerweile verbirgt sich hinter der Abkürzung die „European Organization for Nuclear Research", die das „European Laboratory for Particle Physics" betreibt.
[3] „Superconducting Supercollider". [SSC85]

4.1. Der Large-Hadron-Collider am CERN

4.1.1. Aufbau und technische Daten des LHC

Im LHC-Beschleuniger werden zwei gegenläufige Protonenstrahlen nach dem Synchrotronprinzip beschleunigt. An 4 Strahlkreuzungspunkten wechseln die gegenläufigen Strahlen ihre Strahlröhren, dabei kommt es zur Kollision von Protonen aus dem Strahl. An diesen Kollisionspunkten ist jeweils ein Detektor zur Vermessung der Teilchenkollisionen platziert, die beiden Multifunktionsdetektoren Atlas[4] und CMS[5], der auf die Detektion der Zerfälle des b-Quarks spezialisierte LHCb-Detektor [Alv08] und das auf die Vermessung von Schwerionenkollisionen spezialisierte ALICE[6]-Experiment. Eine genaue Beschreibung des LHC findet sich in Ref. [Eva08].

Nach dem Synchrotron-Prinzip funktionierend, benötigt der LHC-Beschleuniger Protonen, die bereits eine hohe Energie haben. Die Protonen durchlaufen den LHC-Beschleunigerkomplex, wie aus Abb. 4.1 zu ersehen. Mit einer Energie von 450 GeV werden sie in den LHC eingeschossen. Bis zu 2808 Pakete von bis zu $1{,}5 \times 10^{11}$ Protonen werden nominell auf Energien von 7 TeV gebracht und kollidieren mit einer Rate von 40 MHz.

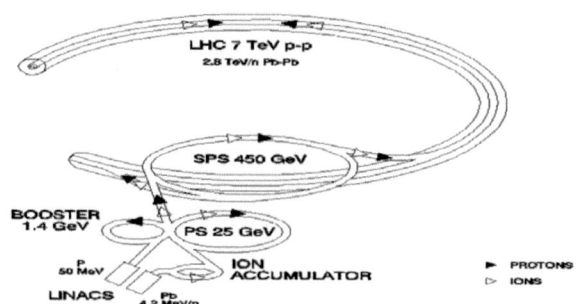

Abbildung 4.1.: *Der Beschleuniger-Komplex des CERN in Genf. [Ben04]*

Bei den hohen Energien des LHC werden seltene Zerfälle mit hoher Statistik untersucht. Die Rate von Ereignissen $R_i = \sigma_i \cdot \mathscr{L}$ eines Kanals i ergibt sich aus der instantanen Luminosität $\mathscr{L}$ und aus dem Wirkungsquerschnitt σ_i. Die

---
[4] „A Toroidal Lhc ApparatuS".
[5] „Compact Muon Solenoid". [Ado08]
[6] „A Large Ion Collider Experiment". [Aam08]

4. Der Atlas-Detektor am Large-Hadron-Collider

instantane Luminosität ist das Maß für die pro Zeit gesammelte Statistik, der Wirkungsquerschnitt für die Wahrscheinlichkeit für den Kanal i. Als Maß für die insgesamt gesammelte Statistik wird die integriert Luminosität $\int \mathscr{L} \mathrm{dt}$ genutzt.

Bei der Kollision gaußförmig verteilter Teilchenstrahlen mit Teilchenzahlen N_a und N_b und Strahlquerschnitten $A = 4\pi\sigma_x\sigma_y$ mit den horizontalen σ_x und vertikalen σ_y Standardabweichungen der Strahlverteilungen kann die Luminosität $\mathscr{L} = \frac{N_a N_b}{A}\frac{jv}{U}$ aus den Strahleigenschaften berechnet werden. Die Anzahl der pro Zeiteinheit stattfindenden Kollisionen $\frac{jv}{U}$ ergibt sich aus der Zahl der Pakete j, die mit Geschwindigkeit v den Kreis mit Umfang U umlaufen. Am LHC sollen Spitzenluminositäten von 10^{34} cm^{-2}s^{-1} erreicht werden.

Erste Zirkulationen von Teilchen fanden im September 2008 statt. Nach einem Zwischenfall mit explosionsartig verdampfendem Helium wurde klar, dass für Läufe bei nomineller Energie umfangreiche Nachrüstungen notwendig sein würden. Im November 2009 kam es wieder zu Zirkulationen und zu ersten Kollisionen bei der Einschussenergie von 450 GeV. Der Lauf im Jahr 2010 fand bei Protonenergien von 3,5 TeV statt. Erste Kollisionen bei dieser Energie fanden im März 2010 statt.

Bei den Läufen im Jahr 2010 wurde die instantane Luminosität durch Erhöhung der Anzahl der Pakete in den Strahlen und Erhöhung der Protonen in den Paketen bis auf nominelle Werte stetig erhöht. Das zeigt sich bei Betrachtung des immer schnelleren Anwachsens der integrierten Luminosität, die in Abb. 4.2 gezeigt ist. Neben der Erhöhung der instantanten Luminosität wurde auch die Strahlqualität verbessert, so dass die Strahlen länger im Ring bleiben konnten. Die niedrigere integrierte Luminosität, die vom ALICE-Experiment aufgezeichnet wurde, lässt sich durch weniger starke Fokussierung der Strahlen am entsprechenden Wechselwirkungspunkt erklären.

Im November 2010 wurde der Strahlbetrieb mit Protonen unterbrochen. Nach einem Betrieb mit Schwerionen folgte die Winterpause und im März 2011 wurde der Strahlbetrieb mit Protonen wieder aufgenommen. In der vorliegenden Arbeit finden die im Jahre 2011 genommenen Daten keine Verwendung. Ebenso finden die am Ende des Jahres 2010 stattgefundenen Läufe mit Schwerionen keine Verwendung.

4.2. Überblick über den Atlas-Detektor

Der Bau des Atlas-Detektors wurde 1992 zum ersten Mal in Ref. [Gin92] empfohlen, erste konkrete Pläne lagen 1994 vor [Arm94]. Mit dem Aufbau des Detektors in der Atlas-Kaverne, mit deren Aushebung kurz vor dem Abschalten des LEP-Beschleunigers im Jahr 1999 begonnen wurde, wurde 2003 begonnen. Die Be-

4.2. Überblick über den Atlas-Detektor

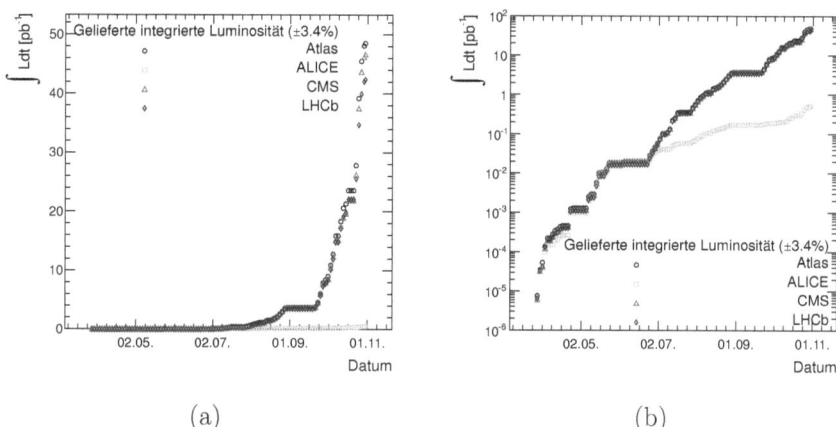

Abbildung 4.2.: *Von den einzelnen Experimenten im Jahr 2010 gelieferte integrierte Luminosität in linearer (a) und logarithimischer (b) Darstellung. (Daten aus Ref. [LPC10])*

schreibung des letztlichen Aufbaus findet sich in Ref. [Aad09b], die Beschreibung der Infrastruktur in Ref. [Air99].

Der Atlas-Detektor ist am Punkt 1 des LHC in der Atlas-Kaverne UX-15 92,5 m unterhalb des Erdbodens nahe Genf in der Nähe des CERN-Geländes untergebracht. Die Ausleseelektronik befindet sich großteils in der benachbarten Rechnerkaverne USA-15. Dabei hat der zylindrisch aufgebaute Detektor eine Länge von 45 m und einen Durchmesser von 25 m. Insgesamt sind im Atlas-Detektor 7000 t Material verbaut. Der Atlas-Detektor ist in Abb. 4.3 zu sehen.

Das verwendete Koordinatensystem hat seinen Ursprung im nominellen Wechselwirkungspunkt. Die x-y-Ebene ist die Ebene transversal zur Strahlachse. Dabei zeigt die x-Achse in Richtung der Mitte des LHC, die y-Achse (abgesehen von einer Neigung von 0,708°, die dem Gefälle des LHC von 1,236 % angepasst ist) nach oben. Die z-Achse wird durch die Strahlachse definiert. Ihre Richtung ist so gewählt, dass sich ein rechtshändiges kartesisches Koordinatensystem ergibt. Der Azimutwinkel ϕ ist der Winkel um die Strahlachse, wobei die x-Achse den Winkel $\phi = 0$ hat. Der Azimutwinkel wird durch $\tan(\phi) = y/x$ definiert und der Polarwinkel θ ist der Winkel zur Strahlachse. Üblicherweise wird in Analysen ein Koordinatensystem (η,ϕ) mit der Pseudorapidität $\eta = -\ln\left[(|\vec{p}|+p_z)/(|\vec{p}|-p_z)\right] = -\ln\tan(\theta/2)$ verwendet. Spielt die Teilchenmasse des Teilchens i eine Rolle, so

43

4. Der Atlas-Detektor am Large-Hadron-Collider

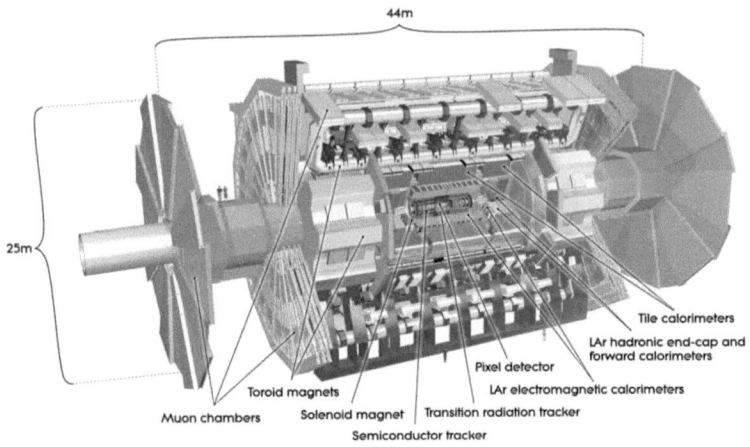

Abbildung 4.3.: *Überblick über den Atlas-Detektor. [Aad09b]*

findet statt der Pseudorapidität die Rapidität $y_i = -\ln\left[(E + p_z)/(E - p_z)\right]$ Verwendung.

Der Detektor ist weitgehend symmetrisch um die Strahlachse und achsensymmetrisch entlang der z-Achse aufgebaut. Es ergeben sich „Halbdetektoren" in positiver und negativer z-Richtung, die als die Seiten A und C bezeichnet werden. Bereiche mit höherer Pseudorapidität $|\eta|$ liegen „vorwärts", solche mit geringerer Pseudorapidität „zentral". Der „Zentralbereich" ist der Bereich mit Abdeckung durch den inneren Detektor, der Bereich ohne Abdeckung ist der „Vorwärtsbereich".

4.3. Anforderungen an den Atlas-Detektor

Bei der Planung des Atlas-Detektors lagen einige Ziele zugrunde, die die Anforderungen an den Detektor bestimmten. Diese Ziele und Anforderungen sind in den Referenzen [Gin92] und [Arm94] aufgeführt. Die Hauptziele des Atlas-Detektors waren dabei die Suche nach Higgs-Bosonen und „neuer" Physik. Aus der Forderung nach einer großen Sensitivität in den Zerfallskanälen leiteten sich Forderungen an den Detektor ab.

Während diese Suchen nach „neuer" Physik hohe Luminositäten erfordern, ergaben sich auch aus dem Programm für niedrige Luminositäten Anforderungen. In

B-Zerfällen sollte die Messung der CP-Verletzung und der Winkel der CKM-Matrix verbessert werden, die $B_s\bar{B}_s$-Mischung und seltene B-Zerfälle sollten untersucht werden. Nicht zuletzt sollte es möglich sein, Zerfälle von Systemen schwerer Quarks, wie $B_d^0 \to J/\psi K_s^0 \to l^+l^- K_s^0$, vollständig zu rekonstruieren.

Der Detektor muss entsprechend bis hin zu höchsten Luminositäten effizient und präzise Spuren finden. Er muss eine gute Möglichkeit zur Identifikation von Elektronen und Photonen bieten und die Rekonstruktion von Vertices ermöglichen. Zusätzlich müssen Energien hermetisch und mit guter Auflösung messbar sein. Myonen müssen rekonstruiert und identifiziert werden können. Das Triggersystem muss sowohl bei niedrigen als auch bei hohen transversalen Impulsen Ereignisse effizient verarbeiten.

4.4. Spurpunkt- und Impulsmessung im Inneren Detektor

Der Innere Detektor dient dazu, die Bahn von Teilchen unmittelbar nach der Produktion mit hoher Auflösung verfolgen zu können und aus der Krümmung dieser Teilchen im Magnetfeld eines Solenoidmagneten deren Impuls zu bestimmen. Gerade in Strahlnähe besteht die Anforderung nach präziser Messung von Spurpunkten, um Sekundärvertices rekonstruieren zu können. Gleichzeitig müssen die Detektoren hier aber auch die höchste Strahlenhärte aufweisen und sollen dabei die Teilchenenergie möglichst wenig beeinflussen.

Diesen Forderungen kann am besten unter Verwendung unterschiedlicher Detektoren nachgekommen werden. Nahe der Strahlachse werden Siliziumdetektoren verwendet. Auf den Pixeldetektor (Abschnitt 4.4.1) folgt der Siliziumstreifenzähler (Abschnitt 4.4.2), der wiederum vom Übergangsstrahlungsdetektor (Abschnitt 4.4.3) umschlossen wird.

Der zylindrische Innere Detektor befindet sich innerhalb des Solenoidmagneten. Aus der Krümmung geladener Teilchen im Feld des Solenoidmagneten kann auf deren Transversalimpuls geschlossen werden. Der Solenoidmagnet wird in Abschnitt 4.4.4 beschrieben. Eine Darstellung der Lage der einzelnen Komponenten innerhalb des Inneren Detektors findet sich in Abb. 4.4.

Die relative Auflösung der Messung des Transversalimpulses ist durch

$$\frac{\sigma(p_T)}{p_T} = \alpha p_T \oplus \beta \qquad (4.1)$$

gegeben. Dabei resultiert der Term αp_T aus den Unsicherheiten in der Ortsmessung. Der Term β wird durch Vielfachstreuung verursacht. Die relative Auflösung

4. Der Atlas-Detektor am Large-Hadron-Collider

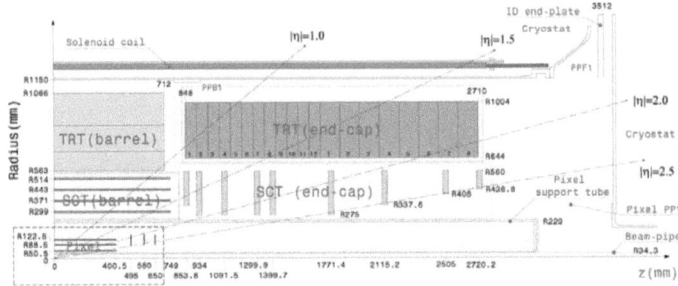

Abbildung 4.4.: *Darstellung der Lage der Komponenten des Inneren Detektors in Seitenansicht. Gezeigt ist der obere Teil eines Halbdetektors. [Aad09a]*

der Impulsauflösung wird mit großen Impulsen und geringer Ablenkung schlechter.

Für den Inneren Detektor des Atlas-Experimentes wurde in Ref. [Aad11a] mit Myonen die Parametrisierung

$$\frac{\sigma(p)}{p} = \begin{cases} \beta \oplus \alpha p_T & \text{für } |\eta| < 1{,}9 \\ \beta \oplus \alpha \frac{p_T}{\tan^2()} & \text{für } |\eta| > 1{,}9 \end{cases} \quad (4.2)$$

gefunden, die sich außerhalb der Abdeckung des Übergangsstrahlungsdetektors mit kürzeren Spuren im Inneren Detektor verschlechtert. Die Werte für die Parameter α und β können Tab. 4.1 entnommen werden.

Detektorbereich	α [TeV^{-1}]	β [%]
Barrel $0 < |\eta| < 1{,}05$	$0{,}49 \pm 0{,}04_{\text{stat}}$	$1{,}60 \pm 0{,}32_{\text{stat}}$
Übergangsbereich $1{,}05 < |\eta| < 1{,}7$	$0{,}95 \pm 0{,}10_{\text{stat}}$	$2{,}60 \pm 0{,}54_{\text{stat}}$
Endkappen $1{,}7 < |\eta| < 2{,}0$	$1{,}39 \pm 0{,}05_{\text{stat}}$	$3{,}40 \pm 0{,}58_{\text{stat}}$
Ohne TRT-Abdeckung $2{,}0 < |\eta| < 2{,}5$	$0{,}140 \pm 0{,}004_{\text{stat}}$	$4{,}10 \pm 0{,}50_{\text{stat}}$

Tabelle 4.1.: *Auflistung der Auflösungsterme α und β für die unterschiedlichen Bereiche des Inneren Detektors. Die Werte wurden Ref. [Aad11a] entnommen. Bei der Interpretation der Werte muss die unterschiedliche Parametrisierung im Bereich ohne Abdeckung durch den Übergangsstrahlungsdetektor TRT bedacht werden.*

4.4. Spurpunkt- und Impulsmessung im Inneren Detektor

Die Rekonstruktion der Spuren aus den im Inneren Detektor gemessenen Spurpunkten der Teilchen und der Vertices aus den Kreuzungspunkten dieser Spuren wird erst in Kap. 7 behandelt werden. Die Beschreibung des Inneren Detektors kann den Referenzen [Air97d] und [Air97e] entnommen werden.

4.4.1. Der Pixeldetektor

Der Pixeldetektor ist der innerste der Detektoren zur Spurfindung im Inneren Detektor von Atlas und deckt den Bereich bis zu einer Pseudorapidität von $|\eta| <$ 2,5 ab. Durch die Nähe zum Strahl muss der Detektor sehr strahlenhart sein. Um die präzise Rekonstruktion von Spuren und von Vertices in Strahlnähe zu ermöglichen, muss der Pixeldetektor über eine gute Ortsauflösung verfügen.

Der Pixeldetektor ist in drei Lagen von Pixelzellen um die Strahlachse aufgebaut, von denen die innerste Lage mit einem Radius von 5 cm direkt an die Strahlröhre anschließt. Zur Abdeckung der vorwärtigeren Bereiche mit mindestens drei Lagen ist zusätzlich eine Anordnung von drei Rädern mit Pixelzellen mit unterschiedlicher Abdeckung in der Pseudorapidität auf jeder Seite des Detektors untergebracht. Die Geometrie des Pixeldetektors ist aus Abb. 4.4 zu ersehen.

Die einzelnen Pixel sind Halbleiterzähler. Dioden mit einer Größe von 50 × 400 µm^2 werden unter Sperrspannung betrieben. Ionisierende Teilchen heben in der Verarmungzone Elektronen ins Leitungsband und nach sehr kurzen Sammelzeiten kann ein Strom gemessen werden. Die Pixelzellen sind in Modulen angeordnet, die optisch ausgelesen werden.

Eine detaillierte Beschreibung des Pixeldetektors findet sich in Ref. [Ala98]. Die Funktion der Module ist in Ref. [Aad08] beschrieben.

4.4.2. Der Siliziumstreifendetektor

Zu höheren Radien gehend folgt auf den Pixeldetektor der Siliziumstreifendetektor (SCT[7]). Er besteht aus 4 zylindrisch um den Strahl angeordneten Doppellagen im zentralen Bereich und 9 Rädern mit Doppellagen im vorwärtigen Bereich des Detektors. Die Anordnung dieser Komponenten wurde so vorgenommen, dass jedes Teilchen mit Pseudorapiditäten von $|\eta| <$ 2,5 vier dieser Doppellagen durchqueren muss. Die Anordung wurde in Abb. 4.4 gezeigt.

Die Anforderungen, denen der Siliziumstreifendetektor genügen muss, Strahlenhärte, geringe Menge an Material und gute Ortsauflösung, sind ähnlich denen, die an den Pixeldetektor gestellt werden. Durch die Forderung an die Ortsauflösung

---

[7]„Semiconductor Tracker".

4. Der Atlas-Detektor am Large-Hadron-Collider

können Anforderungen an Impulsauflösung und Spurerkennung erfüllt werden. Zum Aufbau des Siliziumstreifendetektors wurden Halbleiter mit streifenförmigen Elektroden gewählt.

Eine Detektorlage besteht aus zwei Lagen von Halbleiterstreifen, die unter einem Stereowinkel von 40 mrad zueinander angeordnet sind. Die Signalauslese erfolgt optisch. Informationen finden sich in Ref. [Ahm07].

4.4.3. Der Übergangsstrahlungsdetektor

Bewegt sich ein geladenes Teilchen auf eine Grenzschicht zwischen zwei Medien mit unterschiedlicher Dielektrizität zu, so bildet sich eine Spiegelladung aus. Die zeitlich veränderliche Dipolfeldstärke führt zur Emission von elektromagnetischer Strahlung, die als Übergangsstrahlung bezeichnet wird.

Im Übergangsstrahlungsdetektor (TRT[8]) werden in Polypropylen/Polyetylen-Fibern Übergangsstrahlungsphotonen erzeugt. Zur Detektion der Übergangsstrahlung sind Strohhalmkammern eingelassen. Eine solche Kammer besteht aus einem Strohhalm aus einer dünnen Folie, die auf der Innenseite metallisiert und mit Zählgas gefüllt ist. Entlang der Zylinderachse ist ein Zähldraht gespannt, der die Anode der Anordnung ist.

Die Anordung des Übergangsstrahlungsdetektors in zylindrische Lagen im Zentralbereich und in Räder im Endkappenbereich lässt sich in Abb. 4.4 ersehen. Die Anordnung ist darauf optimiert, dass Spuren innerhalb der Abdeckung bis zu Pseudorapiditäten von $|\eta| < 2{,}0$ Signale in 36 Strohhalmen verursachen. Im Zentralbereich sind die Strohhalme axial und im Endkappenbereich radial angeordnet. Dies lässt nur die Auflösung in R-ϕ-Richtung zu.

4.4.4. Der zentrale Solenoidmagnet

Der Innere Detektor wird vom zentralen Solenoidmagneten umschlossen. Von dem supraleitenden Magneten wird ein axiales Feld von etwa 2 T erzeugt. Erste Beschreibungen des zentralen Solenoidmagneten lassen sich den Referenzen [Air97f] und [Air97b] entnehmen. Eine Untersuchung von Nicht-Uniformitäten des Feldes findet sich in Ref. [Ale08].

---

[8] „Transition Radiation Tracker".

4.5. Energiemessung mit den Flüssig-Argon-Kalorimetern

Im Atlas-Detektor wird die Energie mit Sampling-Kalorimetern gemessen, in denen Schichten von passivem und aktivem Material abwechseln. In den Schichten aus relativ dichtem[9] passiven Material bilden sich Teilchenschauer aus. In den jeweils folgenden Schichten aktiven Materials wird die von den Schauern deponierte Energie gemessen. Eine erste Beschreibung der Flüssig-Argon-Kalorimeter wurde in Ref. [Abd96] vorgenommen.

Bei der Kalorimetrie wird zwischen elektromagnetischer und hadronischer Kalorimetrie unterschieden. Bei der elektromagnetischen Kalorimetrie bilden sich elektromagnetische Schauer aus. Die ursprüngliche Teilchenenergie wird auf eine immer größere Anzahl von Tochterteilchen verteilt, bis die Tochterteilchen durch Ionisation gestoppt werden. Maß für den exponentiellen Energieverlust $E(x) = E_0 e^{-x/X_0}$ ist die Strahlungslänge X_0. Die Menge an „totem Material" vor den Kalorimetern kann den Abbildungen 4.5 (a)–(c) entnommen werden.

Bei der Ausbildung hadronischer Schauer in den hadronischen Kalorimetern beschreibt die mittlere Absorptionlänge λ_a die Strecke, nach der es durchschnittlich zu einer inelastischen Wechselwirkung der Hadronen mit dem Detektormaterial kommt.

Weil hadronische Schauer länger sind als elektromagnetische, werden Anordnungen verwendet, in denen auf elektromagnetische die hadronischen Kalorimeter folgen. Die elektromagnetischen Teilchen werden in den elektromagnetischen Kalorimetern gestoppt und in den hadronischen Kalorimetern werden nur noch die Hadronen gemessen.

Die Anordnung der Kalorimeter, die im Atlas-Detektor zum Einsatz kommen, ist in Abb. 4.6 gezeigt. Um im Zentralbereich sensitiv auf Ausläufer von Schauern vor den Kalorimetern zu sein, befindet sich dort der Präsampler. In Abschnitt 4.5.1 wird näher auf ihn eingegangen. Im Zentralbereich misst das Barrelkalorimeter[10] die elektromagnetischen Energien. Eine nähere Beschreibung folgt in Abschnitt 4.5.2. Das Barrelkalorimeter wird vom Kachelkalorimeter umschlossen, das zur Messung hadronischer Energien im zentralen Bereich dient. Im vorwärtigeren Bereich befindet sich jeweils ein erweitertes Kachelkalorimeter, das die Endkap-

---

[9]Dicht bedeutet in elektromagnetischen Kalorimetern, dass relativ viele Strahlungslängen auf kurzer Strecke untergebracht sind. In hadronischen Kalorimetern bezieht sich der Begri auf die Anzahl von Wechselwirkungslängen pro Wegstrecke.

[10]Seinen Namen verdankt das Barrelkalorimeter seiner zylindrischen Form. „Barrel" bezeichnet in der englischen Sprache ein Fass.

4. Der Atlas-Detektor am Large-Hadron-Collider

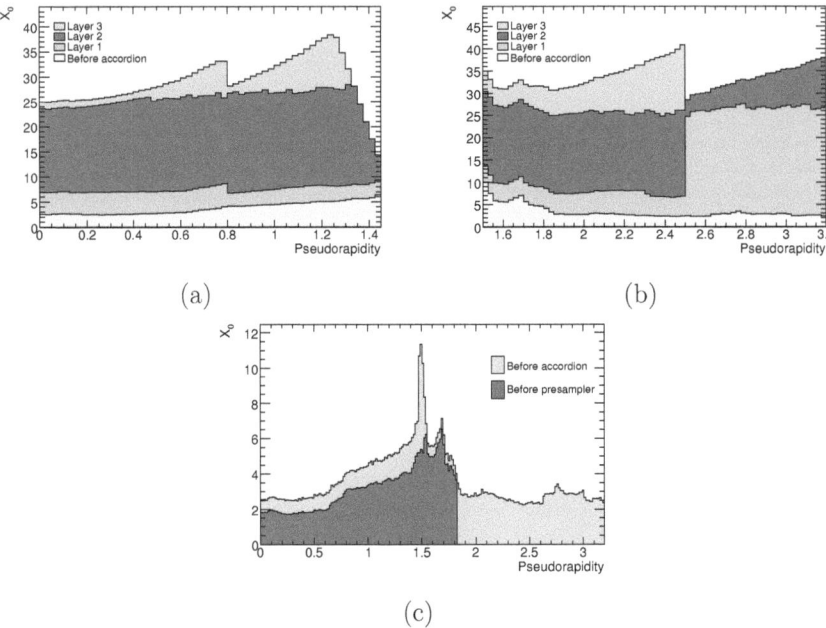

Abbildung 4.5.: *Verteilung von Material in Strahlungslängen X_0 als Funktion von der Pseudorapidität η. Gezeigt ist die Menge an Material vor den einzelnen Lagen der elektromagnetischen Kalorimeter im Barrelbereich (a) und im Endkappenbereich (b). Außerdem ist die Menge an totem Material vor dem Präsampler und vor dem Kalorimeter gezeigt (c). [Aad09b]*

4.5. Energiemessung mit den Flüssig-Argon-Kalorimetern

penkryostaten umschließt. Um Signale nach außen zu übertragen, ist es dafür notwendig, eine Lücke zu lassen. Diese ist mit Szintillatoren ausgestattet, um eine Korrektur der im toten Material deponierten Energie vornehmen zu können. Eine nähere Behandlung des Kachelkalorimeters erfolgt in Abschnitt 4.5.5.

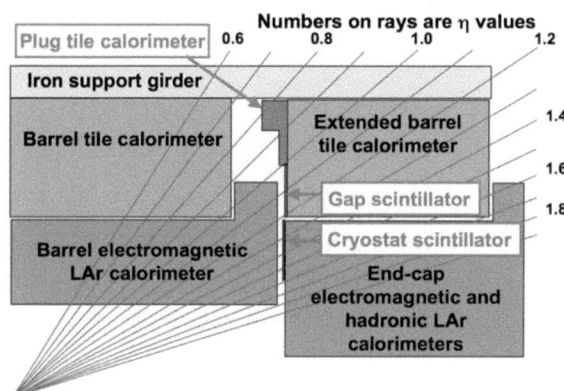

Abbildung 4.6.: *Schematische Darstellung der Anordnung der einzelnen Kalorimeterkomponenten. Gezeigt ist der obere Teil eines Halbdetektors. [Aad09b]*

Die Energiemessung im Vorwärtsbereich geschieht mit den Endkappenkalorimetern, im extremen Vorwärtsbereich mit den Vorwärtskalorimetern. Die Endkappenkalorimeter sind in Form dreier Räder um die Vorwärtskalorimeter angeordnet. Eine Beschreibung der Endkappenkalorimeter erfolgt in Abschnitt 4.5.3. Die Vorwärtskalorimeter dienen dazu, die Energiemessung möglichst hermetisch durchführen zu können. Beschrieben sind sie in Abschnitt 4.5.4.

Die erwartete relative Energieauflösung bei Sampling-Kalorimetern setzt sich aus mehreren Anteilen zusammen, die eine unterschiedliche Energieabhängigkeit zeigen. Die relative Energieauflösung wird durch die Gleichung

$$\frac{\sigma(E)}{E} = \frac{\alpha}{E} \oplus \frac{\beta}{\sqrt{E}} \oplus \gamma \qquad (4.3)$$

beschrieben. Energien werden in Einheiten [GeV] angegeben. Dabei berücksichtigt der Rauschterm α/E Rauscheekte im Kalorimeter. Der Term $\beta/\sqrt{E}$ beschreibt

4. Der Atlas-Detektor am Large-Hadron-Collider

statistische Fluktuationen bei der Ladungssammlung und setzt sich aus Sampling- und Landauterm zusammen. Im Samplingterm schlägt sich die Unsicherheit aus der Poisson-Statistik nieder, im Landauterm mögliche Fälle hoher Energiedeposition durch Prozesse mit hohem Energieübertrag oder durch große Spurlängen in der sensitiven Schicht. Der konstante Term γ wird durch die Auslese verursacht. Insgesamt wird die relative Energieauflösung bei höheren Energien besser und ist dann durch den konstanten Term limitiert. Durch die Kalibration kann der konstante Term reduziert werden.

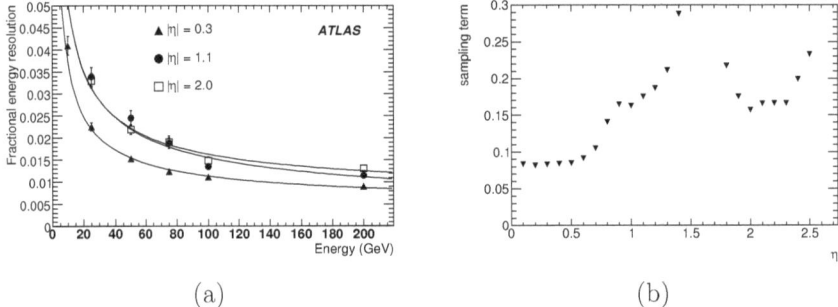

(a)   (b)

Abbildung 4.7.: *Erwartete relative Energieauflösung für Elektronen im Barrelbereich, in der Übergangsregion und im Endkappenbereich [Aad09a] (a) und Werte für den Samplingterm β in Abhängigkeit von der Pseudorapidität η [Agu11] (b).*

Die erwartete relative Energieauflösung [Aad09a] für Elektronen im Barrelkalorimeter und im Endkappenkalorimeter des Atlas-Detektor ist in Abb. 4.7 (a) gezeigt. Neuere Messungen der Parameter wurden durch Betrachtung von Elektronen aus Zerfällen des Z-Bosons durchgeführt und sind in Ref. [Agu11] beschrieben. Im Energiebereich, bei dem die Messungen durchgeführt wurden, spielte der Rauschterm α keine Rolle und wurde nicht berücksichtigt. Der Parameter β wurde aus Monte-Carlo-Simulationen bestimmt. Zur Bestimmung des Parameters γ wurden die Werte aus Monte-Carlo-Simulationen durch Vergleich mit Daten korrigiert. Die Werte für die konstanten Terme sind in Tab. 4.2 aufgelistet, die Werte für Sampling- und Landauterm β in Abb. 4.7 (b).

4.5. Energiemessung mit den Flüssig-Argon-Kalorimetern

Detektorbereich	γ
Barrel	$(1{,}2 \pm 0{,}1_{stat} \pm 0{,}3_{syst})$ %
Em. Endkappenkalorimeter, äußeres Rad	$(1{,}8 \pm 0{,}4_{stat} \pm 0{,}2_{syst})$ %
Em. Endkappenkalorimeter, inneres Rad	$(3{,}3 \pm 0{,}2_{stat} \pm 1{,}0_{syst})$ %
Vorwärtskalorimeter	$(2{,}5 \pm 0{,}4_{stat} \pm 0{,}5_{syst})$ %

Tabelle 4.2.: *Auflistung der konstanten Terme γ für die unterschiedlichen elektromagnetischen Kalorimeter. Die Werte wurden Ref. [Agu11] entnommen.*

4.5.1. Der Präsampler

Der Präsampler besteht aus einer etwa 11 mm tiefen Schicht flüssigen Argons vor dem Barrelkalorimeter. Auf jeder Halbseite wird die Pseudorapidität bis zu einem Wert von $|\eta| < 1{,}52$ abgedeckt. Die vor den Kalorimetern deponierte Energie wird mit einer Granularität von $\Delta\eta \times \Delta\phi = 0{,}025 \times 0{,}1$ gemessen.

Um auf Eekte durch totes Material in der Lücke zwischen Barrelkalorimeter und Endkappe zu korrigieren, gibt es den Endkappenpräsampler. Dieser ist vor dem Endkappenkalorimeter angebracht und deckt einen Bereich von $1{,}5 < |\eta| < 1{,}8$ ab.

4.5.2. Das Barrelkalorimeter

Zur Messung des elektromagnetischen Anteils von Schauern im Zentralbereich wurde das Barrelkalorimeter entwickelt. Das Barrelkalorimeter besteht aus zwei Halbdetektoren, die jeweils den Bereich $|\eta| < 1{,}475$ in der Pseudorapidität abdecken. Die passiven Absorberschichten sind aus Blei hergestellt und in Akkordeongeometrie angeordnet. Dabei sind die „Falten" parallel zur Strahlachse ausgerichtet. Um vom Wechselwirkungspunkt kommenden Teilchen konstante Mengen an passivem Material entgegenzusetzen, ändert sich die Absorberdicke bei $|\eta| = 0{,}8$.

Zwischen den Absorberschichten befindet sich als aktives Material flüssiges Argon. Die Auslese wird in jeder Schicht mit drei Elektroden aus parallelen Kupferschichten vorgenommen. Die Akkordeongeometrie erlaubt eine schnelle Auslese und hermetische Abdeckung über den gesamten Bereich des Azimutwinkels.

Das Barrelkalorimeter ist in 3 Lagen unterteilt. Die innere Lage ist streifenförmig segmentiert und heißt Streifenlage. Die zweite Lage ist mit der höchsten Präzision segmentiert und wird als die mittlere Lage bezeichnet, die dritte Lage als hintere Lage. Die Segmentierung im Präzisionsbereich $|\eta| < 1{,}4$ in der mittleren Lage ist $\Delta\eta \times \Delta\phi = 0{,}025 \times 0{,}025$. Das Kalorimeter ist in Module

4. Der Atlas-Detektor am Large-Hadron-Collider

aufgeteilt, von denen eines schematisch in Abb. 4.8 gezeigt ist. In der Abbildung ist die unterschiedliche Granularität der Auslesezellen in den einzelnen Lagen zu sehen.

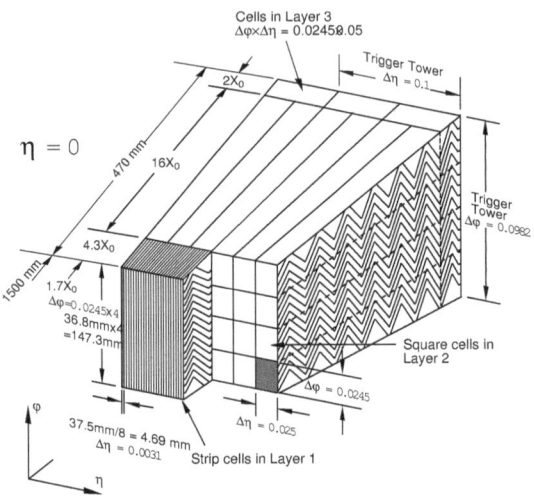

Abbildung 4.8.: *Schematische Darstellung eines Barrelmoduls. Die einzelnen Lagen und die Granularität dieser Lagen ist zu sehen. [Aad09b]*

4.5.3. Die Endkappenkalorimeter

Die Endkappenkalorimeter sind auf beiden Detektorseiten zusammen mit den Vorwärtskalorimetern in einem gemeinsamen Kryostaten untergebracht. Hinter einem elektromagnetischen Endkappenkalorimeter befinden sich zwei hadronische Endkappenkalorimeter. Die Kalorimeter sind jeweils in Form eines Rades angeordnet.

Das elektromagnetische Endkappenkalorimeter EMEC[11] besteht aus einem inneren und einem äußeren Rad und deckt den Bereich $1{,}375 < |\eta| < 3{,}2$ ab. Der Übergang zwischen innerem und äußerem Rad liegt bei $|\eta| = 2{,}5$. Wie das Barrelkalorimeter ist das äußere Rad in 3 Lagen aufgeteilt. Im Präzisionsbereich

---
[11] „Electromagnetic End Cap".

4.5. Energiemessung mit den Flüssig-Argon-Kalorimetern

$1{,}5 < |\eta| < 2{,}5$ ist die Segmentierung in der zweiten Lage mit $\Delta \eta \times \Delta \phi = 0{,}025 \times 0{,}025$ gleich der Segmentierung in der zweiten Lage des Barrelkalorimeters. Das innere Rad verfügt nur über 2 Lagen, deren Segmentierung grober ist. Wie das Barrelkalorimeter ist auch das elektromagnetische Endkappenkalorimeter in Akkordeongeometrie aufgebaut. Die Absorber sind aus Blei.

Die hadronischen Endkappenkalorimeter (HEC[12]) decken die Pseudorapidität $1{,}5 < |\eta| < 3{,}2$ ab. Sie bestehen aus Kupferplatten, die orthogonal zum Strahl stehen. Zwischen den Kupferplatten befindet sich flüssiges Argon. Die Kalorimeter werden segmentiert ausgelesen.

4.5.4. Das Vorwärtskalorimeter

Das Vorwärtskalorimeter (FCAL[13]) deckt den vordersten erreichbaren Bereich $3{,}2 < |\eta| < 4{,}9$ ab, und gewährleistet, dass die Kalorimetrie möglichst hermetisch den gesamten Detektor umschließt. Dabei muss es der extrem hohen Strahlenbelastung des Vorwärtsbereiches standhalten. Das Vorwärtskalorimeter besteht aus drei hintereinander angeordneten Subdetektoren. Auf das elektromagnetische Vorwärtskalorimeter folgen zwei hadronische Vorwärtskalorimeter. Die Anordnung des Vorwärtskalorimeters ist in Abb. 4.9 zu sehen.

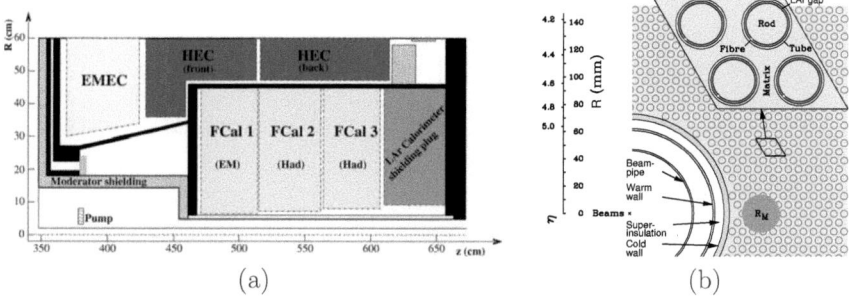

Abbildung 4.9.: *Anordnung der Komponenten des Vorwärtskalorimeters innerhalb der Endkappen (a) und schematischer Aufbau des elektromagnetischen Vorwärtskalorimeters (b). [Aad09b]*

---

[12] „Hadronic End Cap".
[13] „Forward Calorimeter".

4. Der Atlas-Detektor am Large-Hadron-Collider

Um mit der Strahlenbelastung umgehen zu können, wurde beim Bau des Vorwärtskalorimeters einem besonderen Ansatz gefolgt. Im Kupferblock des elektromagnetischen Detektors schauern die elektromagnetischen Teilchen auf. In den Kupferblock sind zur Strahlachse parallele Löcher gebohrt, in denen sich Stäbe befinden. In dem Spalt zwischen Außenwand und Stab befindet sich das sensitive Volumen, das mit flüssigem Argon gefüllt ist. In dem dünnen Spalt sind die Eekte durch den Aufbau von Restionen geringer.

Die beiden hadronischen Komponenten sind ähnlich aufgebaut. Die Blöcke bestehen aus einer Wolframmatrix mit hoher Wechselwirkungslänge, in denen sich Wolframstäbe befinden. Die Spaltbreite ist etwas größer als im elektromagnetischen Kalorimeter.

4.5.5. Das Kachelkalorimeter

Das Kachelkalorimeter ist das hadronische Kalorimeter im Zentralbereich des Atlas-Detektors. Es wurde erstmals in Ref. [Ber96] vorgestellt. Das zentrale Kachelkalorimeter umschließt zylindrisch den Barrel-, das erweiterte die Endkappenkryostaten. Das zentrale Kachelkalorimeter deckt dabei den Bereich $|\eta| < 1{,}0$ ab, das erweiterte Kachelkalorimeter den Bereich $0{,}8 < |\eta| < 1{,}7$.

Das Kachelkalorimeter besteht aus Modulen, in denen Stahl das passive Material ist. In den Stahl sind Kacheln aus szintillierendem Material eingelassen. Damit gehört das Kachelkalorimeter nicht zur Flüssig-Argon-Kalorimetrie. Die Kacheln sind in drei Lagen mit unterschiedlicher Segmentierung um die Strahlachse angeordnet. Im Bereich zwischen zentralem und erweitertem Kachelkalorimeter sind zusätzliche Module untergebracht, um eine teilweise Rekonstruktion der dort deponierten Energie zu ermöglichen.

4.6. Myon-Spektrometer

Die Myon-Spektrometer bilden den äußersten Teil des Atlas-Detektors. Sie decken den Bereich $|\eta| < 2{,}7$ ab. Dabei können sie im Bereich $|\eta| < 2{,}4$ vom Triggersystem verwendet werden. Im gesamten abgedeckten Bereich ermöglichen sie die Messung geladener Teilchen und ihrer Impulse. Der erste konkrete Plan zum Bau des Myon-Systems wurde in Ref. [Air97g] niedergelegt. Erste konkrete Pläne für den Bau der verwendeten Toroidmagneten finden sich in Ref. [Air97f]. Details zu ersten Plänen für die Toroidmagneten im Barrelbereich, bzw. im Endkappenbereich, sind in Ref. [Air97a], bzw. in Ref. [Air97c], erklärt.

Das Myonspektrometer besteht aus Spurkammern. Die Spurkammern sind aus Driftröhren aufgebaut, im Bereich höherer Strahlenbelastung bei großen Pseudorapiditäten kommen Kathodenstreifenkammern zum Einsatz. Die Spurkammern befinden sich in mehreren Lagen auf und zwischen den Toroidmagneten. Um das Barrelkalorimeter sind diese Lagen zylindrisch angeordnet, um die Endkappenkalorimeter in Form von Räder senkrecht zur Strahlachse. Durch Ablenkung im Feld der Toroidmagneten ist die Bestimmung der Spurimpulse möglich.

4.7. Luminositätsmessung in der Phase früher Datennahme

Ein Ziel des Programmes für die im Jahr 2010 mit dem Atlas-Detektor genommenen Daten ist die Messung von Wirkungsquerschnitten von Prozessen des Standardmodells. Eine Voraussetzung dafür ist die Kenntnis der gesammelten Statistik. Die Messung der Luminosität $\mathscr{L}$ liefert einen Zugang zur integrierten Luminosität $\int \mathscr{L} \mathrm{dt}$. Die Luminosität, bzw. die integrierte Luminosität, ist über den Wirkungsquerschnitt σ_i eines Kanals i mit dessen Rate R_i, bzw. der Anzahl an gesammelten Ereignissen N_i, verknüpft. Damit ist die Luminosität ein Maß für die im Detektor gesammelte Statistik $N_i = \sigma_i \int \mathscr{L} \mathrm{dt}$.

Die Luminosität kann auf unterschiedliche Arten gemessen werden. In der Anfangszeit wurde entsprechend eine Vielzahl von Methoden verwendet und gegeneinander geprüft. Beschreibungen dieser Methoden werden in Ref. [Aad10d] gegeben. Die verwendeten Methoden zur relativen Messung der Luminosität beruhen auf der Messung von Raten in inelastischen Prozessen, $\mathscr{L} = R_{\mathrm{inel}}/\sigma_{\mathrm{inel}}$. Das Problem mit der Ratenmessung ist, dass die Wirkungsquerschnitte bei den betrachteten Energien nicht präzise bekannt sind.

Absolute Bestimmungen werden mit Van-der-Meer-Scans durchgeführt. Dabei wird ausgenutzt, dass sich die Luminosität unter Ausnutzung des Strahlüberlapps in horizontaler und vertikaler Richtung und der Anzahl der Protonen in den kollidierenden Strahlpaketen n_1, n_2 durch die Gleichung

$$\mathscr{L} = \frac{n_P f_r n_1 n_2}{2\pi \Sigma_x \Sigma_y} \qquad (4.4)$$

beschreiben lässt. Σ_x und Σ_y charakterisieren die Strahlbreite in horizontaler und vertikaler Richtung, n_P ist die Anzahl der Protonenpakete im Strahl.

Während die Anzahl der Protonen in den Strahlpaketen bekannt ist, muss der Überlapp bestimmt werden. Dazu wird der Strahl zuerst in horizontaler, dann in

57

4. Der Atlas-Detektor am Large-Hadron-Collider

vertikaler Richtung schrittweise ausgelenkt und die Raten werden gemessen. Aus den Breiten der entstehenden Gauß-Verteilungen für die Raten als Funktion der Auslenkung in beiden Richtungen werden die Überlapps bestimmt. Damit ist die Bestimmung der absoluten Luminosität möglich.

Die Bestimmung der absoluten Luminosität mit Van-der-Meer-Scans ist während des normalen Kollisionsbetriebes nicht möglich. Durch Kalibration lassen sich nach einer Messung des Absolutwertes die relativen Methoden anwenden.

Die Messungen im Jahr 2010 hatten eine anfängliche systematische Unsicherheit von ± 11 %. Diese Unsicherheit resultiert aus der Absolutmessung mit Van-der-Meer-Scans. Aus Luminositätsmessungen mit unterschiedlichen Streuprozessen ergaben sich statistische Fehler von ± 2 %. Spätere Untersuchungen zeigten Unsicherheiten von ± 3,4 % und können in Ref. [Aad11d] nachgelesen werden.

Pläne zur zukünftigen Reduzierung der systematischen Unsicherheit durch Absolutmessung mit dem ALFA[14]-Detektor sind in Ref. [Ang08] beschrieben. Exemplarisch findet sich in Ref. [Afo10] eine Beschreibung der Relativmessung bei hohen Luminositäten durch Messung der Ströme im Vorwärtskalorimeter.

4.8. Das Triggersystem

Der Atlas-Detektor ist um einen der Interaktionspunkte des LHC gebaut. Bei Design-Luminositäten von 10^{34} cm^{-2}s^{-1} und erwarteten Schwerpunktsenergien von $\sqrt{s} = 14$ TeV wird mit einer Rate von Paketkreuzungen von 40 MHz gerechnet. Dies entspricht einer Datenmenge von etwa 2 TB/s, was nicht zu handhaben wäre. Realistisch ist es, eine Datenmenge von etwas mehr als 200 MB/s oder eine Rate von etwa 200 Hz niederzuschreiben.

Bei den Kollisionen haben die interessanten Ereignisse überwiegend sehr kleine Wirkungsquerschnitte. Die Ereignisse mit großen Wirkungsquerschnitten, die einen Großteil der Statistik ausmachen, wurden schon zur Genüge beobachtet und vermessen. Die Aufgabe des Triggersystems ist entsprechend, die interessanten Ereignisse von den weniger interessanten Ereignissen zu trennen. Erste Planungen für das Triggersystem finden sich in den Referenzen [Car00] und [Car03]. Die Realisierung wird in Ref. [Aad09b] beschrieben.

Die Trennung ist teilweise sehr komplex und mit hohem Rechenaufwand verbunden, teilweise aber auch schnell zu erledigen. Bei Atlas geschieht sie deswegen in drei Stufen, in denen die interessanten Ereignisse immer weiter angereichert werden. Das in Abschnitt 4.8.1 beschriebene Level-1-Triggersystem nutzt grober

---

[14] „Absolute Luminosity for Atlas".

4.8. Das Triggersystem

segmentierte Detektorinformation aus den Kalorimetern und dem Myonspektrometer, um einzelne Ereignisse innerhalb von weniger als 2,5 µs zu verarbeiten und die Rate auf weniger als 75 kHz zu reduzieren. In Abschnitt 4.8.2 wird das Level-2-Triggersystem beschrieben. In vom Level-1-Triggersystem ausgewählten Regionen wird die volle Detektorinformation zur Verfügung gestellt. Innerhalb von 40 ms wird schrittweise entschieden, ob ein Ereignis behalten wird. Die Rate reduziert sich auf 3,5 kHz. Den letzten Schritt bildet der Ereignisfilter. Unter Ausnutzung der vollen Detektorinformation stehen für jedes Ereignis 4 s zur Verfügung, um eine Entscheidung zu treen. Zur Analyse wird bereits die volle Rekonstruktion durchgeführt. Dieser letztliche Schritt reduziert die Rate auf 200 Hz.

Die unterschiedlichen Zerfallskanäle werden von den Triggerketten unterschiedlichen Datenströmen zugeordnet. In Abschnitt 4.8.4 werden kurz die Triggerketten vorgestellt, die für die durchgeführte Analyse genutzt wurden.

Zu Beginn der Laufzeit bei niedrigen Luminositäten sind die normalerweise verwendeten Triggereinstellungen noch nicht nutzbar. Deswegen ist mit dem in Abschnitt 4.8.5 beschriebenen Minimum-Bias-Triggersystem zusätzlich ein Triggersystem installiert, das speziell auf die Anfangsphase zugeschnitten ist.

4.8.1. Das Level-1-Triggersystem

Das Level-1-Triggersystem zielt darauf ab, interessante Ereignisse von dem dominierenden Untergrund aus QCD-Zerfällen zu trennen. Diese Ereignisse enthalten Elektronen, Photonen, Jets, Hadronen aus Zerfällen des Tauons und Myonen mit hoher transversaler Energie. Außerdem wird nach Ereignissen mit hoher fehlender transversaler Energie E_T^{miss} gesucht. Eine erste Beschreibung des Level-1-Triggersystems wurde in Ref. [Bri98] gegeben.

Dazu werden Daten aus den Kalorimetern mit gröberer Segmentierung an das kalorimetrische Level-1-Triggersystem übergeben, Daten aus dem Myonspektrometer an das myonische Level-1-Triggersystem. Im Rahmen dieser Arbeit findet das myonische Level-1-Triggersystem keine Anwendung. Deswegen wird nur das kalorimetrische Level-1-Triggersystem beschrieben, das in Ref. [Ach08] im Detail beschrieben ist.

Das Level-1-Triggersystem ist in der Rechnerkaverne USA-15 untergebracht. Die Signale werden dorthin übertragen und ausgewertet. Insbesondere wird eine Digitalisierung der Werte vorgenommen und die zugehörige Transversalenergie wird Tabellen entnommen. Triggerobjekte werden als Elektronen, Photonen und Tauonen identifiziert, für die Schwellen für die Transversalenergie gefordert werden können. Die Multiplizitäten der jeweiligen Objekte werden gezählt. Parallel

4. Der Atlas-Detektor am Large-Hadron-Collider

werden Jets identifiziert und die Summen der Energien und der fehlenden Energien werden gebildet. Auch hier wird die Multiplizität der gefundenen Objekte gezählt. Die gewonnenen Informationen werden von einem zentralen Prozessor ausgewertet, um die letztliche Triggerentscheidung zu treen.

In dem Moment, in dem die grob segmentierten Daten an das Level-1-Triggersystem gesandt werden, bleibt der volle Datensatz in der Detektorelektronik gepuert. Die Puer reichen aus, um die ausgelesenen Daten für maximal 2,5 μs zwischenzuspeichern. Etwa 1 μs wird zur Übermittlung der Daten und der Triggerentscheidung benötigt. Die Entscheidung wird ebenfalls innerhalb von etwa 1 μs getroen.

Mit dem Senden einer positiven Triggerentscheidung wird die Information über interessante Regionen im Detektor übermittelt, die zum Treen der Entscheidung geführt haben.

Bei der Suche nach Elektronen wird anhand der Information aus dem elektromagnetischen Kalorimeter nach lokalen Maxima gesucht. Die Zellen reduzierter Granularität $\Delta \eta \times \Delta \phi \approx 0{,}1 \times 0{,}1$ im Zentralbereich $|\eta| < 2{,}5$ werden als Triggertürme TT bezeichnet. Auf den zur Suche nach lokalen Maxima verwendeten *Sliding-Window*-Algorithmus wird in Abschnitt 7.3 näher eingegangen. Zur Suche nach lokalen Maxima werden Fenster mit 4×4 Triggertürmen betrachtet. Im zentralen Kern mit 2×2 Triggertürmen wird gefordert, dass die transversale Energiesumme eines Paares horizontal oder vertikal benachbarter Triggertürme einen Wert {L1} überschreitet. Die transversale Energiesumme im entsprechenden zentralen Kern des hadronischen Kalorimeters muss unterhalb einer Schwelle sein. Zur Isolation wird gefordert, dass transverale Energiesummen der Triggertürme im Fenster, die nicht im zentralen Kern liegen, unterhalb einer Schwelle liegen.

4.8.2. Das Level-2-Triggersystem

Wurde vom Level-1-Triggersystem eine positive Entscheidung getroen, so beginnt die Arbeit des höheren Triggersystems. Der erste Schritt ist dabei die Detektorauslese. Zusammen mit den Informationen über die vom Level-1-Trigger gefundenen interessanten Regionen werden die Daten aus dem Detektor über Ausleseverbindungen in einen Auslesepuer übertragen. Dort stehen sie während des Level-2-Triggerprozesses einer Rechnerfarm zur Verfügung.

Im Level-2-Triggerprozess wird die volle Detektorinformation analysiert, allerdings nur in den übergebenen interessanten Regionen. Damit ist die zu verarbeitende Datenmenge auf 1 bis 2 % reduziert. Die Analyse wird schrittweise durch-

4.8. Das Triggersystem

geführt. In jedem Schritt wird die Information aus einem neuen Detektor zugefügt, sodass die zur Verfügung stehende Information zunehmend detaillierter wird. Muster, wie Spuren des Inneren Detektors oder Cluster des Kalorimeters, werden erkannt. Es findet eine Identifikation von physikalischen Signaturen statt, die mit jeder Stufe der Mustererkennung neu geprüft wird. Die Analyse kann nach jedem Schritt abgebrochen werden, sodass Rechenzeit gespart wird.

Bei der Rekonstruktion von Elektronen ist der erste Schritt die Rekonstruktion von und Selektion anhand von Clustern des Kalorimeters. Im zweiten Schritt findet die Rekonstruktion von Spuren und die Zuordnung von Clustern zu Spuren statt. Die verwendeten Algorithmen sind die gleichen wie die, die bei der späteren Ereignisrekonstruktion verwendet werden. Eine Beschreibung findet sich in Kapitel 7.

Zusätzlich zur Information über den Triggerentscheid werden die analysierten Daten der interessanten Regionen als Level-2-Triggerobjekte gespeichert. Erfüllt ein Ereignis nicht die Level-2-Triggerbedingungen, so wird es aus den Auslesepuffern gelöscht.

4.8.3. Der Ereignisfilter

Bevor die Daten aus dem Level-2-Trigger an den Ereignisfilter übergeben werden, findet die Ereignisbildung statt. In diesem Prozess werden die Daten, die noch nach Subdetektoren getrennt im Auslesepuer gespeichert sind, für das entsprechende Ereignis zu einem einzelnen Datensatz vereinigt.

Der komplette Datensatz wird zur Weiterverarbeitung an den Ereignisfilter weitergeleitet. Dort findet eine ähnliche, schrittweise Analyse statt, wie sie bereits im Level-2-Triggerprozess durchgeführt wurde, diesmal auf dem vollen Datensatz. Bei der Analyse werden die Ereignisse einem oder mehreren Datenströmen zugeordnet, die nach dem Vorkommen von Elektronen, Myonen, Jets, Photonen, fehlender Transversalenergie E_T^{miss}, Tauonen und B-Physik unterschieden werden.

Teile der Daten werden zusätzlich zur Überwachung in spezielle Ströme geleitet. Andere Teile werden Strömen zugeführt, die für Kalibrationen verwendet werden.

4.8.4. Das Triggermenü

Das im Jahr 2010 verwendete Triggermenü ist z.B. in Ref. [Aad11c] beschrieben. Das Triggermenü besteht aus den zur Verfügung stehenden Triggerketten. Eine Triggerkette ist die Kombination aus einem Level-1-, einem Level-2- und einem Ereignisfiltertrigger. Elektronen werden von elektromagnetischen Triggerketten getriggert. Die Level-1-Trigger dieser Ketten tragen die Namen „L1_[{x}]EM{L1}",

4. Der Atlas-Detektor am Large-Hadron-Collider

wobei {x} die Anzahl der geforderten elektromagnetischen Objekte beschreibt, für die die in Abschnitt 4.8.1 beschriebene Schwelle für die minimale transversale Energie {L1} in GeV gefordert wurde. Falls nur ein Objekt gefordert wurde, erfolgt für {x} keine Angabe.

Die Level-2-Trigger heißen üblicherweise „L2_[{x}]e{y}_{ID}" und sind einem Eventfiltertrigger zugeordnet. Der Eventfiltertrigger trägt den gleichen Namen, verwendet aber „EF" statt „L2". {x} bezeichnet die Anzahl der geforderten identifizierten Elektronen, {y} die Untergrenze für die rekonstruierte transversale Energie der Cluster in GeV. Beim Prozess des Triggerns werden schon die Identifikationsstufen überprüft, die erst in Abschnitt 7.5 eingeführt werden. Welche Identifikationsstufe gefordert wurde, wird an der Stelle {ID} notiert.

Jede Ebene einer Triggerkette kann vorskaliert sein. Ein Vorskalierungsfaktor PS [15] gibt an, dass eines von PS Ereignissen, die die Triggerbedingungen erfüllen, tatsächlich akzeptiert wird. Vorskalierung wird zur Anpassung der Raten verwendet. Die Vorskalierung kann auch bei abnehmender Strahlqualität während einer Füllung angepasst werden. Eine frühe Überlegung für die Vorskalierung bei instantanen Luminositäten von $\mathscr{L} = 10^{31}$ cm^{-2}s^{-1} und 10^{32} cm^{-2}s^{-1} sah für einige ausgewählte Triggerketten die in Tab. 4.3 aufgelisteten Vorskalierungen vor. Da die tatsächlichen Vorskalierungen sogar innerhalb der Läufe angepasst wurden, würde eine Angabe an dieser Stelle den Rahmen sprengen.

Level-1-Trigger	Eventfiltertrigger	PS, 10^{31} cm^{-2}s^{-1}	PS, 10^{32} cm^{-2}s^{-1}
L1_EM3	EF_e5_medium	60,1,1	600,1,1
L1_EM5	EF_g10_loose	1,100,1	220,5,1
L1_2EM3	EF_2e5_medium	1,1,1	10,1,1

Tabelle 4.3.: *Auswahl aus den im Jahr 2010 verwendeten Triggerketten mit ursprünglich geplanten Vorskalierungen. Die drei Werte für die Vorskalierung beziehen sich auf die drei Triggerstufen: Level-1-, Level-2- und Eventfiltertrigger. [ATL11]*

4.8.5. Der Minimum-Bias-Trigger

Bei niedrigen Luminositäten zwischen $\mathscr{L} = 10^{27}$ cm^{-2}s^{-1} und 10^{30} cm^{-2}s^{-1} vor Ende Juli 2010 waren die Raten für Objekte mit hohen Transversalenergien noch

---
[15] „Prescale".

4.8. Das Triggersystem

sehr gering. Das übliche Triggersystem hätte in dieser Zeit noch nicht die verarbeitbare Datenrate geliefert. Um die entstehenden Zerfallsprodukte bei niedrigen Energien, die den späteren Untergrund darstellen, trotzdem analysieren zu können, wurde ein sogenannter Minimum-Bias-Trigger verwendet. Ein Erklärungsversuch findet sich in Ref. [Kwe08]. Unter extremer Vorskalierung finden die Minimum-Bias-Trigger noch immer Anwendung.

Dieses System fordert ein oder mehrere Ereignisse in den Minimum-Bias-Triggerszintillatoren (MBTS). Die Minimum-Bias-Triggerszintillatoren bestehen aus jeweils 16 Szintillationszählern auf jeder Detektorseite. Die Szintillationszähler sind auf der dem Wechselwirkungspunkt zugewandten Seite der Endkappenkalorimeter angebracht und decken den Bereich $2{,}02 < |\eta| < 3{,}84$ ab.

Teil II.
Methoden

5. Reinheitsmessung im Flüssig-Argon-Kalorimeter

Elektronegative Verunreinigungen im flüssigen Argon der elektromagnetischen Kalorimeter beeinflussen mit der Anzahl eingesammelter Ladungsträger die Energiemessung. Eine Verunreinigung führt zu einer Verschlechterung der Auflösung durch Reduzierung der Signalamplituden. Der Absolutwert darf dabei den in Ref. [Abd96] angegebenen Wert von 1 ppm nicht überschreiten. Durch die in Abschnitt 8.2 zu besprechende Interkalibration kann eine Anpassung der absoluten Energieskala vorgenommen werden, die auch Reinheitseekte berücksichtigt.

Änderungen der Reinheit würden eine Verschiebung der Energieskala bewirken. Eine leichte Änderung der Reinheit wird nach der Befüllung der Kryostaten durch das Ausdampfen von Detektorkomponenten erwartet. Nach dem Befüllen wird eine leichte, konstante Verschlechterung durch Lecks erwartet. In späteren Phasen der Detektorlaufzeit mit hohen Luminositäten könnte eine mögliche Veränderung durch die Interkalibration, die in Abschnitt 8.2 beschrieben wird, schnell aus Daten gefunden werden. In der frühen Phase der Detektorlaufzeit ist das noch nicht möglich. In dieser Zeit ist ein System notwendig, das Verunreinigungen umgehend und mit hoher Präzision misst.

Die Reinheitsmessung bei Atlas wurde im Detail in Ref. [Ada05] beschrieben. Die Beschreibung eines ähnlichen Projektes, das am H1[1]-Experiment im HERA[2]-Ring in Betrieb war, findet sich in Ref. [Bar01].

In diesem Kapitel wird die Reinheitsmessung in den Kryostaten der Atlas-Kalorimeter vorgestellt. Dazu wird in Abschnitt 5.1 mit dem Reinheitsmonitor das grundlegende Messinstrument erklärt. In Abschnitt 5.2 wird die Auslese und die Einbindung der Reinheitsmonitore in das Gesamtsystem bei Atlas umrissen. In Abschnitt 5.3 werden schließlich die bisher durchgeführten Messungen vorgestellt. Neben den Messungen in den Kryostaten des Atlas-Detektors wird auch die Reinheitsmessung bei den Testläufen für Erweiterungsszenarien des LHC bei hohen Luminositäten vorgestellt (Abschnitt 5.4).

---

[1] Vielzweckdetektor im HERA-Ring.
[2] „Hadron-Elektron-Ring-Anlage" des Deutschen Elektronen-Synchrotrons (DESY).

5. Reinheitsmessung im Flüssig-Argon-Kalorimeter

5.1. Messprinzip und Realisierung durch den Reinheitsmonitor

Zur Messung der Verunreinigung wird genau der Eekt genutzt, der bei der Energiemessung in den Kalorimetern hinderlich ist, nämlich das Sammeln von erzeugten Ladungen durch die Verunreinigungen. Wird mit monoenergetischen radioaktiven Quellen eine Ladung bekannter Energie in das Argon eingebracht, so wird durch Ionisation eine konstante Menge an Ladungsträgern erzeugt. Werden diese Ladungsträger in einer Ionisationskammer mit anliegendem elektrischen Feld erzeugt, so driften sie zu den Platten der Kammer. Dort sind sie in Form der gesammelten Ladung messbar. Während des Driftens lagern sich Ladungen an die Verunreinigungen an, was die gesammelte Ladung reduziert. Der gemessene Strom einer Ionisationskammer hat eine Dreiecksform. Durch Verunreinigungen wird diese reduziert. Das lässt sich durch Überlagerung mit einem exponentiellen Term beschreiben und ist in Abb. 5.1 gezeigt.

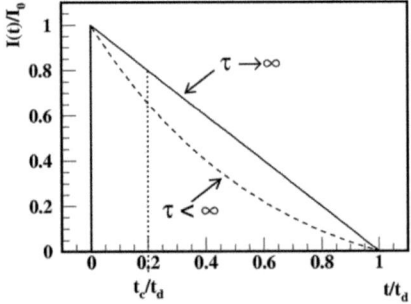

Abbildung 5.1.: *Die Signalform einer Ionisationskammer bei Teilchendurchgang (durchgehend) und der Einfluss von elektronegativen Verunreinigungen (gestrichelt). Dabei beschreibt t_d die Driftzeit und τ die Lebensdauer der Elektronen. [Ada05]*

5.1. Messprinzip und Realisierung durch den Reinheitsmonitor

Unter Berücksichtigung von Modellen[3], die die Rekombination der Elektronen mit Restionen aus dem Argon beschreiben, erlaubt die Messung der gesammelten Ladung Rückschlüsse auf die Anzahl der Elektronen, die sich an elektronegative Unreinheiten im Argon angelagert haben.

Zur Messung der Verunreinigung wurde an der Universität Mainz ein Reinheitsmonitor entwickelt, der die beschriebene Messung vornimmt (Abb. 5.2). Der Monitor besteht aus zwei Ionisationskammern mit leicht unterschiedlichem Verhalten, deren Signale von der Elektronik vorverstärkt und geformt werden. Die eine Kammer ist mit einer ^{207}Bi-Quelle bestückt, die andere mit einer ^{241}Am-Quelle. Die Auslese erfolgt bei der Wismutkammer über die Anode, im Fall der Americiumkammer über die Kathode. Deswegen haben die Signale unterschiedliche Vorzeichen und können über die gleiche Leitung ausgelesen werden. Eekte durch die Elektronikkette oder durch äußere Einflüsse auf die Elektronikkette wirken sich auf beide Signale gleich aus.

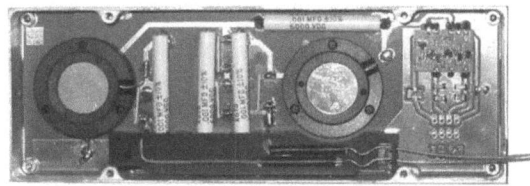

Abbildung 5.2.: *Photographie eines Reinheitsmonitors. Links im Bild befindet sich die runde Wismutkammer, in der Mitte die ebenfalls runde Americiumkammer. Rechts ist die Platine mit der Vorverstärkerelektronik zu erkennen.*

Die Wismutquelle erzeugt monoenergetische Konversionselektronen, die im Argon Ionisationsspuren hinterlassen. Elektronen aus zwei Zerfallskanälen werden

---

[3]In Ref. [Wal98] wird näher auf die möglichen Modelle eingegangen, die Lösungsansätze für den Anteil von Ladungen nach der Rekombination an den erzeugten Ladungen liefern. Verwendet wird das Box-Modell [Tho87]. Das Modell geht von einer homogenen Linienladungsdichte entlang der Ionisationsspur aus und vernachlässigt die Mobilität und die Diusion der Restionen. Die Lösung wird für gleichförmig verteilte Elektronen in einem Würfel gefunden. Rekombination mit im Argon driftenden Restionen aus vorherigen Zerfällen werden nicht berücksichtigt. Deswegen wurde bei der Kalibration des Systems zur Reinheitsmessung ein zusätzlicher Korrekturfaktor bestimmt.

5. Reinheitsmessung im Flüssig-Argon-Kalorimeter

dabei zu einer Linie bei 1 MeV verschmiert. Im Fall der Americiumquelle erfolgt die Ionisation durch ein α-Teilchen quasi punktförmig mit einer Energie von 5,5 MeV. Entsprechend kommt es für β- und α-Strahler zu anderen Anforderungen an die Kammergeometrien.

Die Wismutkammer (Abb. 5.3 (a)) ist in zwei Bereiche aufgeteilt, den Driftbereich und den Messbereich. Der Driftbereich befindet sich zwischen der Kathode und dem geerdeten Frisch-Gitter, der Messbereich zwischen Gitter und Anode. Die Wismutquelle befindet sich in der Kathode. Zwischen Kathode und Frisch-Gitter liegt eine Spannung von 2,5 kV an, ebenso zwischen Gitter und Anode.

Die aufwendige Kammergeometrie ist wegen der Länge der Ionisationsspur des Elektrons notwendig. Im Driftbereich findet die Deposition der Energie durch die Elektronen statt. Er hat eine Länge von 5 mm und enthält damit die Elektronenspuren, die eine typische Länge von etwa 3 mm aufweisen. Die erzeugten Elektronen driften, wobei die durchschnittlich zurückzulegende Weglänge von dem Winkel relativ zur Kammerplatte abhängt, unter dem die Elektronen erzeugt wurden. Die Anzahl der Elektronen, die durch Anlagerung verloren gehen, hängt somit vom Winkel ab.

Auf ein geerdetes Frisch-Gitter, das die elektrischen Felder im Ionisations- und im Messbereich trennt, folgt die Messkammer. Die driftenden Elektronen formen hier auf einer Strecke von 1 mm das Signal. In der Signalform zeigt sich durch eine breite Verteilung die Abhängigkeit vom Winkel des ursprünglichen Elektrons zur Kammerplatte.

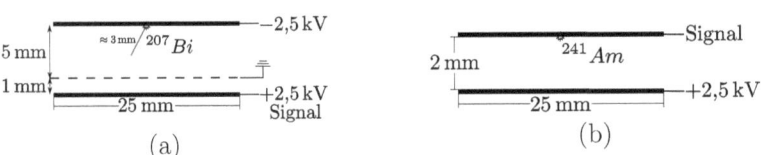

Abbildung 5.3.: *Schematische Darstellung der Wismut- (a) und der Americiumkammer (b) in Seitenansicht. Bei der Darstellung der Wismutkammer wurde die Teilchenspur eines Elektrons angedeutet, bei der Darstellung der Americiumkammer die punktförmige Deposition von Ladungen nahe der Quelle.*

Wie in Abb. 5.3 (b) zu sehen, ist die Geometrie der Americiumkammer einfacher. Da die Energie des α-Teilchens quasi punktförmig an der Kathode erzeugt wird, muss kein separater Driftraum vorgesehen werden. Die erzeugten Ladun-

5.2. Auslese der Reinheitsmonitore und Integration in das Detektorkontrollsystem

gen bewegen sich durch den Messraum, der eine Länge von 2 mm hat. Zwischen Kathode und Anode liegt eine Spannung von 2,5 kV an.

Die Signale der Reinheitsmonitore werden über Koaxialkabel aus dem Detektor geführt. An der Vorderseite des Detektors findet eine weitere Verstärkung und eine Wandlung in dierentielle Signale statt. Damit ist eine erd- und störungsfreie Übertragung der Nutzsignale von der Detektorkaverne UX-15 in die Rechnerkaverne USA-15 möglich.

5.2. Auslese der Reinheitsmonitore und Integration in das Detektorkontrollsystem

Die Auslese der Reinheitsmonitore erfolgt in der Rechnerkaverne USA-15. Hier werden die geformten Rohsignale digitalisiert und in FPGAs[4] histogrammiert. Zur Rauschunterdrückung findet eine Anordnung aus digitalen Hoch- und Tiefpassfiltern Verwendung. Die Histogramme werden über ein CAN[5]-Übertragungsverfahren an einen Rechner gesandt. Das Auslesesystem wurde in Ref. [Her00] entwickelt.

Die Histogramme, die sich für Wismut- und Americiumkammer ergeben, werden in Abb. 5.4 gezeigt. Die Energie wird in Einheiten von Auslesekanälen gemessen. Für die Americiumkammer folgt das Signal des α-Teilchens in der Ionisationskammer einer Gauß-Verteilung. Das Signal der Wismutkammer ist komplexer. Die monoenergetischen Elektronen werden durch γ-Zerfälle des Kerns erzeugt. Dabei kommt es beim Kernzerfall zu einer Wechselwirkung mit einem Hüllenelektron, das emittiert wird. Bei Wismutzerfällen können Photonen auf 3 Energielinien emittiert werden, die jeweils zur Emission unterschiedlicher Hüllenelektronen führen können. Zu niedrigeren Energien schließen sich die Verteilungen an, die sich durch die Compton-Streuung der Photonen ergeben. Diese werden zu noch niedrigeren Energien von der Elektronik abgeschnitten.

Auf dem Rechner werden die Positionen der Peaks der beiden Histogramme bestimmt. Die Abhängigkeit zwischen gesammelter Ladung und Verunreinigung unterscheidet sich für Wismut- und Americiumkammer. Beide Abhängigkeiten sind in Abb. 5.5 (a) gezeigt. Das unterschiedliche Verhalten erlaubt die Bildung

---

[4]Ein „Field Programmable Gateway Array" ist ein integrierter Schaltkreis, in dem sich logische Schaltungen realisieren lassen.

[5]„Controller Area Network" ist ein asynchrones Übertragungsverfahren für Daten. Der CAN-Standard wurde von der Automobilindustrie eingeführt, um Daten auf nur einem Kabel zwischen mehreren Knoten auszutauschen.

5. Reinheitsmessung im Flüssig-Argon-Kalorimeter

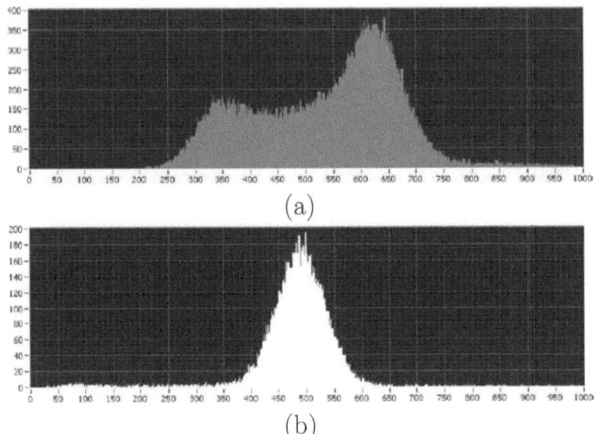

Abbildung 5.4.: *Exemplarische Histogramme der Wismut- (a) und der Americiumkammer (b). Aufgetragen sind die Ereignisse in den gemessenen Energiekanälen.*

des Verhältnisses aus beiden Peakpositionen, welches zur Bestimmung eines Absolutwertes für die Reinheit genutzt wird. Dadurch kürzen sich Eekte durch äußere Einflüsse weg und die Kalibration der einzelnen Kammern ist nicht mehr notwendig. Die Zuordnung zwischen dem Verhältnis und den Reinheiten [Med00] ist in Abb.5.5 (b) aufgetragen.

Die Peakpositionen und die Reinheit werden mit der in Ref. [Sec05] vorgestellten Software bestimmt. Der Rechner ist dabei in das Detektorkontrollsystem (DCS) eingebunden. Deswegen können die anliegenden Hochspannungen und die Temperaturen nahe den Monitoren in die Berechnung einfließen.

Das DCS ist mit der kommerziellen Software zur Prozessvisualisierung PVSS[6] realisiert. PVSS dient zum Betrieb und zur Überwachung technischer Anlagen. Dabei folgt es dem Modell einer Zustandsmaschine. Jedem Element wird ein Datenpunkt zugeordnet, für den Aktionen und der aktuelle Zustand definiert sind. Der Zustand teilt sich dabei in den Laufzustand und in den Fehlerzustand auf.

Im DCS existiert für jeden der Reinheitsmonitore eine Repräsentation. Diese gibt den Zustand und den letzten gemessenen Reinheitswert an, außerdem eine Historie des Messwertes. Informationen über die verwendeten Werte von den Hoch- und Niederspannungsmodulen und von den Temperaturproben werden dargestellt.

---

[6]„ProzessVisualisierungs- und SteuerungsSystem".

5.2. Auslese der Reinheitsmonitore und Integration in das Detektorkontrollsystem

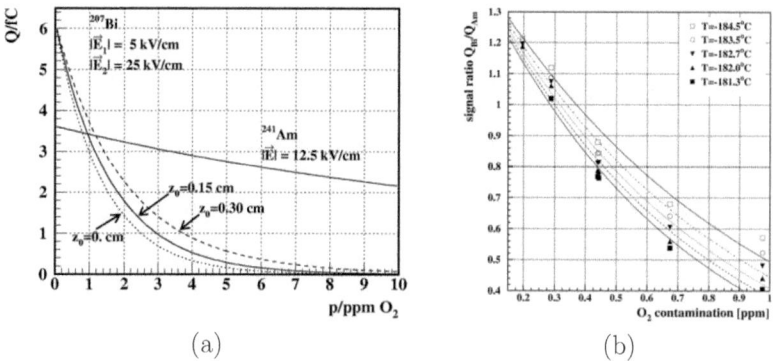

(a) (b)

Abbildung 5.5.: *Die gemessenen Ladungen von Americium- und Wismutkammer (a) und deren Verhältnis (b) in Abhängigkeit von der Reinheit. [Ada05]*

Im Atlas-Detektor sind 30 Reinheitsmonitore installiert. Die Positionen wurden so gewählt, dass Messungen an unterschiedlichen Positionen in jedem Kalorimeter vorgenommen werden können. Auf jeder Detektorhälfte befinden sich 5 Monitore im Barrelkalorimeter, je 2 Monitore im elektromagnetischen Endkappen- und im Vorwärtskalorimeter und je 3 Monitore im inneren und äußeren Rad des hadronischen Endkappenkalorimeters. Innerhalb der einzelnen Kryostaten wurden sie nach Möglichkeit eher außen installiert, um die Strahlenbelastung zu minimieren.

Die Positionen der Monitore im Barrelkryostaten sind in Abb. 5.6 gezeigt. Im oberen Teil der Abbildung ist die Ansicht der x-y-Ebene für die Seiten A und C entgegen der z-Achse dargestellt, im unteren Teil die Seitenansicht. Die Namensgebung der Monitore an den einzelnen Positionen findet sich in Tab. 5.1.

Position	Namen, Seite A	Namen, Seite C
1	Barrel_A_1	Barrel_C_1
2	Barrel_A_2	Barrel_C_2
3	Barrel_A_3	Barrel_C_3
4	Barrel_A_4	Barrel_C_4
5	Barrel_A_5	Barrel_C_5

Tabelle 5.1.: *Namenskonvention für die Reinheitsmonitore im Barrelkryostaten. Die angegebene Position bezieht sich dabei auf die Position in Abb. 5.6.*

5. Reinheitsmessung im Flüssig-Argon-Kalorimeter

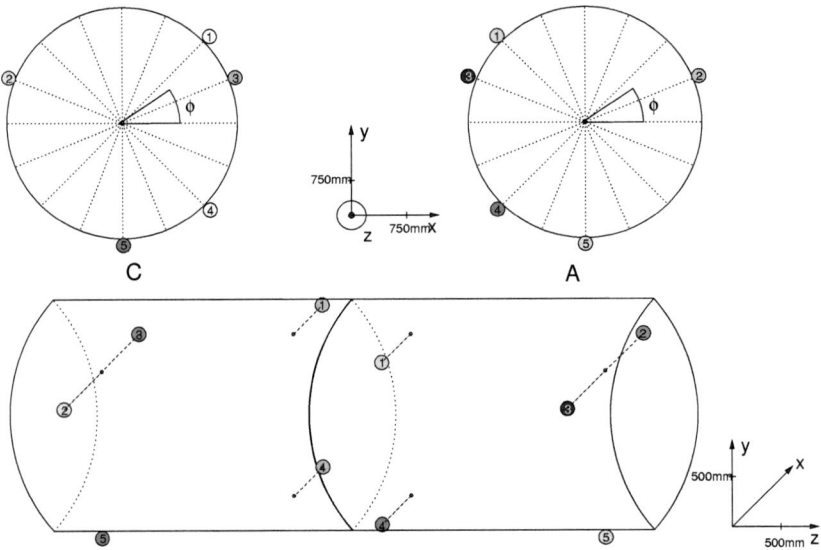

Abbildung 5.6.: *Positionen der Reinheitsmonitore im Barrelkalorimeter. Gezeigt sind Ansichten der Halbdetektoren in der x-y-Ebene entgegen der z-Achse (oben) und eine Seitenansicht (unten). Bei der Seitenansicht ist die Lage relativ zur x-z-Ebene angedeutet. Gleiche Monitorpositionen in unterschiedlichen Ansichten sind durch gleiche Farben gekennzeichnet. Die Positionen wurden den Referenzen [Per01] und [Epp05] entnommen.*

5.3. Messungen der Reinheit des flüssigen Argons

Die Positionen der Reinheitsmonitore in den Endkappenkalorimetern sind in Abb. 5.7 zu sehen. Dabei sind eine Ansicht vom Wechselwirkungspunkt aus und eine Seitenansicht dargestellt. Beide Ansichten gelten identisch für beide Halbseiten. Der Vollständigkeit halber wird die Namensgebung für die Monitore in den Endkappenkalorimetern in Tab. 5.2 trotzdem für die Halbseiten A und C angegeben.

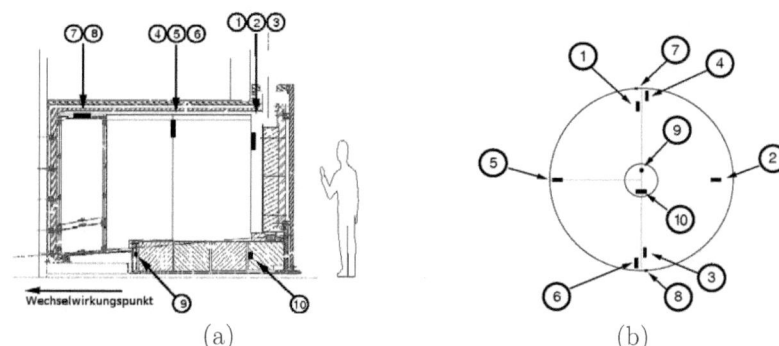

Abbildung 5.7.: *Positionen der Reinheitsmonitore in den Endkappenkalorimetern. Gezeigt sind die Seitenansicht (a) und die Ansicht vom Wechselwirkungspunkt (b) eines Halbdetektors. Die Lage der Reinheitsmonitore auf der anderen Halbseite ist symmetrisch. [Abd96]*

5.3. Messungen der Reinheit des flüssigen Argons

Mit dem Messen der Reinheit in den Kalorimetern des Atlas-Detektors wurde im Jahr 2007 begonnen. Durch die Verzögerungen im Beginn der Datennahme konnten die Messung über einen langen Zeitraum mit stabilen Bedingungen durchgeführt werden. Für die Monitore im Barrelbereich sind die gemessenen Reinheiten in Abb. 5.8 gezeigt, für die in den hadronischen Endkappenkryostaten in Abb. 5.9, und für die in den elektromagnetischen Endkappenkryostaten in Abb. 5.10. Gezeigt ist eine Mittelung von Werten an jeweils gleichen Tagen. Die Messwerte

5. Reinheitsmessung im Flüssig-Argon-Kalorimeter

Position	Namen, Seite A	Namen, Seite C
1	HEC_2_A_A	HEC_2_C_A
2	HEC_2_A_C	HEC_2_C_C
3	HEC_2_A_B	HEC_2_C_B
4	HEC_1_A_A	HEC_1_C_A
5	HEC_1_A_C	HEC_1_C_C
6	HEC_1_A_B	HEC_1_C_B
7	EMEC_A_T	EMEC_C_T
8	EMEC_A_B	EMEC_C_B
9	FCAL_A_F	FCAL_C_F
10	FCAL_A_R	FCAL_C_R

Tabelle 5.2.: *Namenskonvention für die Reinheitsmonitore in den Endkappenkalorimetern. Die angegebene Position bezieht sich dabei auf die Position in Abb. 5.7. Die Namenskonvention ist der Vollständigkeit halber für die Seiten A und C angegeben.*

wurden dabei im Abstand von etwa 10 min aufgenommen. Werte, die eindeutig von Rauschen verfälscht waren, wurden nicht berücksichtigt. Beim Einschalten der Hochspannung kommt es bei einigen Monitoren zu einem schnellen Aufladungseffekt. Werte, die diesem Eekt unterlagen, wurden ebenfalls nicht berücksichtigt.

Mit einige Monitore konnten keine Messungen ausgeführt werden. Der obere Monitor auf Seite C des elektromagnetischen Endkappenkalorimeters ist defekt. Der Monitor auf Position C im inneren Rad des hadronischen Endkappenkalorimeters auf Seite C wird durch den systematischen Fehler bei der Berechnung der Reinheit unbrauchbar. Die Reinheit wird zu 0 ppm berechnet. Bei dem Monitor im äußeren Rad liefert die Wismutkammer wegen starken Rauschens kein verwertbares Signal.

Die Monitore im Vorwärtskalorimeter haben eine geometrische Besonderheit. Um Strahlenschäden an der vorverstärkenden Elektronik zu vermeiden, wurde diese außerhalb des jeweiligen Monitors in der Nähe der Detektorvorderseite angebracht. Die Signale werden über Koaxialkabel von den Monitoren zur Elektronik geführt. Von Ref. [Ert09] wurden Untersuchungen durchgeführt, wie die Auslese dieser Monitore trotz kapazitativer Verzerrung durch die Koaxialkabel vorgenommen werden kann. Dabei wurde entdeckt, dass die Kombination aus Koaxialkabel und Vorverstärkerelektronik für elektromagnetische Wellen im Ultraschallbereich ein Mikrophon darstellt. Das resultierende Rauschen macht eine Auslese dieser Monitore unmöglich.

5.3. Messungen der Reinheit des flüssigen Argons

Die Absolutwerte der gemessenen Verunreinigungen zeigen starke Abweichungen. Zusätzlich zu der in Ref. [Ada05] angegebenen systematischen Unsicherheit von 19% durch die verwendeten Modelle für die Rekombination tragen weitere Eekte zu den Unsicherheiten bei. Insbesondere der Einfluss durch leicht unterschiedliche Kammergeometrien zeichnete sich erst ab, als die Resultate aus den Messungen vorlagen. Da die Monitore im Detektor verbaut und nicht mehr zugänglich sind, musste auf weitere Untersuchungen dieses Eektes verzichtet werden.

In der Phase erster Messungen flossen noch keine Temperaturinformationen in die Berechnung der Messwerte ein, ebensowenig wurden die Werte der noch nicht konstanten Hochspannung berücksichtigt. Die Werte waren außerdem wegen der noch andauernden Optimierung der Parameter für die Histogrammierung durch die Ausleseelektronik in größerem Maße von Rauscheekten beeinflusst. Werte für Temperatur und Hochspannung werden seit Juni 2008 für alle Monitore berücksichtigt. Deswegen werden Werte, die vor diesem Datum aufgenommen wurden, im Folgenden nicht als stabil angesehen.

Die Sprünge in der gemessenen Verunreinigung im Monitor im äußeren Rad des hadronischen Endkappenkalorimeters auf Seite C und im Monitor 4 im Barrelkalorimeter auf Seite A gehen nicht mit tatsächlichen Änderungen der Verunreinigung einher. Sie sind allein durch Sprünge in der Energiemessung in der Americiumkammer verursacht. Eine tatsächliche Verunreinigung hätte auch die Energiemessung in der Wismutkammer beeinflusst. Die Ursachen des Eekts sind mangels Zugänglichkeit der Monitore nicht untersuchbar. Das gleiche gilt für die langsame Entwicklung des Wertes, den Monitor 1 im Halbbarrel auf Seite C misst.

Die durchgeführten Messungen der Reinheit des flüssigen Argons lassen keine Verschlechterung erkennen. Durch Verwendung von Langzeitmessungen konnten die statistischen Unsicherheiten gegenüber dem in Ref. [Ada05] angegebenen Wert für Einzelmessungen von 7,4 ppb reduziert werden. Die Entwicklung der Werte zeigte ein sehr ähnliches Verhalten bei Monitoren in gleichen Detektorbereichen, was die extrem gute Fähigkeit zur relativen Messung zeigt. Die Schwankung der Reinheit zwischen Juni 2008 und November 2010 war in allen Monitoren geringer als 15 ppb, im Barrelkryostaten sogar geringer als 10 ppb. Bei der Bestimmung dieses Wertes wurden Werte mit Einflüssen aus langsamen Aufladungseekten ignoriert. Diese Eekte, die bei einigen Monitoren auftreten, werden durch einen bekannten Montagefehler verursacht.

Nach Aufnahme des Strahlbetriebs war eine leichte Verbesserung der Reinheit zu beobachten. Um näheren Aufschluss über diesen Zusammenhang zu bekommen, sind weitere Messungen notwendig. Ein ähnlicher Eekt wurde bei der Messung

5. Reinheitsmessung im Flüssig-Argon-Kalorimeter

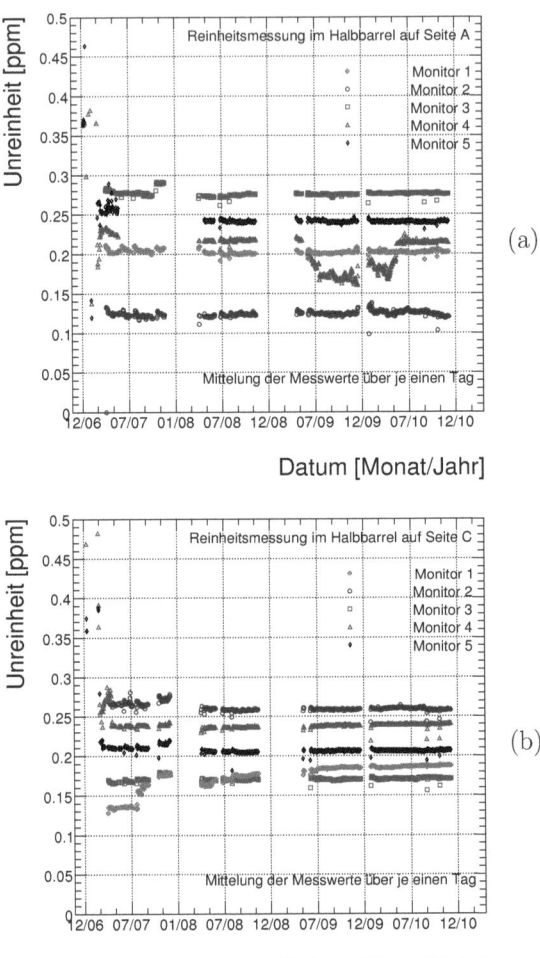

Abbildung 5.8.: *Die gemessenen Werte für die Reinheit im Barrelkryostaten in den Halbdetektoren auf den Seiten A (Monitore 3, 5, 4, 1 und 2, rechtsseitig v.o.n.u.) (a) und C (Monitore 2, 4, 5, 1 und 3, rechtsseitig v.o.n.u.) (b). Gezeigt sind die Mittelwerte über jeweils einen Tag. Werte, die oensichtlich durch Rauschen beeinflusst waren, wurden nicht berücksichtigt. Das gleiche gilt für Werte, die noch durch den Einschaltvorgang der Hochspannung beeinflusst waren.*

5.3. Messungen der Reinheit des flüssigen Argons

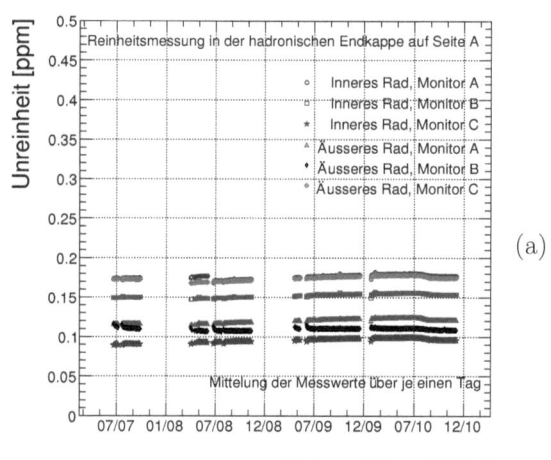

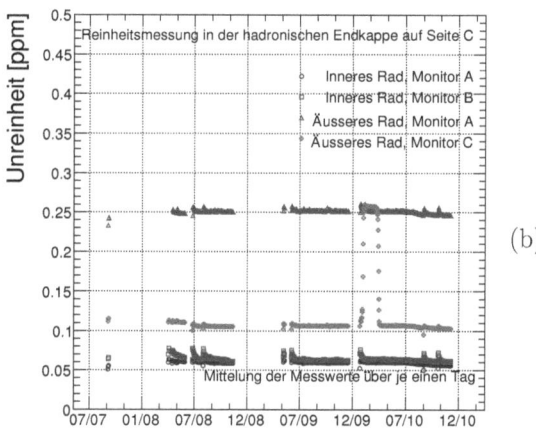

Abbildung 5.9.: *Die gemessenen Werte für die Reinheit im hadronischen Endkappenkryostaten in den Halbdetektoren auf den Seiten A (Monitore Innen A, Außen C, Innen B, Außen A, Außen B und Innen C, rechtsseitig v.o.n.u.) (a) und C (Monitore Außen A, Außen C, Innen B und Außen A, rechtsseitig v.o.n.u.) (b). Gezeigt sind die Mittelwerte über jeweils einen Tag. Werte, die oensichtlich durch Rauschen beeinflusst waren, wurden nicht berücksichtigt. Das gleiche gilt für Werte, die noch durch den Einschaltvorgang der Hochspannung beeinflusst waren.*

5. Reinheitsmessung im Flüssig-Argon-Kalorimeter

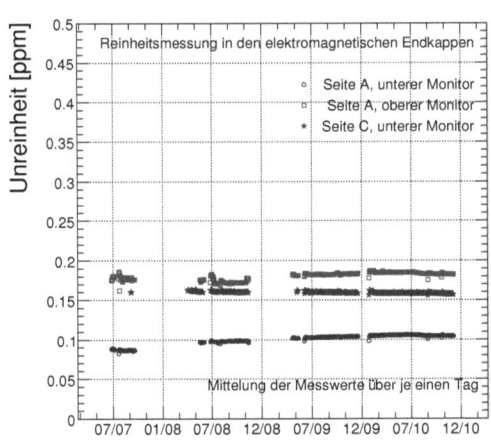

Abbildung 5.10.: *Die gemessenen Werte für die Reinheit im elektromagnetischen Endkappenkryostaten in den Halbdetektoren auf den Seiten A und C (Monitore Seite A oben, Seite C unten und Seite A unten, rechtsseitig v.o.n.u.). Gezeigt sind die Mittelwerte über jeweils einen Tag. Werte, die oensichtlich durch Rauschen beeinflusst waren, wurden nicht berücksichtigt. Das gleiche gilt für Werte, die noch durch den Einschaltvorgang der Hochspannung beeinflusst waren.*

der Reinheiten bei hohen Luminositäten bei Teststrahlen in Protvino beobachtet. Diese Messungen werden in Abschnitt 5.4.2 vorgestellt, ebenso ein Erklärungsansatz für den Ursprung des Eektes. Ein leichter Trend zu einer Verschlechterung von etwa 6 ppb/Jahr, der sich vor Aufnahme des Strahlbetriebs in den Endkappenkryostaten auf Seite A zeigte, konnte dadurch nicht bestätigt werden.

Die gemessenen Werte sind ausreichend konstant, um bei den in Kap. 10 anzustellenden Untersuchungen zum Energieverhalten von Elektronen im Kalorimeter mögliche Zeitabhängigkeiten der Energiemessung durch zunehmende Verunreinigungen zu vernachlässigen.

5.4. Tests am U-70-Beschleuniger in Protvino

Nach etwa 10 Jahren Laufzeit ist ein Ausbau des LHC geplant. Die wahrscheinlichsten Szenarien für diesen Ausbau sind solche Szenarien, bei denen die Schwerpunktsenergie von den bis dahin noch zu erreichenden $\sqrt{s} = 14$ TeV nicht mehr erhöht werden soll. Um die Sammlung von Statistik voranzutreiben, soll eine höhere instantane Luminosität erreicht werden. Die Vorstellung ist dabei, die nominelle instantane Luminosität um einen Faktor 10 auf einen Wert von $\mathscr{L} = 10^{35}$ cm^{-2}s^{-1} zu erhöhen.

Bei derart hohen Luminositäten kommt es zu extremen Strahlenbelastungen im Vorwärtsbereich. Deswegen wurden am U-70-Beschleuniger in Protvino Tests mit Protonenstrahlen mit hohen Intensitäten durchgeführt. Je ein Modul aus Vorwärtskalorimeter, elektromagnetischem und hadronischem Endkappenkalorimeter wurden in je einem Kryostaten im Strahl platziert. Dabei sollte die Antwort der Kalorimetermodule bei hohen Intensitäten untersucht werden.

Bei hohen Intensitäten kommt es zu einem Aufbau von Restionen aus vorherigen Strahlkreuzungen in den Kalorimetern. An diese Restionen lagern sich driftende Elektronen an. Das Signal wird reduziert. Der Eekt auf das Signal ist identisch zu dem in Abb. 5.5 (a) gezeigten Eekt durch Anlagerungen an elektronegative Verunreinigungen: das ursprüngliche Dreieckssignal wird um einen exponentiellen Abfall verringert. Deswegen ist eine geringe Verunreinigung des Argons Voraussetzung für diese Tests und die Reinheit wurde in jedem der Kryostaten überwacht – zumindest vor dem Beginn der Bestrahlung.

In diesem Abschnitt wird zuerst der experimentelle Aufbau in Protvino erklärt. Dann werden die Ergebnisse der Reinheitsmessung präsentiert. Da die Temperaturmessung ebenfalls von der Mainzer Reinheitsgruppe durchgeführt wurde, werden außerdem zwei Temperaturmessungen bei hohen Intensitäten vorgestellt.

5. Reinheitsmessung im Flüssig-Argon-Kalorimeter

5.4.1. Der Aufbau am U-70-Beschleuniger in Protvino

Der in Ref. [Iva08] beschriebene U-70-Beschleuniger befindet sich im etwa 100 km südlich von Moskau gelegenen Protvino. In einem Synchrotronring mit einem Umfang von etwa 1484 m Länge werden Protonen von E = 1,32 GeV Einschussenergie auf bis zu E = 69 GeV beschleunigt. Die Intensitäten von bis zu $1 \cdot 10^{12}$ p/s konnten erreicht werden, da die Auskopplung des Strahls mit Siliziumkristallen geschah. Die Tests fanden in Strahllinie 23 mit Protonen mit Energien von 50 GeV statt.

Der im Jahre 1969 in Betrieb genommene Beschleuniger wurde Mitte der 1990er Jahre generalüberholt. Damals war geplant, den U-70-Beschleuniger als Vorbeschleuniger des in Ref. [Gur95] beschriebenen UNK-600-Beschleunigers zu verwenden, der in der geplanten letzten Ausbaustufe Protonen mit einer Schwerpunktsenergie von bis zu $\sqrt{s} = 6$ TeV zur Kollision bringen sollte.

Der verwendete Aufbau findet sich in Ref. [Gla12]. In je einem Kryostaten befindet sich ein Modul des Vorwärtskalorimeters, des elektromagnetischen und des hadronischen Endkappenkalorimeters. Mit Hilfe von Monte-Carlo-Simulationen wurden die Module so hinter einer Anordnung von Absorbern platziert, dass sie möglichst im Schauermaximum stehen. Die Kryostaten können jeweils seitlich zum Strahl verfahren werden. Damit können sie während dem Strahlbetrieb aus dem Strahl bewegt werden. Unterschiedliche Detektoren zur Intensitätsmessung finden sich im oder nahe des Strahls. Die Anordnung der Kryostaten ist in Abb. 5.11 dargestellt.

Das Modul aus dem Vorwärtskalorimeter befindet sich an vorderster Position im Strahl. Es enthält zwei Halbmodule. In der einen Hälfte beträgt die Spaltbreite wie im Vorwärtsdetektor des Atlas-Detektors 250 μm, in der anderen Hälfte 100 μm. Durch die Möglichkeit, den Kryostaten seitlich zu verfahren, lassen sich die Halbmodule jeweils ins Schauermaximum fahren. Unter hoher Strahlintensität verringert sich unter Einfluss der Anlagerung an Restionen eektiv die Reichweite der Signalelektronen. Mit dem Aufbau sollte ein mögliches Szenario für eine Änderung des Vorwärtskalorimeters getestet werden, in dem der Eekt durch die geringeren Spaltbreiten weniger Auswirkungen hat. Der Eekt ist in Ref. [Rut02] beschrieben. Am Modul des Vorwärtskalorimeters wurde auch eine Methode getestet, durch Messung des Stromes im Kalorimeter Rückschlüsse auf die Luminosität zu ziehen [Afo10].

An zweiter Position im Strahl befindet sich der Kryostat mit dem Modul des elektromagnetischen Endkappenkalorimeters, an dritter Stelle der mit dem Modul des hadronischen Endkappenkalorimeters. Im Strahlbetrieb wurden Tests mit unterschiedlichen Strahlintensitäten und unterschiedlichen angelegten Hochspan-

5.4. Tests am U-70-Beschleuniger in Protvino

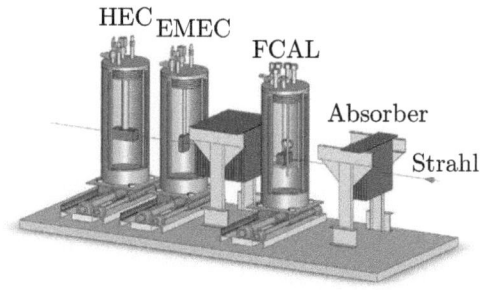

Abbildung 5.11.: *Experimenteller Aufbau für die Messungen bei hoher Luminosität in der Strahllinie 23 des U-70-Beschleunigers in Protvino. Der Strahl kommt im Bild von rechts. Zuvorderst im Strahl steht der Kryostat, der das Modul des Vorwärtskalorimeters enthält. Es folgt der Kryostat mit dem Modul des elektromagnetischen Kalorimeters. Den Abschluss bildet der Kryostat mit dem Modul aus dem hadronischen Kalorimeter. ([Gla12] und [Rut11])*

5. Reinheitsmessung im Flüssig-Argon-Kalorimeter

nungen durchgeführt. Dabei sollte überprüft werden, bei welchen Spannungen die Module noch betrieben werden können und wie die Abhängigkeit der Signalstärke und -form von den beiden Variablen ist.

Die Kryostaten waren mit flüssigem Argon gefüllt. Gekühlt wurde mit flüssigem Sticksto, der durch eine Wendel in der Gasphase des Argons floss. Neben den Modulen befanden sich in jedem der Kryostaten noch ein Reinheitsmonitor und mehrere Proben zur Temperaturmessung. Die Proben zur Temperaturmessung bestanden aus temperaturabhängigen Platinwiderständen, die durch Messung des Stromes bei einer angelegten Spannung bestimmt wurden. Zwei der Temperaturproben oberhalb der Kalorimetermodule gewährleisteten, dass die Module beim Betrieb von flüssigem Argon bedeckt waren. Aufgrund der experimentellen Gegebenheiten wurden die Reinheitsmonitore zwar mit der nominellen negativen Hochspannung von 2,5 kV betrieben. Die positive Spannung betrug nur 2,0 kV. Die Messwerte der Reinheitsmonitore werden im nächsten Abschnitt vorgestellt.

5.4.2. Ergebnisse der Reinheits- und Temperaturmessung

Im Vergleich zu den Messungen bei Atlas fanden die Messungen beim Teststrahl in Protvino in sehr kleinen Kryostaten statt. Durch die kurze Laufzeit nach der Befüllung war die Priorität langfristiger Reinheit geringer. Durch die hohe Strahlintensität kam es zur Aktivierung des Argons. Diese Aktivierung verhinderte die Messung der Reinheit während des eigentlichen Strahlbetriebs weitestgehend.

Die Aufgabe der Reinheitsmessung bestand damit im Wesentlichen darin, die zeitliche Entwicklung der Reinheit in den wenigen Tagen zwischen Befüllung und Strahlbetrieb zu messen. Unter der Annahme einer konstanten Zunahme der Verunreinigung ergab sich dadurch die Möglichkeit, auf die Reinheit während der wenigen Tage dauernden Messzeit zu schließen.

Für den Teststrahl im April 2008 sollen beispielhaft die Resultate diskutiert werden. Die Werte für die Kryostaten mit Modulen der drei Kalorimeter sind in Abb. 5.12 gezeigt. In der Anfangsphase direkt nach dem Befüllen dauert es einige Tage, bis das Argon einen stabilen Wert hat. In dieser Zeit frieren noch Verunreinigungen aus, was in der Regel zu einer Verbesserung der Reinheit führt.

Im Vorwärts- und im elektromagnetischen Endkappenkalorimeter stellten sich nach einiger Zeit stabile Verschlechterungen der Reinheit von 72,5 ppb/Tag, bzw. 19,2 ppb/Tag ein. Mit beiden Werten wird die Anforderung erfüllt, innerhalb von etwa 7 Tagen Laufzeit nicht den Wert von 1 ppm zu überschreiten.

Der Reinheitsmonitor im hadronischen Endkappenkalorimeter weist den langsamen Ladungsaufbau nach Einschalten der Hochspannung auf, der auch in einigen

5.4. Tests am U-70-Beschleuniger in Protvino

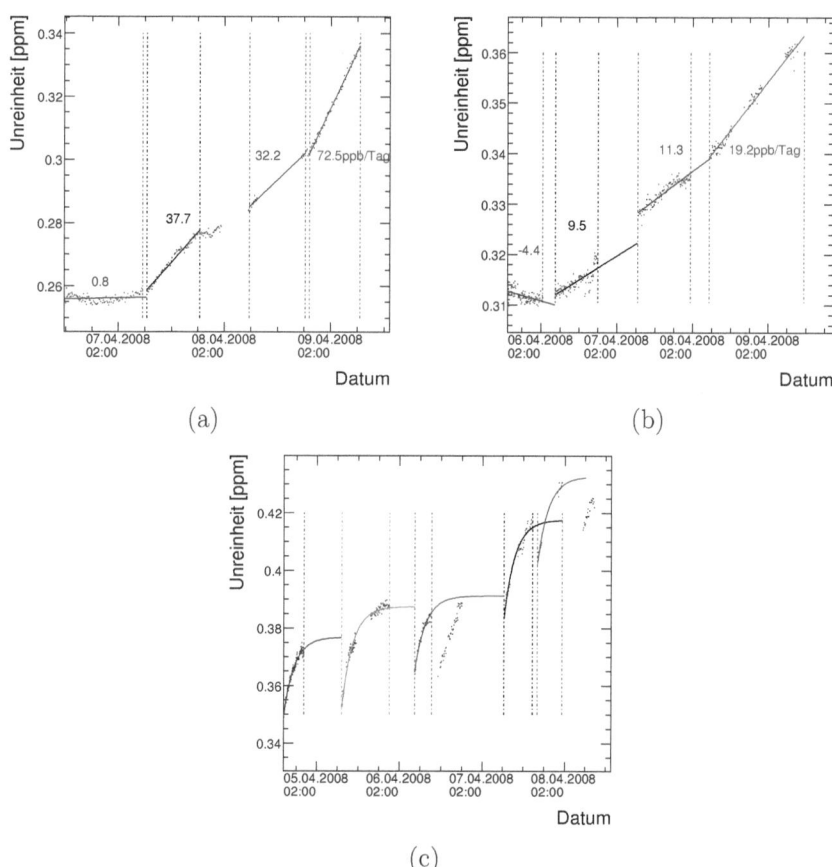

Abbildung 5.12.: *Verunreinigungen im Kryostaten mit dem Modul aus dem Vorwärtskalorimeter (a), aus dem elektromagnetischen Endkappenkalorimeter (b) und aus dem hadronischen Endkappenkalorimeter (c). Die gestrichelten Linien kennzeichnen die Regionen, innerhalb derer die Fits angelegt wurden. Die zugrunde liegenden Daten wurden während des Laufes im Frühjahr 2008 aufgezeichnet. Durch Rauscheekte unbrauchbare Daten sind nicht gezeigt.*

5. Reinheitsmessung im Flüssig-Argon-Kalorimeter

Monitoren in Genf beobachtet wurde. Dieser Eekt wird durch einen Montagefehler verursacht. Die Folien, auf denen die Wismutquellen aufgebracht sind, sind auf einer Seite leitend. Baut man sie falsch herum ein, so wird das elektrische Feld beim Anlegen der Hochspannung nur langsam aufgebaut. In Genf, wo stabile Hochspannungen vorliegen, ist das kaum ein Problem. In Protvino bestand häufiger die Notwendigkeit die Hochspannungen einzuschalten. Das Resultat sind die beobachteten Aufladekurven, die eine Abschätzung der Verschlechterung der Reinheit schwierig machen.

Während des Strahlbetriebs im April 2008 gab es ein Problem mit der Kühlung des flüssigen Argons in den Kryostaten. Dadurch stieg der Druck des Argons, und ein Sicherheitsventil önete sich. Der schnelle Druckabfall führte zu einem Temperaturabfall. Das Argon[7] gefror, und der Druck fiel weiter ab. Entsprechend wurden die Kryostaten nunmehr bei Unterdruck betrieben, und Verunreinigungen drangen in höherem Maße ein.

Während sich die in der Wismutkammer gemessene Ladung quadratisch mit der Verunreinigung ändert, ist die Abhängigkeit in der Americiumkammer in erster Näherung linear. Die Abhängigkeiten wurden bereits in Abb. 5.5 gezeigt. Auf Grund dieses Zusammenhangs ist das Signal der Wismutkammer bei hohen Verunreinigungen nicht mehr messbar. Das Signal der Americiumkammer kann aber für eine Abschätzung der Verunreinigung verwendet werden.

Exemplarisch wird das für den Reinheitsmonitor im Kryostaten mit dem Modul des elektromagnetischen Endkappenkalorimeters versucht. Das Histogramm ist durch die Aktivierung mit Untergrund unterlegt. Deswegen wurde ein Fit angelegt, in dem eine Gauß'sche Glockenkurve zur Beschreibung des Signals und eine exponentiell abfallende Funktion zur Beschreibung des Untergrunds verwendet wurde. Zuerst wurde der Fit an ein Histogramm angelegt, das vor dem Strahlbetrieb aufgenommen wurde. Um die erhaltene Peakposition mit Untergrund zu überprüfen, wurde ein Fit an eine Funktion im Strahlbetrieb bei niedriger Intensität angelegt. Schließlich wurde der Fit an ein Histogramm nach der Verunreinigung bei starker Aktivierung durchgeführt. Die gefitteten Histogramme sind in Abb. 5.13 gezeigt.

Relativ zu der abgelesenen Peakposition von $(355{,}5 \pm 0{,}2)$ Kanälen vor dem eigentlichen Strahlbetrieb sank die Peakposition nach der Verunreinigung auf einen Wert von $(75{,}5 \pm 0{,}2)$ Kanälen ab. Das Verhältnis der Werte beträgt 21%. Zusammen mit der bestimmten Verunreinigung von 270 ppb vor dem Strahlbetrieb kann aus Abb. 5.5 (a) die Verunreinigung nach dem Zwischenfall abgeschätzt wer-

---

[7]Siede- und Schmelzpunkt des Argons liegen mit $87{,}3\,\mathrm{K}$ und $83{,}8\,\mathrm{K}$ (Werte bei Normaldruck) relativ dicht beieinander.

5.4. Tests am U-70-Beschleuniger in Protvino

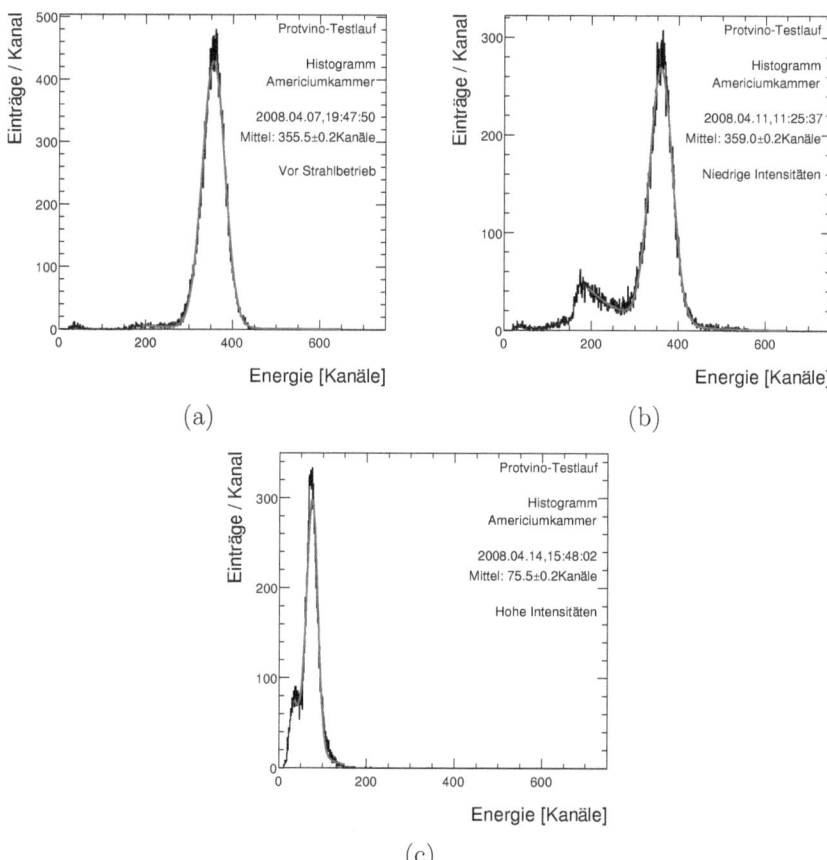

Abbildung 5.13.: *Exemplarische Fits an die Histogramme der Americiumkammer im Reinheitsmonitor des Kryostaten mit dem Modul aus dem elektromagnetischen Endkappenkalorimeter. Gezeigt ist ein Fit vor dem Strahlbetrieb (a), ein Fit im Strahlbetrieb bei niedrigen Intensitäten (b) und ein Fit nach dem Strahlbetrieb bei hohen Intensitäten und mit zusätzlicher Verunreinigung durch die ausgefallene Kühlung (c). Gefittet wurde mit der Summe aus einer Gauß'schen Glockenkurve und einem exponentiellen Abfall.*

5. Reinheitsmessung im Flüssig-Argon-Kalorimeter

den. Da sie außerhalb der Skala liegt, wurde durch Extrapolation ein Wert von mindestens 15 ppm abgeschätzt.

Der leichte Anstieg von einigen Kanälen bei geringen Strahlintensitäten wurde nicht weiter untersucht. Eine Vermutung der Ursache ergibt sich aus Ref. [Tog09]. Durch hohe Strahlintensität ionisierte Verunreinigungen könnten sich auf den Elektroden ablagern und eine Isolierschicht aufbauen. Der leichte Anstieg der Kammersignale scheint auch für die in den Abbildungen 5.8, 5.9 und 5.10 gesehene leichte Verbesserung der in Genf bei Aufnahme des Strahlbetriebs gemessenen Reinheiten verantwortlich.

Die Messwerte, die vor einem weiteren Lauf im Frühjahr 2010 gemessen wurden, sind in Abb. 5.14 zu sehen. Die Ergebnisse der Tests sollen in Ref. [Gla12] veröentlicht werden.

Modellrechnungen für die Temperaturentwicklung bei den Energiedepositionen bei hoher Luminosität ergaben stark unterschiedliche Vorhersagen. Um einen Eingangswert für diese Rechnungen zu liefern, wurden Studien der Temperaturentwicklung im Modul des Vorwärtskalorimeters durchgeführt. Nach dem Einschalten des Strahls auf höchste Intensitäten von einigen $1 \cdot 10^{11}$ p/s wurde die Temperatur betrachtet (Abb. 5.15). Für die kurze Messung im November 2007 wurde versucht, den Temperaturanstieg durch einen Fit mit einem exponentiellen Anstieg zu beschreiben. Für die im April 2008 aufgenommenen Messwerte wurden zwei lineare Verläufe vor und nach dem Einschalten verglichen. Dabei wurde angenommen, dass die Steigung nach dem Einschalten identisch zu der vor dem Einschalten war. In beiden Fällen ergaben sich Werte deutlich unter 1 K. Blasenbildung des Argons durch Siedeverzug an den Modulen ist damit unwahrscheinlich.

5.4. Tests am U-70-Beschleuniger in Protvino

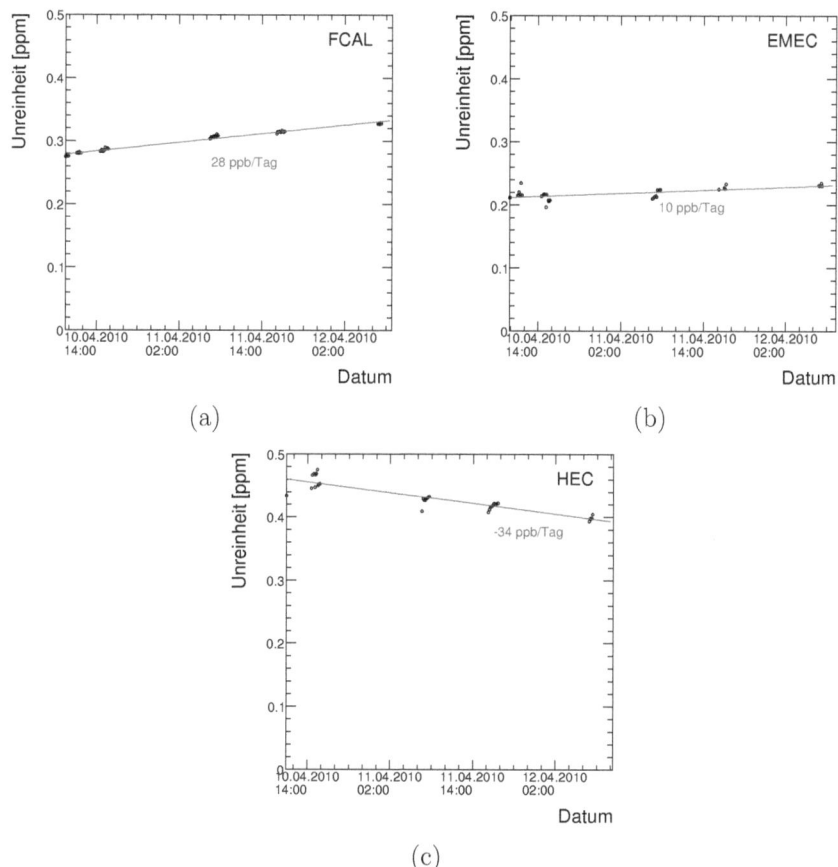

Abbildung 5.14.: *Verunreinigungen im Kryostaten mit dem Modul aus dem Vorwärtskalorimeter (a), aus dem elektromagnetischen Endkappenkalorimeter (b) und aus dem hadronischen Endkappenkalorimeter (c). Die zugrunde liegenden Daten wurden während des Laufes im Frühjahr 2010 aufgezeichnet. Durch Rauscheekte unbrauchbare Daten sind nicht gezeigt.*

5. Reinheitsmessung im Flüssig-Argon-Kalorimeter

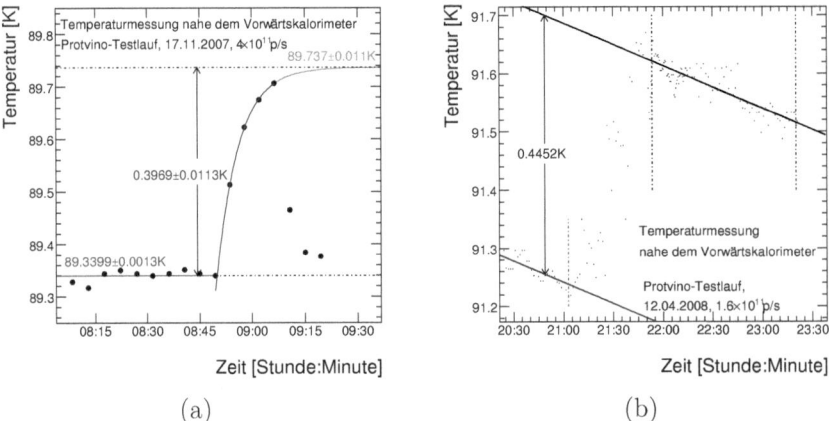

Abbildung 5.15.: *Gemessener Anstieg der Temperatur des flüssigen Argons nahe dem Modul des Vorwärtskalorimeters bei Bestrahlung mit höchsten Strahlintensitäten von $4 \cdot 10^{11}$ p/s bei Messungen im November 2007 (a) und von $1{,}6 \cdot 10^{11}$ p/s im April 2008.*

6. Ereignisrekonstruktion

In diesem Kapitel wird auf die der Rekonstruktion und Datenanalyse bei Atlas zugrunde liegenden Strukturen eingegangen. Nach dem in Abschnitt 4.8 beschriebenen Prozess des Triggerns müssen die Daten für die vorgesehenen Analysen gespeichert und zur Verfügung gestellt werden. Dazu ist eine Aufbereitung notwendig. Um die erforderlichen Speicher- und Rechenkapazitäten aufzubringen, werden neue Konzepte für Rechenzentren benötigt, die in Abschnitt 6.1 vorgestellt werden. Eine konkrete Beschreibung der Aufbereitung der Daten erfolgt erst in Kap. 7.

Analysen müssen mit theoretischen Vorhersagen verglichen werden. Für solche Vergleiche werden Monte-Carlo-Simulationen verwendet. Es werden einzelne Kollisionen simuliert. Damit diese Simulationen mit den Daten kompatibel sind, durchlaufen sie analoge Prozesse der Aufbereitung. Die Generation von Monte-Carlo-Simulationen wird in Abschnitt 6.2 behandelt.

6.1. Infrastruktur der Datenanalyse bei Atlas

Die enorme Größe der vom Atlas-Detektor gelieferten Rohdaten macht Konzepte notwendig, „handlichere" Teilmengen der Daten zur Analyse bereitzustellen. Die verwendeten Datenformate werden in Abschnitt 6.1.1 eingeführt. Das Konzept der Analysezentren, in denen die Datensätze archiviert, aufbereitet und zur Verfügung gestellt werden, wird vorgestellt.

In Abschnitt 6.1.2 wird darauf eingegangen, wie die vernetzten Analysezentren genutzt werden, um die Daten zu verteilen und Analysen auf den Datenformaten durchzuführen. Die unterschiedlichen Softwarepakete, die zum Betreiben des Systems und zur Durchführung von Analysen notwendig sind, werden vorgestellt.

Erste Pläne für das vorgestellte Konzept wurden in Ref. [Air96] angegeben. In Ref. [Duc05] findet sich die konkrete Form dieser Pläne.

6. Ereignisrekonstruktion

6.1.1. Auslesekette und Verteilung der Daten

Die große Datenmenge, die das Atlas-Experiment liefert, macht eine Aufteilung der Aufgaben zur Verarbeitung der aufgenommenen Daten erforderlich. Es war bereits früh klar, dass hierzu dem Grid-Ansatz gefolgt werden muss, d.h. die Rechenleistung vieler Rechner wird vereint und von den Nutzern, die die sogenannte „Virtuelle Organisation" bilden, verwendet. Diese senden ihre Aufgaben über eine sogenannte „Middleware", sodass sie die physikalische Struktur des Rechnerverbundes nicht wahrnehmen. Die Aufgaben werden an die Orte verteilt, an denen die notwendigen Ressourcen zur Verfügung stehen. Eine kurze Beschreibung des Grid-Gedankens findet sich in Ref. [Cer01], eine Beschreibung der Realisation bei Atlas in Ref. [Jon03].

Bei Atlas wird das Grid durch ein hierarchisch aufgebautes Netz sogenannter Tier[1]-Zentren realisiert. Zuoberst in diesem Netz liefert der Ereignisfilter des Atlas-Detektors Rohdaten an das Tier-0-Zentrum, das sich am CERN befindet. Die Rohdaten werden dort archiviert und eine erste Aufbereitung, die sogenannte Rekonstruktion, wird vorgenommen. Dabei werden physikalische Objekte wie Spuren und Cluster gebildet. Der entstehende Datensatz wird als ESD[2] an die Tier-1-Zentren auf der ganzen Welt verteilt, eine Kopie der Rohdaten wird auf die Tier-1-Zentren aufgeteilt.

In den Tier-1-Zentren finden in bestimmten Intervallen erneute Rekonstruktionzyklen statt. Aus den ESDs werden die AODs[3] produziert, in denen die für Analysen verwendeten rekonstruierten Objekte gespeichert sind. Aus den AODs werden abgeleitete Datensätze extrahiert. Diese enthalten nur die für bestimmte Analysen benötigten rekonstruierten Objekte. Teilweise durchlaufen diese Datensätze bereits einfache Selektionen. Die abgeleiteten Datensätze heißen DPDs[4].

Zur Analyse werden die DPDs zu Tier-2-Zentren kopiert. Diese stellen die Rechenleistung zur Verfügung, um Analysen auf den Daten durchzuführen. Außerdem wird die Produktion von Monte-Carlo-Simulationen vorgenommen, auf die in Abschnitt 6.2 eingegangen wird. Zur Analyse können ausgewählte Daten in lokale Tier-3-Zentren kopiert werden. Ein solches Zentrum stellt das zur vorliegenden Analyse weitgehend verwendete *maigrid* in Mainz dar.

---

[1] Tier steht im Englischen für eine Ebene.
[2] „Event Summary Data". Die Rohdaten werden in einer objektorientierten Version gespeichert. Abgesehen von der teilweisen Kalibration bleiben die Informationen aus den Rohdaten verfügbar.
[3] „Analysis Object Data".
[4] „Derived Physics Data".

6.1. Infrastruktur der Datenanalyse bei Atlas

Die Daten sind jeweils in Ereignisse aufgeteilt, bei denen es zu einer Strahlkreuzung kam. Diese Ereignisse sind wiederum zusammengefasst in Luminositätsblöcke. Ein Luminositätsblock hat eine Länge von etwa 120 s und ist das Zeitintervall, das für die Berechnung der Luminosität ausschlaggebend ist. Die übergeordnete Einheit ist der Lauf. Ein Lauf beinhaltet die Luminositätsblocks von einer Füllung des LHC. Läufe werden wiederum zu Laufperioden zusammengefasst. Während der Läufe mit Protonen im Jahr 2010 wurden die Laufperioden A–I aufgezeichnet. Der Wechsel einer Laufperiode ist mit signifikanten Änderungen in den experimentellen Bedingungen verbunden. Die Struktur der Datennahme wird in Ref. [Aad11c] erklärt.

6.1.2. Atlas Analyse-Software

Der Idee des Grid-Konzeptes folgend, wird zur Datenanalyse bei Atlas üblicherweise ein Datensatz angegeben, nicht aber dessen physikalischer Ort auf einem der Tier-Zentren. Die Datenanalyse wird dort ausgeführt, wo der Datensatz tatsächlich physikalisch zu finden ist und das Resultat kann von dort abgefragt werden.

Zur Realisation dieses Konzeptes für den Anwender wird bei Atlas üblicherweise ATHENA [Cal05] verwendet. ATHENA bildet einen stabilen Grundrahmen, der die Funktionen liefert, um austauschbare modulare Komponenten zu verwenden. Damit besitzt es die Flexibilität, über die Laufzeit des Atlas-Detektors an die Bedürfnisse angepasst zu werden. Es liefert z.B. die Module, Analysen durchzuführen und Monte-Carlo-Simulationen zu generieren. Ein Modul zur Einbindung der „Middleware" erlaubt es, diese Prozesse auf dem Grid durchzuführen. Von ATHENA gibt es unterschiedliche Ausgaben. Die aktuelle Ausgabe ist Release 16, die in der vorliegenden Arbeit verwendeten Daten wurden mit Release 15 rekonstruiert, einige der älteren MC-Simulationen mit Release 14.

Für die in Kapitel 11 und in Abschnitt 10.2 verwendeten Datensätze wurden Ereignisse selektiert, in denen mindestens zwei rekonstruierte Elektronen mit rekonstruierten Energien von mindestens $E_T > 3\,\text{GeV}$ gefunden wurden. Zusätzlich wurde gefordert, dass mindestens ein Elektron im Ereignis der in Abschnitt 7.5 erklärten *loose*-Selektion genügte. Das Ableiten der Daten wurde von Ref. [Koe11] durchgeführt. Dabei wurden Daten verwendet, die mit ATHENA in Release 15 rekonstruiert worden waren.

Die eigentliche Analyse wurde mit dem Programmpaket ROOT [Bru97] durchgeführt. ROOT liefert einen Rahmen zum Speichern und Verwalten von Daten und deren statistischer Auswertung mit Hilfe der Programmiersprache C++[5]. Dabei

---

[5]C++ ist eine standardisierte höhere Programmiersprache. Sie ist prozedural aufgebaut und unterstützt objektorientiertes Programmieren.

6. Ereignisrekonstruktion

wird ein objektorientierter Ansatz gewählt. Insbesondere liefert `ROOT` die Möglichkeit, Daten histogrammiert darzustellen. Zur Darstellung von „Kommazahlen" musste bei der Erstellung von Histogrammen der angelsächsischen Konvention gefolgt werden. Bei der Darstellung reeller Zahlen in Histogrammen wurde der Dezimalpunkt verwendet.

Innerhalb von `ROOT` werden zwei Programmpakete verwendet. `RooFit` stellt Methoden zur Verfügung, um einige kompliziertere Fits durchzuführen und ist in Ref. [Ver03] beschrieben. Dabei werden Likelihood- oder χ^2-Methoden verwendet.

Zur Entkopplung von Verteilungen mit Beiträgen aus unterschiedlichen Kanälen kann die $_s\mathcal{P}$ lot-Methode [Piv05] verwendet werden. Dabei wird ein Satz von diskriminierenden Variablen mit bekannten Verteilungen in den beitragenden Kanälen verwendet. Mit Hilfe einer Likelihood-Minimierung werden die Verteilungen für einen Satz von Kontrollvariablen für die beitragenden Kanäle entkoppelt. Voraussetzung dafür ist, dass es keine Korrelationen zwischen Kontrollvariablen und diskriminierenden Variablen gibt.

Die Entkopplung geschieht dabei in zwei Schritten. Durch Minimierung der Log-Likelihood-Funktion

$$\mathtt{L} = \sum_{j}^{N} \ln \left(\sum_{i}^{N_K} \mathtt{f}_i(\mathtt{y}_j) \, \mathtt{N}_i \right) - \sum_{i}^{N_K} \mathtt{N}_i \tag{6.1}$$

werden zunächst unter Nutzung der bekannten Verteilungen $\mathtt{f}_i$ des Satzes von diskriminierenden Variablen $\mathtt{y}_j$ die Ereigniszahlen $\mathtt{N}_i$ der $\mathtt{N}_K$ beitragenden Kanäle unter Nutzung der Gesamtzahl $\mathtt{N}$ der zur Verfügung stehenden Ereignisse bestimmt.

Kenntnis der Ereigniszahlen erlaubt es, die Verteilung für jeden Kanal $\mathtt{n}$

$$\mathtt{P}_n = \frac{\mathtt{N}_n \mathtt{f}_n(\mathtt{y}_j)}{\sum_{m=1}^{N_K} \mathtt{N}_m \mathtt{f}_m(\mathtt{y}_j)} \tag{6.2}$$

durch Gewichtung in Abhängigkeit von den diskriminierenden Variablen anzugeben. Für Kontrollvariablen $\mathtt{x}_j$, die sich als Funktion der diskriminierenden Variablen ausdrücken lassen, können anschaulich gemittelte Werte $\mathtt{M}(\bar{\mathtt{x}})$ der Kontrollvariablen $\mathtt{x}_j$ in Intervallen mit Breiten $\delta\mathtt{x}$ und Zentren $\bar{\mathtt{x}}$ durch Summation

$$\mathtt{N}_n \mathtt{M}_n(\bar{\mathtt{x}}) \, \delta\mathtt{x} = \sum_{x_j \in (\bar{x} \pm x/\,2)} \mathtt{P}_n \tag{6.3}$$

über die Ereignisse $x_j \in (\bar{x} \pm \delta x/2)$ gewonnen werden, deren Werte im Intervall liegen. Wird statt der Summation eine Integration verwendet, so können kontinuierliche Verteilungen berechnet werden.

Im Fall unkorrelierter Kontrollvariablen wird für die Verteilung jedes Kanals das Gewicht

$$_sP_n(y_j) = \frac{\sum\limits_{l=1}^{N_K} \mathbf{V}_{nl} f_l(y_j)}{\sum\limits_{m=1}^{N_K} N_m f_m(y_j)} \qquad (6.4)$$

verwendet. Unter Nutzung der Kovarianzmatrix

$$\mathbf{V}_{ip}^{-1} = \frac{\partial^2 L}{\partial N_i \partial N_p} = \sum_j^N \frac{f_i(y_j) f_p(y_j)}{\sum\limits_{o=1}^{N_K} N_o f_o(y_j)} \qquad (6.5)$$

der minimierten Log-Likelihood-Funktion können mit dem bekannten Zusammenhang

$$N_n \, _sM_n(\bar{x}) \, \delta x = \sum_{x_j \in (\bar{x} \pm x/\ 2)} \, _sP_n \qquad (6.6)$$

die korrekten Mittel $_sM_n(\bar{x})$ der Verteilungen der Kontrollvariablen bestimmt werden.

6.2. Monte-Carlo-Simulationen

In der Hochenergiephysik werden Monte-Carlo-Simulationen (MC) zu unterschiedlichen Zwecken verwendet. Während die Optimierung des Ansprechverhaltens geplanter Detektoren in der vorliegenden Arbeit nicht mehr durchgeführt wurde, wird auf andere Hauptanwendungsgebiete noch näher eingegangen werden. Darunter sind die Abschätzung von Raten und damit der erwarteten Statistik von Zerfällen, wie in Abschnitt 8.3.2 zu finden. Die Optimierung von Analysen anhand des Verhältnisses von Signal zu Untergrund wird in Abschnitt 7.7 behandelt. Die Bestimmung von Detektorakzeptanzen für Zerfallskanäle ist zur Messung realer Physiksignale notwendig und wird in Abschnitt 11.3 verwendet. Der Vergleich vorgefundener Verteilungen in den Daten mit Erwartungen aus der Theorie wird insbesondere in den Abschnitten 10.1.3 und 10.2.3 durchgeführt. Dazu werden unterschiedliche Sätze von Simulationen für die erwarteten Signalkanäle und für die Untergrundkanäle verwendet, die in Abschnitt 6.2.3 vorgestellt werden.

6. Ereignisrekonstruktion

MC-Simulationen werden in mehreren Schritten durchgeführt. Der erste Schritt ist die Generation des zugrundeliegenden physikalischen Prozesses. In einem zweiten Schritt wird der Durchgang der im Prozess generierten Teilchen durch den Detektor und dessen Antwort simuliert. Der dritte Schritt ist die Rekonstruktion der Ereignisse. Diese geschieht analog zur Rekonstruktion von Ereignissen in Daten.

Zur Generation von Teilchenkollisionen gibt es unterschiedliche Generatoren. Ein kurzer Überblick über diese Generatoren findet sich in Ref. [Buc11]. Die in der vorliegenden Analyse verwendeten Daten wurden mit PYTHIA generiert. Eine kurze Beschreibung zur MC-Generation mit PYTHIA wird in Abschnitt 6.2.1 gegeben. Zur Generation des Atlas-Detektors wird GEANT4 verwendet. Der Simulationszyklus ist in Abschnitt 6.2.2 beschrieben. MC-Simulationen bei Atlas werden zentral produziert und stehen nach der Produktion der gesamten Kollaboration zur Verfügung. Entsprechend folgen die verwendeten Sätze von MC-Simulation zentralen Vorgaben. Eine Beschreibung der verwendeten MC-Simulationen wird in Abschnitt 6.2.3 gegeben.

6.2.1. Monte-Carlo-Generation auf (N)LO-Ebene

Das Programm PYTHIA existiert in zwei Zweigen. Im in Ref. [Sjo08] beschriebenen Zweig wurde versucht, eine Implementation in C++ vorzunehmen. Dieser Zweig beinhaltet aber noch nicht die volle Funktionalität. Die verwendete Version wurde in Ref. [Sjo06] beschrieben und ist in FORTRAN[6] realisiert.

Bei der Generation werden die unterschiedlichen möglichen Prozesse berücksichtigt. Neben dem eigentlich zu generierenden Zerfall müssen die in Abschnitt 2.2.3 erwähnten Prozesse höherer Ordnung einfließen.

Bei der Generation der aus einem Zerfall entstehenden Zerfallskette muss die Faktorisierbarkeit ausgenutzt werden. Anstatt die gesamte Zerfallskette zu erzeugen, wird ein einzelner Schritt in der Kette mit den entstehenden Tochterteilchen erzeugt. Es folgt die Betrachtung der Tochterteilchen und eventuell weiterer ablaufender Prozesse. Bei Beiträgen höherer Ordnung muss dabei approximativ vorgegangen werden. Nicht-triviale Beiträge können teilweise nicht implementiert werden.

Der übliche Ablauf der Generation der in Abschnitt 2.2 beschriebenen Kollision von Protonen mit PYTHIA wird im Folgenden kurz beschrieben. Zu Beginn eines Ereignisses steht ein generierter harter Prozess. Die Generierung erfolgt unter

---

[6]FORTRAN ist die wohl erste realisierte höhere Programmiersprache. Sie ist prozedural aufgebaut.

6.2. Monte-Carlo-Simulationen

Berücksichtigung der Partonverteilungsfunktionen und unter Einbeziehung von Abstrahlungseekten aus dem initialen oder dem finalen Zustand. Die Wechselwirkung der Strahlreste und mögliche multiple Interaktionen werden simuliert. Abschließend werden die entstandenen Teilchen zu Hadronen zusammengefasst und es wird geprüft, ob gebildete instabilen Hadronen zerfallen.

Die Generation von MC-Simulationen in PYTHIA findet in führender Ordnung statt. Durch die zusätzliche Berücksichtigung von Abstrahlungseekten im initialen und im finalen Zustand wird versucht, die wichtigsten Prozesse in nächst-zu-führender Ordnung (NLO[7]) approximativ zu berücksichtigen. Radiative QED-Eekte werden durch Anwendung des Programmpaketes PHOTOS [Bar93] in Näherung berücksichtigt.

Zur Anwendung von PYTHIA ist vorgesehen, dass Programmblöcke von einem Programm auf einer „höheren" Ebene aufgerufen werden. Dadurch lässt sich PYTHIA gut als Modul von ATHENA verwenden. PYTHIA verwendet eine große Anzahl an möglichen Schaltern und standardisierten Einstellungen. Diese können bei Bedarf überschrieben werden. Mit Schaltern kann beispielsweise die Generation bestimmter Zerfälle erzwungen werden, durch Überschreiben bestimmter Einstellungen kann die Generation auf einen kinematischen Bereich eingeschränkt werden.

6.2.2. Simulation des Detektors

Die im letzten Abschnitt beschriebene Generierung physikalischer Prozesse ist detektorunabhängig. In einem weiteren Schritt muss die Simulation des Detektors vorgenommen werden. Dazu wird das Programmpaket GEANT4 verwendet, das über ATHENA in die Simulationsumgebung von Atlas eingebunden ist. GEANT4 ist in Ref. [Ago03] beschrieben, die Simulationsumgebung bei Atlas in Ref. [Aad10f].

GEANT4 ist ein Programmpaket zur Simulation des Teilchendurchgangs durch Materie. Es wird ein Modell eines Systems, hier des Atlas-Detektors, vorgegeben. Teilchen werden in kleinen Schritten durch den Detektor bewegt, und ihre Wechselwirkung mit dem Detektor wird simuliert. Anhand der verwendeten Materialien und der externen magnetischen Felder wird die Spur bestimmt, der die einzelnen Teilchen folgen. Eventuell bei der Propagation entstehende Teilchen werden ebenfalls propagiert.

---

[7]Nächst-zu-führender Ordnung ist die Übersetzung des englischen Ausdruckes „Next to Leading Order".

6. Ereignisrekonstruktion

Für definierte sensitive Detektorbereiche wird im Prozess der Digitalisierung die Antwort bestimmt. Dabei werden bekannte Eekte wie Kalibration, tote Kanäle und Ausrichtungsfehler berücksichtigt. Dem Datenformat, das bei der Auslese des Atlas-Detektors Verwendung findet, werden die aus der Generierung bekannten Teilcheninformationen zugefügt. Das sonst gleiche Datenformat erlaubt es, die Trigger- und Rekonstruktionspakete zu durchlaufen, die auch für Daten verwendet werden.

Während die Rechenzeit zur Generierung physikalischer Prozesse vergleichsweise schnell ist, kann die Detektorsimulation eines einzelnen Ereignisses einige Minuten in Anspruch nehmen. Für einige schnelle Tests werden deswegen generierte Informationen verwendet. Die für größere Produktionen notwendige Rechenzeit macht eine zentrale Verwaltung erforderlich.

6.2.3. MC-Samples und Produktion von Charmoniumzerfällen

In diesem Abschnitt werden die im Verlauf der vorliegenden Arbeit verwendeten Sätze von MC-Simulationen vorgestellt. Neben den MC-Simulationen für die Signalzerfälle $J/\psi \to e^+e^-$ und $Z \to e^+e^-$ werden Simulationen für die Untergrundzerfälle benötigt. Es werden Sätze von Untergrundsimulationen aus starken Zerfällen und aus Drell-Yan-Prozessen verwendet. Die verwendeten Sätze von MC-Simulationen sind in Tab. 6.1 aufgelistet. Bei der Produktion der unterschiedlichen Simulationen wurden im Lauf der Zeit unterschiedliche Messungen vorgenommen, um zunehmend bessere Übereinstimmung mit angestellten Beobachtungen zu erreichen.

In der Anpassung MC08 [Mor09] wurden die Einstellungsparameter für die Produktion von MC-Simulationen mit PYTHIA angepasst. Verteilungen der MC-Simulationen wurden den in Daten der Experimente DØ und CDF gemessenen und publizierten Verteilungen angepasst. Insbesondere wurden Verteilungen der Teile der Ereignisse, die durch Abstrahlungseekte und Protonreste verursacht wurden, betrachtet. Die Anpassung MC08 wurde bei der Produktion der Datensätze A x verwendet. Dabei wurde ATHENA in Release 14 verwendet.

Bei der Produktion der Sätze B x, C x und D x wurde die Anpassung MC09 [Aad10a] verwendet. Neben weiterer Anpassungen von Parametern zur Produktion in PYTHIA wurde ein Satz optimierter Partondichtefunktionen [She07] in führender Ordnung verwendet. Das geschah unter Verwendung von ATHENA in Release 15.

6.2. Monte-Carlo-Simulationen

Nomenklatur	Zerfallstyp	$\sqrt{s}$	N_{gen}	· Filter	Filter	Lauf	I_{PYTHIA}
$A1$	$J/\psi \to e^+e^-$	10 TeV	$108 \cdot 10^3$	260 µb ·3,07%	SL	105755	421 – 439
$A2$	$J/\psi \to e^+e^-$	10 TeV	$500 \cdot 10^3$	260 µb ·2,72%	ML	105751	421 – 439
$A3$	$Z \to e^+e^-$	10 TeV	$414 \cdot 10^3$	1,133 nb ·96 %	SLZ	106050	n.a.
$A4$	QCD-Untergrund	10 TeV	$4,95 \cdot 10^6$	1,459 mb ·7,5%	JF17	105802	n.a.
$A5$	$J/\psi \to e^+e^-$	10 TeV	$503 \cdot 10^3$	105 nb ·3,07%	SL	105755	421 – 439
$B1$	Drell-Yan	900 GeV	9998605	34,4 mb ·1	n.a.	105001	n.a.
$C1$	$J/\psi \to e^+e^-$	7 TeV	n.a.	n.a.	RD	105730	421 – 430
$C2$	Drell-Yan	7 TeV	n.a.	n.a.	RD	105001	n.a.
$C3$	$J/\psi \to e^+e^-$	7 TeV	n.a.	n.a.	SL	105730	421 – 430
$D1$	$J/\psi \to e^+e^-$	7 TeV	899109	247 µb ·6,68‰	ML	105734	421 – 430
$D2$	$J/\psi \to e^+e^-$	7 TeV	190000	247 µb ·1	n.a.	105738	421 – 430
$D3$	$\chi_{c0} \to J/\psi$	7 TeV	99881	851 µb ·4,72‰	ML	105735	431, 434, 437
$D4$	$\chi_{c0} \to J/\psi$	7 TeV	49944	853 µb ·14,0%	SL	105731	431, 434, 437
$D5$	$\chi_{c1} \to J/\psi$	7 TeV	299970	246 µb ·9,83‰	ML	105736	432, 435, 438
$D6$	$\chi_{c1} \to J/\psi$	7 TeV	149988	246 µb ·19,8‰	SL	105732	432, 435, 438
$D7$	$\chi_{c2} \to J/\psi$	7 TeV	698975	964 µb ·4,79‰	ML	105737	433, 436, 439
$D8$	$\chi_{c2} \to J/\psi$	7 TeV	349776	963 µb ·13,9%	SL	105733	433, 436, 439
$D9$	$b\bar{b} \to J/\psi X$	7 TeV	498842	359,8 nb	SL(2)	108334	n.a.

Tabelle 6.1.: *Verwendete Samples von MC-Simulationen. Der Schalter* I_{Pythia} *repräsentiert die in Tab. 6.3 aufgelisteten Beiträge aus Farb-Singulett- und Farb-Oktett-Modell. Eine Beschreibung der angewandten Filter findet sich im Text. Bei Kanälen, in denen ein* J/ψ-*Meson erzeugt wird, wird ein zusätzlicher Zerfall* J/$\psi \to$ e$^+$e$^-$ *in Elektronenpaare erzwungen.*

6. Ereignisrekonstruktion

Bei der Produktion der unterschiedlichen Sätze von MC-Simulationen wurden unterschiedliche Filter verwendet. Die Abkürzung „SL" beschreibt den Einzellepton[8]-Filter. Bei der Generation wird das Vorhandensein von mindestens einem Elektron gefordert, das innerhalb eines Bereiches der Pseudorapidität von $|\eta| < 2{,}7$ liegt und über einen transversalen Impuls von mindestens $p_T > 3\,\text{GeV}$ verfügt. Beim Einzellepton-Filter SL(2) muss der Transversalimpuls einen Wert von nur $p_T > 2\,\text{GeV}$ überschreiten. Beim Multileptonfilter „ML" werden zwei Elektronen gefordert. Beide müssen den Anforderungen genügen, die beim SL-Filter für ein Elektron gefordert werden. Der Filter „RD" ist an die in Abschnitt 10.2 verwendete Selektion angepasst. Zur Reduzierung der Datenmenge wurde ein Satz von asymmetrischen Schnitten für das Elektronenpaar gefordert.

Wird in PYTHIA ein Zerfall erzwungen, so wird das Verzweigungsverhältnis auf 1 gesetzt. Für die Wirkungsquerschnitte der Beiträge zum Zerfall $J/\psi \to e^+e^-$ erfolgt noch eine entsprechende Betrachtung. Um den letztlichen Wirkungsquerschnitt eines erzwungenen Zerfalles zu erhalten, müssen die entsprechenden in Tab. 6.2 angegebenen Verzweigungsverhältnisse berücksichtigt werden.

Zerfall	Verzweigungsverhältnis BR [%]
$J/\psi \to e^+e^-$	5,94 ± 0,06
$\chi_{c0} \to J/\psi\gamma$	1,16 ± 0,08
$\chi_{c1} \to J/\psi\gamma$	34,4 ± 1,5
$\chi_{c2} \to J/\psi\gamma$	19,5 ± 0,8

Tabelle 6.2.: *Verzweigungsverhältnisse der relevanten Zerfälle. [Nak10]*

Untergrund aus QCD-Zerfällen

Die MC-Simulationen, die den Untergrund aus starken Zerfällen beschreiben, werden im Atlas-Jargon als „JF17"[9] bezeichnet. Für diese Simulationen werden die PYTHIA-Einstellungen so gewählt, dass Jets aus starken Zerfällen erzeugt werden. Für einen führenden Jet innerhalb von einer Pseudorapidität von $|\eta| < 2{,}7$ wird ein transversaler Impuls von mindestens $p_T > 17\,\text{GeV}$ gefordert.

---

[8] „Single-Lepton"-Filter.
[9] JF ist die Abkürzung für den englischen Begri „Jet Filter".

6.2. Monte-Carlo-Simulationen

Abstrahlungseekte und Fragmentation der Protonreste in den Sätzen von MC-Simulationen beschreiben den Untergrund aus QCD-Prozessen.

Untergrund aus Drell-Yan-Prozessen

Bei der Generierung von Prozessen bei niedrigem Transversalimpuls werden mit PYTHIA Beiträge unterschiedliche Kanäle von Partonstreuungen in niedrigster Ordnung betrachtet und nach ihrem Wirkungsquerschnitt kombiniert. Für kleine Transversalimpulse würde es zu Divergenzen kommen. Deswegen werden phänomenologische Modelle angewandt. Diese Modelle beschreiben die Streuung zwischen Partonen, ihre Verteilungen, Streuungen mit dem Protonrest und Verbindung von paarweise erzeugten Farbladungen [Aad10b].

Signal aus Zerfällen des Z-Bosons

Im Falle der verwendeten MC-Simulationen für den Zerfall $Z \to e^+e^-$ wurde in PYTHIA der Prozess $pp \to Z/\gamma^* + X \to e^+e^- + X$ generiert. Bei der Generierung wurde der SLZ-Filter gefordert. Zur Unterdrückung des Kanals mit dem virtuellen Photon wurde verlangt, dass das erzeugte Teilchen eine invariante Masse von zumindest $m_{Z/*} > 60\,\text{GeV}$ besitzt. Eines der Elektronen musste eine Pseudorapidität von weniger als $|\eta| < 2{,}7$ aufweisen.

Signal aus Zerfällen des Charmoniums

Bei der Simulation von Zerfällen $J/\psi \to e^+e^-$ bei Atlas werden Beiträge aus den in Abschnitt 3.2.5 beschriebenen Kanälen im Farb-Singulett- und im Farb-Oktett-Modell mit PYTHIA generiert. Die dabei möglichen Prozesse sind in Tab. 6.3 aufgelistet und in Beiträge aus dem Farb-Singulett- und Beiträge aus dem Farb-Oktett-Modell unterteilt. I_{PYTHIA} ist der Schalter, mit dem der entsprechende Zerfallskanal in PYTHIA ausgewählt wird. Eine Zusammenfassung der Kanäle findet sich in Ref. [Etz07]. Die freien Parameter der langreichweitigen NRQCD-Matrizen wurden Messungen am Tevatron entnommen. Für Zerfälle $\psi \to J/\psi X$ gibt es in PYTHIA keine Matrixelemente des Farb-Oktett-Modells. Mögliche Beiträge aus diesen Kanälen werden nicht berücksichtigt.

Bei der Generation wurde jeweils der Zerfall des J/ψ in ein Elektronenpaar e^+e^- erzwungen. Das Verzweigungsverhältnis dieses Zerfalles wurde bei der Produktion auf 1 gesetzt und muss bei der Rechnung mit Produktionswirkungsquerschnitten berücksichtigt werden. Werden nicht-direkte Kanäle $\chi_{cJ} \to J/\psi\gamma$ betrachtet, so gilt das gleiche für das Verzweigungsverhältnis $BR\,(\chi_{cJ} \to J/\psi\gamma) \overset{!}{=} 1$.

6. Ereignisrekonstruktion

Produktion	$\mathrm{I_{PYTHIA}}$	Unterprozess	
J/ψ	421	$gg \to c\bar{c}\left[^3S_1\right] + g$	CSM
J/ψ	422	$gg \to c\bar{c}\left[^3S_1\right] + g$	
η_c	423	$gg \to c\bar{c}\left[^1S_0\right] + g$	
χ_{cJ}	424	$gg \to c\bar{c}\left[^3P_J\right] + g$	
J/ψ	425	$gq \to q + c\bar{c}\left[^3S_1\right]$	
η_c	426	$gq \to q + c\bar{c}\left[^1S_0\right]$	COM
χ_{cJ}	427	$gq \to q + c\bar{c}\left[^3P_J\right]$	
J/ψ	428	$q\bar{q} \to c\bar{c}\left[^3S_1\right] + g$	
η_c	429	$q\bar{q} \to c\bar{c}\left[^1S_0\right] + g$	
χ_{cJ}	430	$q\bar{q} \to c\bar{c}\left[^3P_J\right] + g$	
χ_{c0}	431	$gg \to c\bar{c}\left[^3P_0\right] + g$	
χ_{c1}	432	$gg \to c\bar{c}\left[^3P_1\right] + g$	
χ_{c2}	433	$gg \to c\bar{c}\left[^3P_2\right] + g$	
χ_{c0}	434	$gq \to q + c\bar{c}\left[^3P_0\right]$	
χ_{c1}	435	$gq \to q + c\bar{c}\left[^3P_1\right]$	CSM
χ_{c2}	436	$gq \to q + c\bar{c}\left[^3P_2\right]$	
χ_{c0}	437	$q\bar{q} \to c\bar{c}\left[^3P_0\right] + g$	
χ_{c1}	438	$q\bar{q} \to c\bar{c}\left[^3P_1\right] + g$	
χ_{c2}	439	$q\bar{q} \to c\bar{c}\left[^3P_2\right] + g$	

Tabelle 6.3.: *Mit* PYTHIA *generierbare prompte Beiträge zur Produktion des J/ψ im Farb-Singulett-Modell CSM und im Farb-Oktett-Modell COM.*

6.2. Monte-Carlo-Simulationen

Für die zusammengesetzten Läufe A 1 und A 2 berechnet sich der Wirkungsquerschnitt deswegen aus den Gewichten der beitragenden Kanäle auf Generatorebene. Anwendung der Verzweigungsverhältnisse und der Gewichte der Kanäle bei der Produktion, die in Ref. [Rob10] gemessen wurden, ergibt für Kanal A 2 den Wirkungsquerschnitt $\sigma_{A2} = 105$ nb. In Messungen mit einem nicht aufgelisteten Satz von ungefilterten MC-Simulationen wurde für das Verhältnis der Akzeptanzen zwischen Kanal A 1 und A 2 das Verhältnis $A_{A1}/A_{A2} = 1{,}13$ gefunden. Entsprechend wird für den Wirkungsquerschnitt von Kanal A 1 der Wert $\sigma_{A1} = 119$ nb berechnet.

7. Rekonstruktion und Identifikation von niederenergetischen Elektronen im Vorwärtsbereich

Zur Suche nach dem Zerfall $J/\psi \to e^+e^-$ werden Elektronenpaaren selektiert. In diesem Kapitel soll vermittelt werden, wie die Selektion einzelner Elektronen bei Atlas vor sich geht.

Der erste Schritt ist dabei die *Rekonstruktion* von Elektronen. Dazu werden Spuren aus den Spurpunkten des Inneren Detektors (s. Abschnitt 7.1) und *Cluster*[1] aus den Zellen der Kalorimeter (s. Abschnitt 7.3) gebildet. Wie diese beiden Strukturen dann zu Elektronenkandidaten kombiniert werden, wird in Abschnitt 7.4 beschrieben. Obgleich der Begri des Vertexes, des Punktes, an dem Teilchen erzeugt oder vernichtet werden, bereits in Abschnitt 7.1 verwendet wird, findet die Beschreibung der Rekonstruktion von Vertices aus Spuren erst in Abschnitt 7.2 statt.

Elektronenkandidaten enthalten Untergrund aus unterschiedlichen Prozessen, insbesondere in hohem Maße aus Jets. Ziel des zweiten Schrittes, der *Identifikation*, ist die Unterdrückung des Untergrundes. Dazu wird nach Unterschieden in den Signaturen von Elektronen und Untergrund gesucht. Diese Unterschiede werden dann genutzt, um bei möglichst geringem Verlust von Elektronen möglichst viel Untergrund zu verwerfen. Dabei müssen unterschiedliche Fälle untersucht werden.

Der Fall zentraler Elektronen ist am besten untersucht. Da Informationen aus dem Inneren Detektor verwendet werden können, ist die Identifikation am verlässlichsten. Dieser Fall soll in Abschnitt 7.5 vorgestellt werden. Der Fall der Identifikation im Vorwärtsbereich, bei der der Innere Detektor nicht genutzt werden kann,

---

[1]Ein *Cluster* bezeichnet eine Anhäufung oder einen Klumpen.

7. Rekonstruktion und Identifikation von Elektronen

wird in Abschnitt 7.6 vorgestellt. Insbesondere werden in Abschnitt 7.7 Studien zur Identifikation niederenergetischer Elektronen im Vorwärtsbereich präsentiert.

7.1. Spurrekonstruktion

Das Ziel der Spurrekonstruktion ist es, den Pfad eines Teilchens im Inneren Detektor –für den hier nicht betrachteten Fall von Myonen außerdem im Myonspektrometer– zu rekonstruieren. Das geschieht in drei Schritten, die in Ref. [Aad09a] angerissen und in Ref. [Cor07] näher beschrieben sind und auf die im Folgenden eingegangen werden soll.

Im ersten Schritt werden in den Rohdaten aus den Siliziumdetektoren Spurpunkte gesucht. Im Fall des Pixeldetektors werden die Treer direkt in dreidimensionale Spurpunkte umgewandelt. Im Zentralbereich $|\eta| < 2{,}5$ werden bis zu 3 Spurpunkte hoher Präzision pro durchgehendem Teilchen erzeugt. Um die Rohdaten des Siliziumstreifenzählers in dreidimensionale Spurpunkte umzuwandeln, müssen die Treer aus jeweils zwei Lagen unter Einbeziehung des Stereowinkels verwendet werden. Der Siliziumstreifenzähler ist darauf ausgelegt, bis zu 4 Spurpunkte pro durchgehendem Teilchen zu rekonstruieren.

Der zweite Schritt ist die Rekonstruktion von Ausgangsvektoren von Spuren. Diese werden aus den in den Pixeldetektoren gefundenen Spurpunkten gesucht, indem der Vertex[2] von jeweils zwei Spurpunkten des Pixeldetektors mit einer schnellen Vertexrekonstruktion bestimmt wird. Von dem Primärvertex ausgehend wird versucht, die gefundenen Ausgangsvektoren um einen dritten Spurpunkt aus den Siliziumdetektoren zu erweitern.

Der Richtung der Ausgangsvektoren folgend wird in einem dritten Schritt in den Siliziumdetektoren nach Spurkandidaten gesucht. Mittels eines Kalman-Filters[3] werden aus den Clustern, die der Bildung der Spurpunkte zugrunde lagen, die wahrscheinlichsten Bahnen von Teilchen gefittet. Eine Erweiterung, die dynamische Rauschanpassung (DNA[4]), erlaubt es, Eekte durch Bremsstrahlung zu berücksichtigen. Der Anteil fehlerhaft rekonstruierter Kandidaten an den so gefundenen Kandidaten wird durch Anwendung eines Bewertungssystems verringert, in dem Treer in bestimmten Detektorschichten –bzw. deren Fehlen– mit

---

[2]Siehe folgender Abschnitt 7.2.
[3]Der Kalman-Filter wurde ursprünglich entwickelt, um die Trajektorie eines bewegten Flugobjektes anhand von fehlerbehafteten Radarmesspunkten zu rekonstruieren. Wie diese Methode angewandt werden kann um durch *Glättung* die Trajektorie von Teilchen anhand von fehlerbehafteten Messungen in unterschiedlichen Detektoren schrittweise herauszufiltern und den weiteren Verlauf zu *extrapolieren*, lässt sich z.B. Ref. [Frü87] entnehmen.
[4]„Dynamic Noise Adjustment".

unterschiedlichem Gewicht berücksichtigt werden. Doppelt zugeordnete Detektoreinträge werden iterativ den „besseren" Kandidaten zugeordnet. Durch die veränderte Zuordnung nicht mehr haltbare Spurkandidaten werden verworfen.

Wiederum wird der Richtung der Spurkandidaten gefolgt und passende Treer im Übergangsstrahlungsdetektor werden zugefügt. Die so entstandenen Spuren werden wieder einem Wertungssystem unterworfen; Treer, die die gefundene Spur verschlechtern werden als Ausreißer beim folgenden erneuten Fit der Spur nicht berücksichtigt. Zur Rekonstruktion von Elektronen wird der Kalman-Filter um einen Gauß'schen Summenfilter (GSF) erweitert, der Bremsstrahlungskorrekturen berücksichtigt.

Um auch Spuren zu finden, deren Produktionsvertex in transversaler Richtung außerhalb der Siliziumdetektoren liegt, gibt es außerdem die Möglichkeit, von außen kommend Spuren zu rekonstruieren.

7.2. Rekonstruktion von Vertices

Ein *Vertex* ist ein Kreuzungspunkt, an dem Teilchen miteinander koppeln. An einen Vertex koppeln eine Menge von ein- und eine Menge von auslaufenden Teilchen. Vertices müssen durch Fit aus den gefundenen Spuren rekonstruiert und die Spuren den Vertices korrekt zugeordnet werden.

Bei der Suche nach Vertices werden unterschiedliche Methoden verwendet. Im Allgemeinen wird nach einem Punkt $\vec{v}$ gesucht, aus dem n Spuren mit Impulsen $\vec{p}_i$ ausgehen. Durch diesen Punkt soll die vorgefundene Situation von im Magnetfeld abgelenkten Spuren $\vec{q}_i$ mit Fehlermatrizen W_i möglichst optimal beschrieben werden. Zur Lösung dieses Problems werden unterschiedliche Methoden der χ^2-Minimierung verwendet, z.B. Matrixmethoden [Bil92] mit der zugehörigen in Ref. [Kos92] beschriebenen Anwendung bei Atlas oder Kalman-Filter [Frü87], als sequentielle oder adaptive Vertexfitter bei Atlas angewandt [Aad09a].

Zum Finden von Primärvertices wurden in der ersten Datennahme unterschiedliche Methoden angewandt, wie in Ref. [Pro10] skizziert und in Ref. [Aad10e] beschrieben wird. Bei der Datennahme mit Schwerpunktsenergien von $\sqrt{s} =$ 900 GeV war die Wahrscheinlichkeit, mehr als einen Primärvertex zu finden, gering.

Zu den Spureigenschaften zählen der transversale und der longitudinale Stoßparameter d_0 und z_0. Beide werden im folgenden Schritt als Qualitätskriterium verwendet. Der transversale Stoßparameter ist in Abb. 7.1 gezeigt. Es handelt sich um den Abstand zwischen Spurprojektion und Primärvertex in der x-y-Ebene. Der longitudinale Stoßparameter ist das Analogon entlang der z-Achse. Die

7. Rekonstruktion und Identifikation von Elektronen

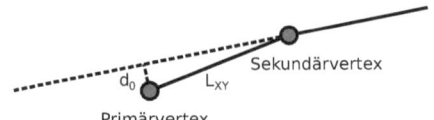

Abbildung 7.1.: *Schematische Darstellung des transversalen Stoßparameters d_0 in der x-y-Ebene, dem minimalen Abstand zwischen Spurprojektion und Primärvertex, und der transversalen Zerfallslänge L_{XY}, dem Abstand zwischen Primär- und Sekundärvertex.*

Stoßparameter sind ein Maß für den Abstand vom Sekundär- oder Zerfallsvertex eines Teilchens zum Primärvertex.

Zur Rekonstruktion des Primärvertexes werden Spuren vorselektiert. Diese Spuren müssen einen Transversalimpuls von mindestens $p_T > 150\,\text{MeV}$ haben. Dabei darf der transversale Stoßparameter maximal $|d_0| < 4\,\text{mm}$ betragen und muss mit einer Unsicherheit von höchstens $|\sigma(d_0)| < 0{,}9\,\text{mm}$ bestimmt worden sein. Die Unsicherheit des longitudinalen Stoßparameters durfte einen Wert von $\sigma(z_0) < 10\,\text{mm}$ nicht überschreiten. Die vorselektierten Spuren mussten zumindest $N_{SCT} \geq 4$ Treer im Siliziumstreifenzähler, $N_{Pix} \geq 1$ Treer im Pixeldetekor und $N_{SCT+Pix} > 6$ Treer in den Siliziumdetektoren aufweisen.

Aus den vorselektierten Spuren wurde mit einer Matrixmethode zur χ^2-Minimierung der Vertex bestimmt. Spuren, die nicht zum gefundenen Vertex passten, wurden aus dem Vertexfit entfernt. Das Kriterium war der Beitrag zum ermittelten Wert für χ^2 und es wurde mit der Spur mit dem höchsten Beitrag begonnen.

Bei der späteren Datennahme mit $\sqrt{s} = 7\,\text{TeV}$ war die Wahrscheinlichkeit dafür, dass durch *Pile-Up*[5] mehrere Primärvertices in einem Ereignis auftauchen, gegeben. Zur Vorselektion der Spuren wurde die Forderung an den Transversalimpuls auf $p_T > 100\,\text{MeV}$ abgesenkt. Mit einem Kalman-Filter wurde aus den Spuren der Primärvertex bestimmt. Waren Spuren mit mehr als 7σ unverträglich[6] zu den gefundenen Vertices, wurden sie aus der Rekonstruktion entfernt und iterativ dazu verwendet, einen weiteren Primärvertex zu bestimmen.

Nach der Vertexrekonstruktion und einer Suche nach Photonkonversionen kann bei Bedarf ein weiterer Schritt der im letzten Abschnitt beschriebenen Spurrekonstruktion durchgeführt werden, der Bremsstrahlungskorrekturen besser beschreibt.

---

[5] Als *Pile-Up* werden Beiträge bezeichnet, die nicht zum betrachteten Zerfall gehören. Das können Beiträge aus zusätzlichen Partonkollisionen oder durch Streuung des Protonrestes sein. Es kann sich aber auch um Beiträge aus früheren Kollisionen handeln.

[6] Zur Bestimmung der Verträglichkeit wird eine χ^2-Methode verwendet.

7.3. Clusterrekonstruktion

Bei der Energiemessung wird von jedem gestoppten Teilchen Energie in Form von Ladungen in den Kalorimetern deponiert. Die Energie in den einzelnen Zellen liefert einen Dreieckspuls. Nach der Pulsformung durch die vorverstärkende Elektronik ergibt sich das in Abb. 7.2 (a) gezeigte Signal. Die typische Länge des Signals von 400 ns ergibt sich durch typische Spaltbreiten von etwa 2 mm. Damit ist das Signal länger als das Intervall der Strahlkreuzungen von 25 ns, das in der Abbildung durch Punkte markiert wird. Die deponierte Energie wird durch Messung der Amplitude des geformten Signals bestimmt.

Die Deposition erfolgt in Teilchenschauern, die sich über mehrere Zellen erstrecken. Die Einträge der zusammenhängenden Zellen müssen als einem Schauer zugehörig erkannt werden. Die Anhäufungen zusammenhängender Energiedepositionen müssen sinnvoll zu Einheiten zusammengefasst werden. Diese Einheiten werden als *Cluster* bezeichnet.

Beim Finden dieser Cluster gibt es mehrere Probleme. Teilchenschauer können nahe beieinander liegen und sind nicht gleich groß. Entsprechend können Zellen nichtseparierbare Energien aus mehreren Schauern enthalten. Schauer können einen Teil ihrer Energie außerhalb des zu rekonstruierenden Clusters deponiert haben. Die Messung wird durch Rauschen beeinflusst, insbesondere durch Rauschen der Ausleseelektronik und mit ansteigender Luminosität durch Anhäufung von Zerfallsprodukten aus aufeinanderfolgenden Ereignissen. Auf die notwendige Energiekalibration wird erst später in Abschnitt 8.1 eingegangen.

Bei Atlas werden zwei Möglichkeiten zur Rekonstruktion von Clustern verwendet. Mit der *Sliding-Window*-Methode werden Cluster fester Größe rekonstruiert. Das wird in Abschnitt 7.3.1 näher erläutert. Bei Atlas werden die *Sliding-Window-Cluster* üblicherweise im Barrelbereich $|\eta| < 2{,}5$ benutzt. Im Vorwärtsbereich mit $|\eta| > 2{,}5$ werden sogenannte *topologische Cluster* verwendet. Die Rekonstruktion dieser Clustern, in denen Zellen in Abhängigkeit von ihrer Nachbarschaftsrelation mit variabler Größe gruppiert werden ist Thema von Abschnitt 7.3.2.

Zur Rekonstruktion niederenergetischer Energien entstand durch Kombination von Sliding-Window-Clustern und topologischen Clustern eine dritte Methode. Eine Beschreibung dieser *topo-initiierten Sliding-Window-Cluster* findet sich in Abschnitt 7.3.3.

7. Rekonstruktion und Identifikation von Elektronen

7.3.1. Clusterrekonstruktion mit der Sliding-Window-Methode

Bei Sliding-Window-Clustern unterscheidet man zwischen e/γ-Clustern und kombinierten Clustern. e/γ-Cluster enthalten ausschließlich die Informationen aus den elektromagnetischen Kalorimetern, bei kombinierten Clustern kommen die Informationen aus den hadronischen Kalorimetern hinzu. Da im Folgenden Elektronen betrachtet werden sollen, werden in diesem Abschnitt nur e/γ-Cluster behandelt; kombinierte Cluster werden für die Jetsuche und die Identifikation des τ-Leptons verwendet und finden im Rahmen der vorliegenden Arbeit keine Verwendung. Eine nähere Erklärung findet sich in Ref. [Lam08], mit teilweisen Ergänzungen von Neuerungen in Ref. [Aha10c].

Die Suche nach Sliding-Window-Clustern läuft in drei Schritten ab: der Summation der Zellen in einer η-ϕ-Matrix, der Suche nach Präclustern auf dieser Matrix und der Bildung von Clustern um die gefundenen Präcluster.

Um die Zellen in eine η-ϕ-Matrix zu unterteilen, werden die zentralen Kalorimeter in N = 200 Streifen in der Pseudorapidität und N = 256 Streifen im Azimutwinkel unterteilt, so dass jedes entstehende Element dieser Matrix eine feste Größe $\Delta \eta \times \Delta \phi = 0{,}025 \times 0{,}025$ hat. Diese Unterteilung ist an die Zellgröße in der Präzisionslage angepasst. Fallen in den anderen Lagen Zellen in mehrere Elemente, so werden die Energien nach Flächen gewichtet auf die Elemente aufgeteilt.

Zur Suche nach Präclustern läuft ein Fenster fester Größe N$^{\text{Fenster}} \times$ N$^{\text{Fenster}} = 3 \times 5$ über die gebildete Matrix. Die Transversalenergien der Elemente im Fenster werden unter Nutzung aller Lagen aufsummiert. Ist die entstehende Summe ein lokales Maximum[7] und übersteigt sie einen vorgegebenen Wert $E_T = E / \cosh(\eta) > 2{,}5$ GeV, so wird ein Präcluster gebildet. Dazu wird dessen Position berechnet, indem innerhalb des zentralen Fensters N$^{\text{Pos}} \times$ N$^{\text{Pos}} = 3 \times 3$ das energiegewichtete Baryzentrum ($\eta_{\text{Prä}}, \phi_{\text{Prä}}$) berechnet wird. Zur Illustration sind beide Fenster in Abb. 7.2 (b) skizziert. Abschließend werden Dopplungen ausgeschlossen: Ist der Abstand zweier Präcluster in η und in ϕ geringer als 0,05, so wird dasjenige mit der niedrigeren Transversalenergie verworfen.

Die eigentlichen Sliding-Window-Cluster werden gebildet, indem die Einträge der Zellen im Fenster N$^{\text{Cluster}} \times$ N^{Cluster} um das Baryzentrum für die einzelnen Detektorlagen aufsummiert werden. Die Größen N^{Cluster} und N^{Cluster} für das Kalorimeter unterscheiden sich für Barrel- und Endkappenbereich und können Tab. 7.1 entnommen werden.

---

[7]Das lokale Maximum wurde in Abschnitt 4.8.1 eingeführt.

7.3. Clusterrekonstruktion

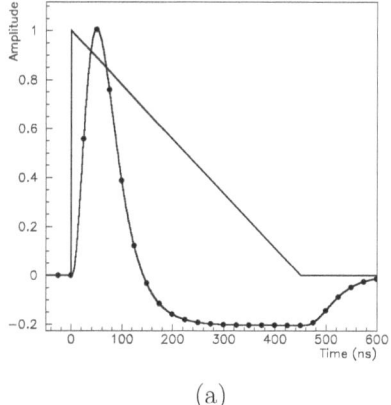 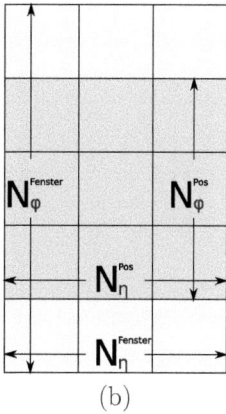

(a) (b)

Abbildung 7.2.: *Dreiecksförmiges Detektorsignal und geformtes Detektorsignal (Kurve mit Punkten) (a) [Abd96] und schematische Darstellung der Fenstergrößen zur Bildung der Präcluster in der η-ϕ-Matrix (b).*

Zur lagenweisen Summation wird in der mittleren Kalorimeterlage um den Punkt ($\eta_{\text{Prä}}$, $\phi_{\text{Prä}}$) begonnen. Aus dem gefundenen Cluster wird erneut das Baryzentrum (η_{mitte}, ϕ_{mitte}) berechnet und verwendet, um die Summation in der ersten Lage durchzuführen. Es muss beachtet werden, dass im Fall von $N^{\text{Cluster}} = 5$ die Fensterbreite variiert: ist ϕ_{mitte} nahe am Übergang zwischen zwei Streifen, so werden beide Streifen verwendet, liegt es in der Streifenmitte, so wird nur einer verwendet. Im Fall von $N^{\text{Cluster}} = 7$ werden jeweils 2 Streifen verwendet. Es wird wieder das Baryzentrum (η_{Streifen}, ϕ_{Streifen}) ausgerechnet. Unter Verwendung von (η_{Streifen}, ϕ_{Streifen}) als Ausgangspunkt wird mit analogem Vorgehen der Beitrag des *Präsamplers* berechnet und abschließend wieder unter Verwendung von dem Ausgangspunkt (η_{mitte}, ϕ_{mitte}) die Summation mit der Addition des Beitrages der hinteren Detektorlage zu Ende geführt.

7.3.2. Clusterrekonstruktion mit topologischen Clustern

Im Gegensatz zu den in Abschnitt 7.3.1 beschriebenen Sliding-Window-Clustern, haben topologische Cluster eine variable Größe. Damit wird der potentiell unterschiedlich großen Ausdehnung von Schauern Rechnung getragen. Die Rekonstruk-

7. Rekonstruktion und Identifikation von Elektronen

	$\left(\text{N}^{\text{Cluster}}_\eta \times \text{N}^{\text{Cluster}}_\phi\right)_{\text{Barrel}}$	$\left(\text{N}^{\text{Cluster}}_\eta \times \text{N}^{\text{Cluster}}_\phi\right)_{\text{Endkappe}}$
Elektronen	3×7	5×5
Konvertierte Photonen	3×7	5×5
Unkonvertierte Photonen	3×5	5×5

Tabelle 7.1.: *Clustergröße zur Rekonstruktion von Sliding-Window-Clustern in Barrel und Endkappe. Der größere zugelassene Bereich im Azimutwinkel ϕ für Elektronen im Barrelkalorimeter berücksichtigt die Ablenkung im Magnetfeld.*

tion dieser Cluster wird in Ref. [Lam08] erläutert, mit teilweisen Ergänzungen von Neuerungen in Ref. [Aha10c].

Die Suche nach topologischen Clustern beginnt mit der Suche nach Startzellen – nach Clusterzellen, bei denen ein bestimmtes Verhältnis von Signal zu Rauschen $t_{\text{start}} = E/\sigma$ überschritten wird. Für das Rauschen $\sigma = \sqrt{\sigma^2_{\text{Rauschen,Zelle}} + \sigma^2_{\text{pile-up}}}$ wird dabei die quadratische Summe von dem quadratischen Mittelwert des Rauschens der entsprechenden Zelle $\sigma_{\text{Rauschen,Zelle}}$ und von erwarteten Eekten aus Pile-Up $\sigma_{\text{pile-up}}$ eingesetzt, für das Signal E entweder die gemessene Zellenergie oder deren Betrag. Die so gefundenen Startzellen werden in eine Liste eingetragen.

Als Nächstes werden um die Startzellen Protocluster gebildet. Dazu werden die Nachbarzellen[8] der Startzellen nacheinander mit absteigendem Verhältnis von Signal zu Rauschen betrachtet. Als Signal wird dabei immer der Betrag der Energie angesehen. Ist die Nachbarzelle ebenfalls eine Startzelle, so werden beide Zellen zu einem Protocluster vereinigt und zusammen in die Liste der Startzellen eingetragen. Liegt das Signal-zu-Rauschen-Verhältnis noch immer über einem gewissen Wert t_{Nachbar}, so werden mehrere Fälle unterschieden. Grenzt die Nachbarzelle an ein weiteres Protocluster, so werden beide vereinigt. Andernfalls wird nur die Nachbarzelle in die Liste der Startzellen aufgenommen und dem Protocluster zugeschlagen. Bei einem geringeren Signal-zu-Rauschen-Verhältnis, das aber immer noch über t_{Zelle} liegt, wird die Zelle dem Protocluster zugeschlagen; damit wird sichergestellt, dass niederenergetische Ausläufer berücksichtigt werden. Grenzt ein weiteres Protocluster an, so wird sie nur demjenigen mit dem höheren Signal-zu-Rauschen-Verhältnis zugeschlagen.

---

[8]Nachbarzellen einer Zelle sind die Zellen, die in der gleichen Kalorimeterebene waagerecht, senkrecht oder diagonal an die Zelle angrenzen oder in einer anderen Detektorebene mit der Zelle überlappen.

7.3. Clusterrekonstruktion

In einem nächsten Schritt werden die entstandenen Protocluster nach Transversalenergie geordnet. Wird eine gewisse Transversalenergie unterschritten, so wird das Protocluster verworfen.

Bei Atlas gibt es elektromagnetische und hadronische topologische Cluster, die aus den Protoclustern gebildet werden. Sie unterscheiden sich durch Verwendung unterschiedlicher Kalorimeter und unterschiedliche Schnitte in Transversalenergie, Signal-zu-Rausch-Verhältnissen und Signaldefinition. Die Unterschiede zwischen den hadronischen und den elektromagnetischen topologischen Clustern sind in Tab. 7.2 aufgelistet. Die Verwendung des Betrages der Energie im Falle der hadronischen Kalorimeter gewährleistet einen symmetrischen Untergrund. Im Folgenden sollen mit topologischen Clustern elektromagnetische bezeichnet sein.

Clustertyp	Elektromagnetisch	Hadronisch
Verwendete Kalorimeter	Nur elektromagnetische	Alle
Signaldefinition der Startzelle	E	$\vert E \vert$
t_{start}	$t_{start} > 6$	$t_{start} > 4$
$t_{Nachbar}$	$t_{Nachbar} > 3$	$t_{Nachbar} > 2$
t_{Zelle}	$t_{Zelle} > 3$	$t_{Zelle} > 0$
Minimale Transversalenergie	$E_T > 5\,\text{GeV}$	$\vert E_T \vert > 0\,\text{GeV}$

Tabelle 7.2.: *Auflistung der Werte für die im Text beschriebenen Schnitte für topologische Cluster.*

Der Nachteil der Protocluster ist oensichtlich. Überlappende oder nahe beieinanderliegende Teilchenschauer werden als nur ein einziges Cluster rekonstruiert. Zur Bildung der eigentlichen topologischen Cluster erfolgt deswegen eine Teilung der Protocluster, in denen Schauer lokale Maxima ausbildeten.

Dazu wird eine Liste der Zellen gebildet, die ein lokales Maximum darstellen. Für soche Zellen wird gefordert, dass sie zumindest eine Energie von $E > 0{,}5\,\text{GeV}$ und dabei mehr Energie als jede Nachbarzelle enthalten. Zusätzlich müssen solche Zellen im ursprünglichen Protocluster mindestens $N_{Nachbar} \geq 4$ Nachbarzellen haben. Bei der Formung lokaler Maxima werden nur die elektromagnetischen Kalorimeter berücksichtigt, die hadronischen Kalorimeter und der Präsampler erst in einem späteren Schritt. Enthält ein Protocluster keine lokalen Maxima, so wird es selbst der Liste zugefügt. Die Liste der gefundenen lokalen Maxima bildet die

7. Rekonstruktion und Identifikation von Elektronen

Liste der topologischen Cluster. Um die Maxima werden unter ausschließlicher Berücksichtigung der für die Protocluster gefundenen Zellen Cluster gebildet. Dabei wird kein Zusammenschluß der entstehenden Cluster vorgenommen und es werden keine Schnitte auf das Signal-zu-Rauschen-Verhältnis der Zellen angewandt. Zellen, die mehreren Clustern zugeordnet werden können, werden unter den beiden höchstenergetischen aufgeteilt, gewichtet nach deren Energien und dem Abstand zu ihren Zentren.

7.3.3. Clusterrekonstruktion mit topo-initiierten Sliding-Window-Clustern

Bei der Arbeit mit ersten Daten bei niedrigen Energien konnten weder topologische Cluster noch Sliding-Window-Cluster verwendet werden. Ein Nachteil der Sliding-Window-Cluster ist die geringe E zienz für niederenergetische Teilchen. Der Energieschnitt der Präcluster lässt keine niederenergetischen Cluster zu, eine Verringerung dieses Schnittes würde die Sensitivität auf Rauschen extrem vergrößern. Somit waren sie nicht nutzbar. Topologische Cluster haben den Nachteil, dass sie unterschiedliche Größen haben. Insbesondere bei niederenergetischen Zellen variiert der betrachtete Rauschanteil damit potentiell erheblich, was eine Kalibration äußerst schwierig macht. Trotz ihrer hohen E zienz bei der Identifikation niederenergetischer Cluster waren sie damit ebenfalls nicht nutzbar.

Eine Möglichkeit doch mit niederenergetischen Clustern arbeiten zu können, sind Sliding-Window-Cluster, bei denen topologische Cluster als Ausgangspunkt genommen werden. Dazu werden topologische Clustern mit $t_{start} = 4$ verwendet. Für die Transversalenergie nach der elektromagnetischen Kalibration wird eine Untergrenze von $E_T > 300\,\text{MeV}$ gefordert. Um das Baryzentrum des topologischen Clusters wird in den vier Detektorlagen ein Cluster mit der Größe $\Delta \eta \times \Delta \phi = 0{,}075 \times 0{,}125$ gebildet. Die Clusterrekonstruktion mit topo-initiierten Sliding-Window-Clustern wird in Ref. [Ana10a] beschrieben.

7.4. Rekonstruktion von Elektronen

Zur Rekonstruktion von Elektronen gibt es unterschiedliche Methoden. Elektronen im Zentralbereich hinterlassen üblicherweise eine Spur im Inneren Detektor und deponieren ihre Energie in Form von Clustern in den Kalorimetern. Um diese Elektronen zu rekonstruieren, wird nach Übereinstimmungen zwischen rekonstruierten Spuren und rekonstruierten Clustern gesucht. Dazu gibt es zwei Methoden: die zumeist verwendete Standard-e/γ-Methode und die Methode zur Rekonstruktion

7.4. Rekonstruktion von Elektronen

niederenergetischer Elektronen. Die Standard-e/γ-Methode ist in Abschnitt 7.4.1 erklärt. Die Methode zur Rekonstruktion niederenergetischer Elektronen findet mittlerweile keine Anwendung mehr. Der Vollständigkeit halber wird sie im Anhang in Abschnitt A.1 beschrieben.

Elektronen im Vorwärtsbereich durchqueren nicht den Inneren Detektor und hinterlassen keine Spur. Es stehen nur die rekonstruierten Cluster zur Verfügung. Die Rekonstruktion von Vorwärtselektronen unter alleiniger Nutzung von topologischen Clustern wird in Abschnitt 7.4.2 vorgestellt.

Die vorgestellten Methoden werden auch in Ref. [Aha10c] beschrieben. Rekonstruierte Elektronen werden als Elektronenkandidaten bezeichnet. Erst nach der später erfolgenden Identifikation werden sie als Elektronen bezeichnet.

7.4.1. Rekonstruktion von Elektronen

Zur Rekonstruktion von Elektronen mit der Standard-e/γ-Methode wird von den in Abschnitt 7.3.1 beschriebenen Präclustern in der zweiten Kalorimeterlage ausgegangen. Zu den Präclustern werden passende Spuren gesucht, die von ihrem letzten Messpunkt aus zur zweiten Kalorimeterlage extrapoliert werden. Dort wird der Abstand zur Clusterposition $\Delta R = \sqrt{\Delta \phi^2 + \Delta \eta^2}$ bestimmt. Finden sich mehrere passende Spuren, so wird diejenige mit dem geringsten Abstand gewählt, wobei Spuren ohne Treer in den Siliziumdetektoren unterdrückt werden. Bei solchen Spuren fließt die Position in der Pseudorapidität η nicht in die Abstandsberechnung ein.

Nachdem auf diese Weise Kombinationen aus Präclustern und Spuren gefunden wurden, werden Sliding-Window-Cluster gebildet. Für den Elektronenkandidaten wird der Viererimpuls bestimmt. Als Energie wird ein gewichteter Mittelwert aus Clusterenergie und transversalem Spurimpuls berechnet und die Richtungsinformationen, Pseudorapidität η und Azimutwinkel ϕ, werden aus der Spur bestimmt. Für Spuren, die ohne Beteiligung der Siliziumdetektoren gefunden wurden, wird die Pseudorapidität aus dem Cluster bestimmt.

7.4.2. Rekonstruktion von Elektronen im Vorwärtsbereich

Der Vorwärtsbereich $|\eta| > 2{,}5$ ist nicht durch den Inneren Detektor abgedeckt. Die Rekonstruktion von Elektronen besteht aus der Suche nach topologischen Clustern, die im Vorwärtsbereich rekonstruiert wurden und zumindest eine Transversalenergie von $E_T > 5\,\text{GeV}$ aufweisen. Eine Unterscheidung zwischen Elektronen und Photonen ist nicht möglich.

7. Rekonstruktion und Identifikation von Elektronen

Bei der Rekonstruktion von Vorwärtselektronen werden bereits Informationen aus Schauerformen zur Identifikation genutzt. Diese Identifikation ist für hochenergetische Elektronen optimiert. In der vorliegenden Analyse können diese Vorwärtselektronen deswegen nicht verwendet werden.

Stattdessen werden im Folgenden topologische Cluster im Vorwärtsbereich $|\eta| > 2{,}5$ mit einem Transversalimpuls von mindestens $E_T > 5\,\text{GeV}$ als Elektronkandidaten verwendet werden. Die Identifikation dieser Elektronenkandidaten soll erst in Abschnitt 7.6 vorgestellt werden, eine Optimierung der Identifikation für niedrige Energien wird in Abschnitt 7.7 beschrieben.

7.5. Identifikation im Zentralbereich

Bei der Rekonstruktion von Elektronen wird ein hoher Anteil an Kandidaten gefunden, die keine Elektronen sind. Entsprechend muss dieser Untergrund –der zu einem großen Anteil aus Jets besteht– möglichst eektiv entfernt werden, wobei das Signal –die Elektronen– möglichst vollständig erhalten bleiben soll. Das kann erreicht werden, indem Unterschiede zwischen Signal und Untergrund gefunden werden. Diese können dann genutzt werden, um den Untergrund zu diskriminieren.

Bei Atlas passiert das in drei Stufen mit abnehmender Signalezienz und zunehmendem Verhältnis von Signal zu Untergrund S/U, in deren Verlauf stufenweise zusätzliche Variablen verwendet werden. Die lockeren Identifikationsschnitte, genannt *loose*, basieren auf der Betrachtung von Schauerformen in der zweiten Kalorimeterlage und der Betrachtung von hadronischen Schauerkomponenten. Eine mittlere Identifikatiosstufe, als *medium* bezeichnet, bezieht zusätzlich Variablen aus der ersten Detektorlage, Informationen über die Qualität der Spuren und über die Übereinstimmung von Cluster und Spur ein. Der härteste Satz von Schnitten läuft unter dem Namen *tight*. Zusätzlich zu den Variablen in den vorherigen Stufen werden Schnitte auf das Verhältnis von Clusterenergie zu Spurimpuls E/p, auf die Treer in der ersten Lage des Pixeldetektors und auf die Informationen im Übergangsstrahlungsdetektor eingeführt. Die einzelnen Schnitte werden in Tab. 7.3 aufgelistet und beschrieben. Die Schnittwerte unterscheiden sich zumeist in Abhängigkeit von Pseudorapidität und Transversalenergie. Deswegen sind sie in der Tabelle nicht angegeben.

Die Anforderungen wurden an Hand von MC-Simulationen optimiert. Es wurden einfache Schnitte[9] gefordert. Die Sätze von Schnitten wurden mit einer mul-

---

[9] Mit einfachen Schnitten sind hier eindimensionale Schnitte, jeweils ein Schnitt auf jeweils eine Variable, gemeint.

7.5. Identifikation im Zentralbereich

Schnitt	Erläuterung
Loose	
Detektorakzeptanz	• $|\eta| < 2{,}47$
Hadronische Schauerkomponenten	• $R_{had,1} = \frac{E_{T,had,1}}{E_{T,em}}$, falls $|\eta| < 0{,}8$ oder $|\eta| > 1{,}37$ • $R_{had} = \frac{E_{T,had}}{E_{T,em}}$, falls $|\eta| > 0{,}8$ und $|\eta| < 1{,}37$ (mit den transversalen Energien $E_{T,had[,1]}$ [in der ersten Lage] des hadronischen und $E_{T,em}$ des elektromagnetischen Kalorimeters)
Zweite Lage des em. Kalorimeters	• $R = \frac{E_{3\times 7}}{E_{7\times 7}}$, mit $E_{x\times y}$ der Energie in einem Fenster mit $x \times y$ Zellen • Laterale Schauerbreite $w_{,2}$
Medium	
Erste Lage des em. Kalorimeters	• Absolute Schauerbreite w_{stot} • $E_{ratio} = \frac{E_1 - E_2}{E_1 + E_2}$, mit E_n der Zelle mit der n. höchsten Energie im Cluster
Spurqualität	• Treffer im Pixeldetektor $N_{Pix} \geq 1$ • Treffer in den Siliziumdetektoren $N_{Si} \geq 7$ • Transversaler Stoßparameter $|d_0| < 5\,\text{mm}$
Übereinstimmung der Spur	• Abstand zwischen Cluster und Spur $|\Delta\eta_1| < 0{,}01$ in der ersten Kalorimeterlage
Tight	
Erste Lage des Pixeldetektors	• Treffer in der ersten Lage des Pixeldetektors $N_{Pix,1} \geq 1$
Übereinstimmung der Spur	• Abstand zwischen Cluster und Spur $|\Delta\phi_2| < 0{,}02$ in der zweiten Kalorimeterlage • Verhältnis von Clusterenergie zu Spurimpuls E/p • Abstand zwischen Cluster und Spur $|\Delta\eta_1| < 0{,}005$
Spurqualität	• Transversaler Stoßparameter $|d_0| < 1\,\text{mm}$
Übergangsstrahlungsdetektor	• Treffer im Übergangsstrahlungsdetektor N_{TRT} • Anteil hochenergetischer Treffer an den Treffern im Übergangsstrahlungsdetektor $f_{TRT} \equiv \frac{N_{TRT,hoch}}{N_{TRT}}$
Konversionen	• Ausschluß von Kandidaten, die zu rekonstruierten Konversionen passen.

Tabelle 7.3.: *Auflistung und Erklärung der Identifikationsschnitte im Zentralbereich. Die Anforderungen an die aufgelisteten Variablen variierten in Abhängigkeit von der Pseudorapidität und vom Transversalimpuls.*

7. Rekonstruktion und Identifikation von Elektronen

tivariaten Analyse[10] in Bins von η und E_T optimiert. Auf die Identifkation im Zentralbereich wird z.B. in den Referenzen [Aad09a], [Aha10c] und [Aad10c] eingegangen.

Zur Identifikation niederenergetischer Elektronen in ersten Daten aus dem Jahr 2009 und aus der Anfangszeit des Jahres 2010 wurden teilweise zusätzliche Variablen verwendet. Die Variablen $f_1 \equiv \frac{E_{\text{roh},1}}{E_{\text{roh}}}$, bzw. $f_{1,\text{Lagen}} \equiv \frac{E_{\text{roh},1}}{E_{\text{roh},1}+E_{\text{roh},2}+E_{\text{roh},3}}$, beschreiben den Energieanteil in der ersten Lage des dreilagigen Kalorimeterbereichs. Die Energie E_{roh} beinhaltet neben den Energien aus den 3 Kalorimeterlagen noch die im Präsampler gemessene Energie. Im zweilagigen Bereich wird eine entsprechende Variable $f_{2,\text{Lagen}} \equiv \frac{E_{\text{roh},2}}{E_{\text{roh},2}+E_{\text{roh},3}}$ eingeführt. Dabei bezeichnet E_{roh} die Rohenergie im Cluster, $E_{\text{roh},i}$ die Rohenergie im Cluster in der iten Detektorlage. Allgemein wird eine in der iten Lage gemessene Variable x mit dem Formelzeichen x_i gekennzeichnet. Bei der Arbeit mit Elektronenpaaren werden der Transversalimpuls $p_{T,ee}$ und die Önungswinkel in Pseudorapidität und Azimutwinkel $\Delta \eta_{ee}$ und $\Delta \phi_{ee}$ verwendet.

7.6. Identifikation im Vorwärtsbereich

Zur Identifikation im Vorwärtsbereich werden die Formen der Schauer für die topologischen Cluster betrachtet. Die Verteilungen der Schauervariablen werden in unterschiedlichen Bereichen der Transversalenergie E_T und der Pseudorapidität η betrachtet, in denen gleiches Verhalten gezeigt wurde. In Ref. [Koe09] angestellte Untersuchungen der entsprechenden Variablen für den Vorwärtsbereich zeigen einerseits, dass eine derartige Trennung oensichtlich für Endkappen- und Vorwärtskalorimeter notwendig ist. Andererseits deuten sie aber auch an, dass eine weitere Untersuchung für niederenergetische Elektronen $E_T \lesssim 15\,\text{GeV}$ im Vorwärtsbereich notwendig ist. Die Elektronen aus dem Zerfall $J/\psi \to e^+e^-$, deren Selektion vorbereitet werden soll, haben überwiegend derart kleine Energien. Deswegen muss eine Optimierung vorgenommen werden. Sie wird in Abschnitt 7.7 präsentiert.

Die Schauervariablen sind teilweise sogenannte Clustermomente. Dabei wird zur Bildung des nten Clustermomentes der Variable x gemäß

$$\langle x^n \rangle = \frac{\sum\limits_{\{i\,|E_i>0\}} E_i x_i^n}{\sum\limits_{\{i\,|E_i>0\}} E_i} \tag{7.1}$$

---

[10] Bei einer multivariaten Analyse wird ein Satz von mehreren Variablen betrachtet.

7.6. Identifikation im Vorwärtsbereich

eine Gewichtung nach Energien E_i der Zellen i vorgenommen. Die sechs gefundenen Schauervariablen werden im Folgenden erklärt.

Zur Berechnung der Variablen werden die Schauerachse $\vec{s}$ und das Schauerzentrum $\vec{c}$ bestimmt. Relativ zu diesen Variablen können mittels $r_i = |(\vec{x}_i - \vec{c}) \times \vec{s}|$ und $\lambda_i = |(\vec{x}_i - \vec{c}) \cdot \vec{s}|$ die Abstände r_i und λ_i der iten Zelle zur Schauerachse und zum Schauerzentrum entlang der Schauerachse bestimmt werden. Die Variablen sind in Tab. 7.4 aufgelistet und ihre Berechnung wird erklärt.

Schauervariable	Erklärung
f_{Max}	Energieanteil der höchstenergetischen Zelle an der Clusterenergie.
longitudinal = $\frac{long_2}{long_2 + long_{Max}}$	Normalisiertes zweites longitudinales Moment unter Berücksichtigung der beiden höchstenergetischen Zellen.
$long_2 = \langle \lambda^2 \rangle_{min}$	für die beiden höchstenergetischen Zellen wird $\lambda = 0$ gesetzt.
$long_{Max} = \langle \lambda^2 \rangle_{max}$	für die beiden höchstenergetischen Zellen wird $\lambda = 10\,cm$ gesetzt, für alle anderen Zellen $\lambda = 0$.
$\langle \lambda^2 \rangle$	Zweites longitudinales Moment.
lateral = $\frac{lat_2}{lat_2 + lat_{Max}}$	Normalisiertes zweites laterales Moment unter Berücksichtigung der beiden höchstenergetischen Zellen.
$lat_2 = \langle r^2 \rangle_{min}$	für die beiden höchstenergetischen Zellen wird $r = 0$ gesetzt.
$lat_{Max} = \langle r^2 \rangle_{max}$	für die beiden höchstenergetischen Zellen wird $r = 4\,cm$ gesetzt, für alle anderen Zellen $r = 0$.
$\langle r^2 \rangle$	Zweites laterales Moment.
$\lambda_{Zentrum}$	Abstand des Schauerzentrum von der Kalorimetervorderseite.

Tabelle 7.4.: *Schauervariablen und ihre Bedeutung.*

Durch Anwendung einer sequentiellen Optimierung der einzelnen Schnitte auf MC-Simulationen für Elektronen aus dem Signalzerfall $Z \rightarrow e^+e^-$ bei einer Schwerpunktsenergie von $\sqrt{s} = 10\,\text{TeV}$ und einem Untergrundkanal aus QCD-Zerfällen wurde von Ref. [Koe09] der in Tab. 7.5 gefundene Satz von Schnitten

7. Rekonstruktion und Identifikation von Elektronen

gefunden. Die Schnitte wurden durch Vergleich mit den Resultaten für die Signal- und Untergrundeffizienzen aus einer multivariaten Analyse validiert.

Zur Identifikation im Vorwärtsbereich wurden dabei zwei Stufen entwickelt, ein Satz von relativ weichen Schnitten und ein Satz von relativ harten Schnitten. Die Sätze von Schnitten laufen wieder unter den Namen *loose* und *tight*. Zur Realisierung der *loose*-Identifikation werden die Schnitte auf lateral, longitudinal und f_{Max} nicht durchgeführt; die übrigen Schnitte bleiben unverändert. Damit ergeben sich in der Endkappe für Signalelektronen Identifikationseffizienzen von ε_{loose} (Signal) = 76,4 %, bzw. ε_{tight} (Signal) = 58,8 %, für den Untergrund von ε_{loose} (Untergrund) = 6,2 %, bzw. ε_{tight} (Untergrund) = 2,0 % [Koe09]. Es gibt neuerdings einen Satz von Identifikationsschnitten, für den eine zusätzliche Optimierung auf Daten vorgenommen wurde. Dieser findet aber im Verlauf dieser Arbeit noch keine Anwendung.

Schnitt	tight		niederenergetisch
Schauervariable	Endkappe	Vorwärts	Endkappe
f_{Max}	> 0,43	> 0,44	> 0,375
longitudinal	< 0,16	< 0,35	< 0,4
$\langle \lambda^2 \rangle$ [mm^2]	< 2100	< 5000	$\in [200; 2700]$
lateral	< 0,55	< 0,32	$\in [0,28; 0,74]$
$\langle r^2 \rangle$ [mm^2]	< 2300	< 750	$\in [1200; 5500]$
λ_{Zentrum} [mm]	< 240	< 260	$\in [210; 290]$

Tabelle 7.5.: *Schnitte auf die Schauervariablen. „tight" bezeichnet die in Abschnitt 7.6 erklärten Schnitte für Elektronen mit E_T > 15 GeV; „niederenergetisch" die in Abschnitt 7.7 gefundenen Schnitte für niederenergetische Elektronen.*

7.7. Optimierung der Identifikation niederenergetischer Elektronen im Vorwärtsbereich

Im vorherigen Abschnitt wurde die Identifikation von Elektronen im Vorwärtsbereich vorgestellt. Für die Optimierung dieser Identifikation wurden Elektronen aus MC-Simulationen von $Z \rightarrow e^+e^-$ mit relativ hoher Transversalenergie als Signal verwendet. Es zeigte sich bereits in den zugrunde liegenden Studien, dass die benutzten Verteilungen sich für niederenergetische Elektronen unterscheiden; mangels Statistik wurde eine Optimierung für niederenergetische Elektronen nicht durchgeführt. Hier wird eine Optimierung mit niederenergetischen Elektronen aus dem Zerfall $J/\psi \rightarrow e^+e^-$ bei $\sqrt{s} = 10\,\text{TeV}$ vorgestellt, die das Ziel hatte, eine „o zielle" Lösung zur Behandlung dieser Elektronen bei Atlas zu finden.

Zur Untersuchung der Elektronen aus dem Zerfall $J/\psi \rightarrow e^+e^-$ [11], bzw. $Z \rightarrow e^+e^-$ [12], wurden generierte Elektronen aus den MC-Simulationen der entsprechenden Zerfallskanäle verwendet. Zu diesen wurden passende topologische Cluster mit einem Önungswinkel von maximal $\Delta R < 0{,}1$ gesucht, die im Endkappenbereich $2{,}5 < |\eta| < 3{,}2$ liegen mussten und für die Forderungen nach einer Transversalenergie von mindestens $E_T > 5\,\text{GeV}$ gestellt wurden. Zum Vergleich wurden in MC-Simulationen für den Untergrund[13] topologische Cluster betrachtet, für die die entsprechenden Forderungen an Pseudorapidität und Transversalenergie gestellt wurden; eine geringe „Verunreinigung" mit tatsächlichen Elektronen wurde hingenommen.

In Abb. 7.3 werden die so erhaltenen Verteilungen für die Schnittvariablen gezeigt. Die Schnitte werden sequentiell durchgeführt und optimiert, und die gezeigten Verteilungen werden jeweils nach den vorangegangenen Schnitten erstellt. Die Reihenfolge der Anwendung der Schnitte ist: f_Max, longitudinal, $\langle \lambda^2 \rangle$, lateral, $\langle r^2 \rangle$, λ_Zentrum.

In der Abbildung erkennt man, dass die Verteilungen von niederenergetischen Elektronen aus MC-Simulation für $J/\psi \rightarrow e^+e^-$ denen von niederenergetischen Elektronen aus $Z \rightarrow e^+e^-$ ähneln, für die $5 < E_T < 10\,\text{GeV}$ gefordert wurde. Beide Sätze von Verteilungen unterscheiden sich leicht von den Verteilungen für hochenergetischen Elektronen aus dem Zerfall $Z \rightarrow e^+e^-$, für die eine höhere Untergrenze für die Transversalenergie von mindestens $E_T > 15\,\text{GeV}$ festgelegt

---
[11]In Tab. 6.1 laufen die Zerfallssimulationen $J/\psi \rightarrow e^+e^-$ mit SL-Filter unter der Bezeichnung A1.
[12]Das verwendete Sample für Zerfälle $Z \rightarrow e^+e^-$ wurde unter der Bezeichnung A3 beschrieben.
[13]Verwendet wurde Sample A4 mit Untergrund aus QCD-Zerfällen.

7. Rekonstruktion und Identifikation von Elektronen

wurde, und von den Verteilungen für Elektronkandidaten aus Untergrundsimulationen.

Durch sequentielle Betrachtung der Verteilungen wurden auch die Schnitte auf die einzelnen Variablen festgelegt. Der Energieanteil der höchstenergetischen Zelle f_{Max} ist für Elektronen mit schmalen elektromagnetischen Schauern groß im Vergleich zu den breiten hadronischen Schauern von Jets. Außerdem sind die Verteilungen für Elektronen longitudinal stärker lokalisiert, was sich in relativ kleinen Variablen longitudinal und $\langle \lambda^2 \rangle$ bemerkbar macht. Sie schauern lateral weniger breit auf, wodurch lateral und $\langle r^2 \rangle$ kleiner sind und der Abstand ihrer Schauerzentren $\lambda_{Zentrum}$ von der Vorderseite des Kalorimeters ist stärker lokalisiert. Der gefundene Satz von Schnitten, der als *niederenergetisch* bezeichnet wird, ist in Tab. 7.5 aufgeführt.

Für die gefundenen Schnitte wurde die Signaleffizienz für Elektronen und die Untergrundeffizienz bestimmt. Für die Signaleffizienz diente die Menge der gefundenen Elektronen N_e vor den Schnitten als Grundgesamtheit, für die Untergrundeffizienz die Menge der Elektronkandidaten N_{Kand} vor den Schnitten. Die Effizienzen wurden dann jeweils sequentiell nach dem entsprechenden Schnitt bestimmt. Dazu wurde die Anzahl der Elektronen $N_{e,Schnitt}$, bzw. der Elektronkandidaten $N_{Kand,Schnitt}$ bestimmt, die nach dem Schnitt noch vorhanden waren. Die Effizienzen wurden dann als Anteil der Elektronen, bzw. der Kandidaten, an der Grundgesamtheit bestimmt zu $\varepsilon_{[Signal,Untergrund]} = N_{[e,Kand],Schnitt} / N_{[e,Kand]}$.

Die gefundenen Signaleffizienzen für den Zerfall $J/\psi \rightarrow e^+e^-$ nach sequentieller Anwendung der Schnitte sind in Abb. 7.4 gegen die entsprechenden Effizienzen aus den MC-Simulationen für den Untergrund aufgetragen. Die Effizienzen aus dem *tight*-Satz von Schnitten für hochenergetische Elektronen werden mit den *niederenergetischen* Schnitten für niederenergetische Elektronen verglichen. Es ist klar ersichtlich, dass die Anwendung der *tight*-Schnitte nicht die Effizienz erreicht, die sich für hochenergetische Elektronen ergibt. Die dort erzielten 58,8 % schrumpfen hier auf 24,9 % zusammen; mit dem *niederenergetischen* Satz von Schnitten werden 53,9 % erreicht. Die Untergrundeffizienz der *tight*-Schnitte für hochenergetische Elektronen von 2,0 % sinkt für niederenergetische Elektronen auf 1,5 %, die für den *niederenergetischen* Satz von Schnitten liegt bei 3,5 %. Die Untergrundunterdrückung verbesserte sich für *niederenergetische* Elektronen bei Anwendung des optimierten Satzes von Schnitten. Wie zu erwarten, ist die Separation bei niedrigen Energien damit insgesamt schlechter, das Verhältnis von Signal- zu Untergrundeffizienz sinkt von 39,2 auf 15,4. Untersuchungen zum zu erwartenden Verhältnis von Signal zu Untergrund werden in Abschnitt 7.7.1 angestellt.

7.7. Optimierung der Identifikation niederenergetischer Elektronen

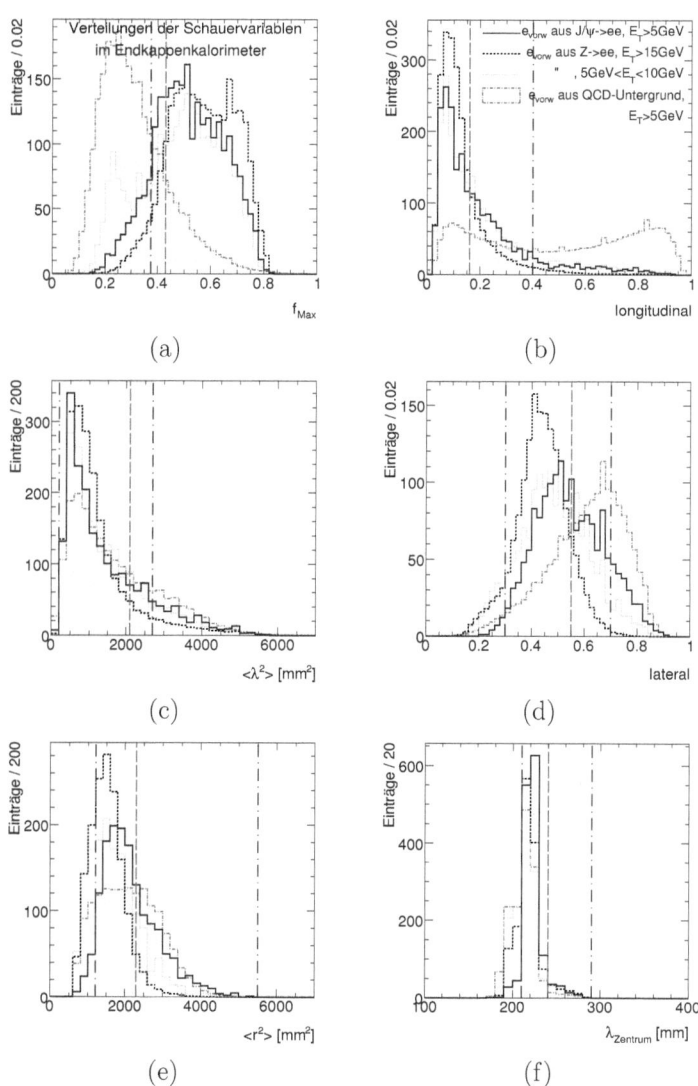

Abbildung 7.3.: *Verteilungen für* f_{Max} *(a), longitudinal (b),* $\langle \lambda^2 \rangle$ *(c), lateral (d),* $\langle r^2 \rangle$ *(e) und* $\lambda_{Zentrum}$ *(f) für Signalelektronen aus* $J/\psi \to e^+e^-$ *und* $Z \to e^+e^-$ *und Untergrund aus MC-Simulationen im Vorwärtsbereich nach sequentieller Anwendung des optimierten Satzes von Schnitten. Die Schnitte für „tight", bzw. „niederenergetisch", sind mit einem Strichen, bzw. Strichpunkten, gekennzeichnet.*

7. Rekonstruktion und Identifikation von Elektronen

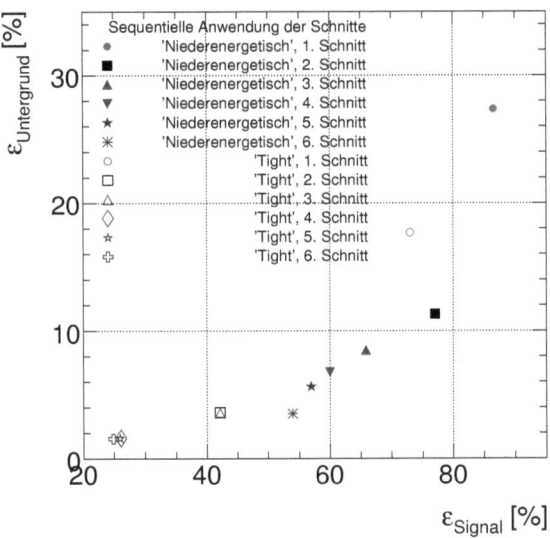

Abbildung 7.4.: $\varepsilon_{\text{Untergrund}}$ *gegen* $\varepsilon_{\text{Signal}}$ *bei sequentieller Anwendung der beiden Sätze von Schnitten für Vorwärtselektronen im Endkappenbereich mit zumindest* $E_T > 5\,\text{GeV}$. *Bei den Vorwärtselektronen für das Signal handelt es sich um Elektronen aus MC-Simulationen des Zerfalles* $J/\psi \to e^+e^-$, *bei denen für den Untergrund um Elektronenkandidaten aus Simulationen für den Untergrund aus QCD-Zerfällen.*

7.7. Optimierung der Identifikation niederenergetischer Elektronen

Der gefundene Satz von Schnitten für niederenergetische Elektronen wird im Rahmen der vorliegenden Analyse verwendet werden. In den Satz der Atlas-Schnitte wurden sie nicht aufgenommen, da die Einführung eines weiteren Satzes von Schnitten nicht gewünscht war. Eine Idee für die Behandlung niederenergetischer Vorwärtselektronen war deswegen die Verwendung einer Untermenge von nur zwei Schauervariablen. Untersuchungen, welche E zienzen man erreichen kann, wenn auf nur zwei der Schauervariablen geschnitten wird, wurden angestellt. Dazu wurde jeweils ein zweidimensionales Histogramm für Signalelektronen und Untergrund betrachtet, das vor Anwendung der Schnitte erstellt wurde. In den Histogrammen sind jeweils zwei der Schnittvariablen gegeneinander aufgetragen. Alle möglichen Schnitte auf die Variablen wurden durchlaufen und unter Forderung einer minimalen Signale zienz wurde das Verhältnis von Signal zu Untergrund maximiert. Die Ergebnisse dieser multivariaten Methode für erreichbare Signal- und Untergrunde zienzen für nur zwei Schnitte lassen sich Abb. 7.5 entnehmen.

In einer weiteren Untersuchung wurden die E zienz studiert, die sich für niederenergetische Elektronen im Vorwärtsbereich unter Verwendung einer Untermenge der gefundenen Schnitte des *tight*-Satzes ergeben. Bei der vorangegangenen Studie für zwei Schnitte zeigte sich die Kombination aus f_{Max} und $\lambda_{Zentrum}$ als die Erfolgsversprechendste. Für diese Kombination wurde das E zienzverhalten für die gefundenen Schnittwerte in den Sätzen *tight* und *niederenergetisch* in unterschiedlichen Bereichen der Transversalenergie überprüft. Die Resultate werden in Abb. 7.6 gezeigt. Die Anwendung dieser Untermenge von Schnitten aus dem *tight*-Satz liefert Signale zienzen zwischen 62 % und 64 %. Diese Werte übertrafen die Signale zienz des kompletten Satzes bei hochenergetischen Elektronen von 58,8 %. Ihre Anwendung wurde zur Empfehlung für die Untersuchung niederenergetischer Elektronen im Vorwärtsbereich des Atlas-Detektors.

7.7.1. Tests mit Fits an die identifizierten Elektronenpaare

Um eine Abschätzung für das zu erwartende Verhältnis von Signal zu Untergrund bei der Suche nach dem Zerfall $J/\psi \rightarrow e^+e^-$ mit einem Elektron im Zentral- und einem Elektron im Vorwärtsbereich vornehmen zu können, wurden Studien der Verteilungen der rekonstruierten invarianten Masse angestellt. Entsprechend der Vorhersagen für den Wirkungsquerschnitt aus MC-Simulationen wurden die Verteilungen von Signal und Untergrund skaliert und addiert. Durch die geringe Statistik der zur Verfügung stehenden MC-Simulationen sind die Resultate dieser Studien mit großen Unsicherheiten behaftet.

7. Rekonstruktion und Identifikation von Elektronen

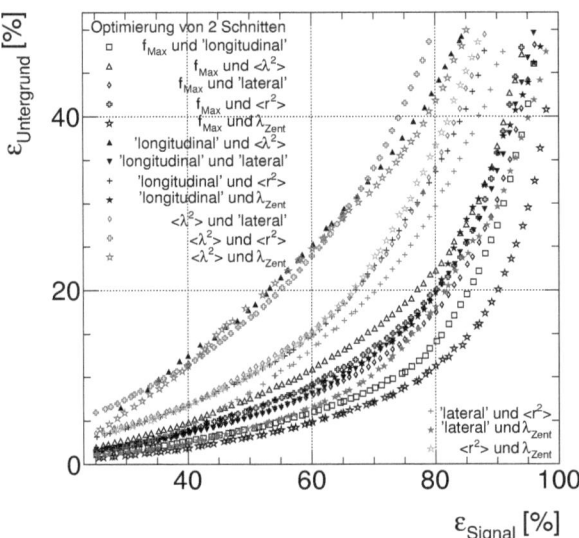

Abbildung 7.5.: $\varepsilon_{\text{Untergrund}}$ gegen $\varepsilon_{\text{Signal}}$ nach Optimierung der Sätze zweier Schnitte für Vorwärtselektronen im Endkappenbereich mit zumindest $E_T > 5\,\text{GeV}$. Bei den Vorwärtselektronen für das Signal handelt es sich um Elektronen aus MC-Simulationen des Zerfalles $J/\psi \rightarrow e^+e^-$, bei denen für den Untergrund um Elektronenkandidaten aus Simulationen für den Untergrund aus QCD-Zerfällen.

7.7. Optimierung der Identifikation niederenergetischer Elektronen

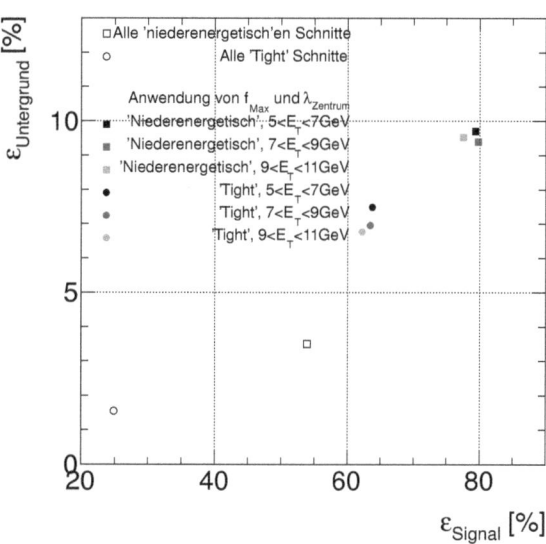

Abbildung 7.6.: $\varepsilon_{\text{Untergrund}}$ gegen $\varepsilon_{\text{Signal}}$ nach Anwendung der Schnitte auf λ_{Zentrum} und f_{Max} für die Sätze „tight" und „niederenergetisch" für Vorwärtselektronen im Endkappenbereich mit zumindest $E_T > 5$ GeV. Bei den Vorwärtselektronen für das Signal handelt es sich um Elektronen aus MC-Simulationen des Zerfalles $J/\psi \to e^+e^-$, bei denen für den Untergrund um Elektronenkandidaten aus Simulationen für den Untergrund aus QCD-Zerfällen.

7. Rekonstruktion und Identifikation von Elektronen

Um die Abschätzung vorzunehmen, wurde von einem Elektron im Zentralbereich ausgegangen. Dieses musste innerhalb von einem Bereich $|\eta| < 2{,}5$ liegen, wobei der Übergang vom Barrel zur Endkappe $1{,}37 < |\eta| < 1{,}53$ ausgeschlossen wurde. Es musste einen Transversalimpuls von zumindest $p_T > 3\,\text{GeV}$ haben, mit der Standard-e/γ-Methode rekonstruiert worden sein und der *medium*-Identifikation genügen. Dieses Elektron wurde mit Vorwärts-Elektronen kombiniert, die mit dem *niederenergetischen* Satz von Schnitten identifiziert waren, sich im Endkappenbereich $2{,}5 < |\eta| < 3{,}2$ befanden und eine Transversalenergie von mindestens $E_T > 5\,\text{GeV}$ hatten. Für den Abstand zwischen dem Zentral- und dem Vorwärtselektron wurde eine Ellipse in der $\Delta\eta$-$\Delta\phi$-Ebene mit Halbachsen $0{,}04$ in $\Delta\eta$ und $0{,}05$ in $\Delta\phi$ gefordert.

Die Verteilungen wurden unter Verwendung der Werte aus Tab. 6.1 auf eine integrierte Luminosität von $\int \mathcal{L}\,\mathrm{dt} = 100\,\text{pb}^{-1}$ skaliert[14]. Das Sample A1 wurde entsprechend mit einem Faktor 110 skaliert, der Untergrund aus QCD-Zerfällen mit einem Faktor 2200.

Die skalierten Verteilungen sind in Abb. 7.7 gezeigt. Die Signalverteilung wurde mit einer Gaußfunktion gefittet, eventuelle Bremsstrahlungseekte wurden ignoriert. Der Fit an die Untergrundverteilung wurde mit einer Landauverteilung durchgeführt. Im Rahmen der Statistik beschrieb diese den Untergrund. Dazu wurde die Landauverteilung an die Untergrundverteilung angefittet, bevor die Schnitte durchgeführt wurden. Dann wurde die resultierende Funktion auf die Anzahl der Ereignisse nach den Schnitten skaliert. Damit wurde berücksichtigt, dass die geringere Statistik nach den Schnitten eine größere Unsicherheit bedeutet hätte. Um das Verhältnis von Signal zu Untergrund abzuschätzen, wurde das Verhältnis von Gaußfunktion zu Landauverteilung in einem Bereich der invarianten Masse um die Resonanz $m_{J/\psi} - 0{,}5 < m_\text{zentral,vorwärts} < m_{J/\psi} + 0{,}5\,\text{GeV}$ gebildet. Es ergab sich ein Verhältnis von $2{,}6$.

Um einen groben Einblick zu bekommen, wie Fits an die erwartete Verteilung für Daten aussähen, wurden die gefundenen Gauß- und Landauverteilungen kombiniert und an die Summe aus Signal- und Untergrundverteilung gefittet. Wegen der geringen Statistik musste dabei die Position der Gaußfunktion fest auf die Masse der Resonanz $m_{J/\psi}$ gesetzt werden. Der Fit wäre sonst von den Fluktuationen der extrem skalierten Verteilung zu stark beeinflusst worden. Das Resultat dieses erneuten Fits ist in Abb. 7.8 zu sehen. Für das Verhältnis von Signal zu Untergrund im Bereich um die Resonanz ergab sich ein Wert von $3{,}0$.

---

[14]Zum Zeitpunkt der Berechnung erschien dies als realistische Abschätzung für das zu erwartende Datenvolumen nach dem ersten Jahr Strahlzeit bei $\sqrt{s} = 10\,\text{TeV}$.

7.7. Optimierung der Identifikation niederenergetischer Elektronen

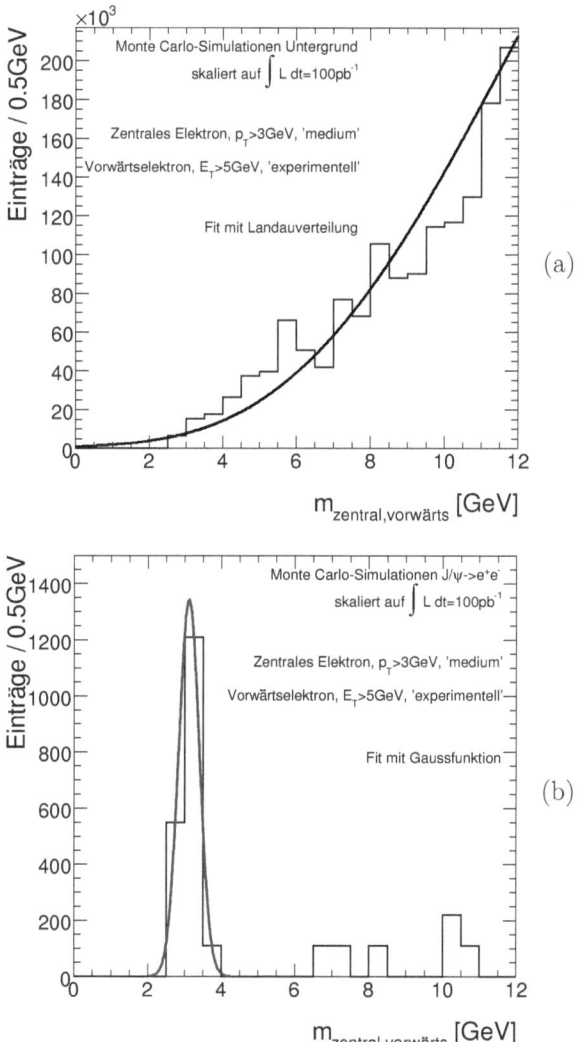

Abbildung 7.7.: *Fits an die auf $\int \mathscr{L} dt = 100\,\text{pb}^{-1}$ skalierten Signal- (a), bzw. Untergrundverteilung (b) zur Abschätzung des Verhältnisses von Signal zu Untergrund. Zum Fit an die Signalverteilung wurde eine Gaußfunktion angenommen, zum Fit an die Untergrundverteilung eine Landauverteilung. Bei den Beiträgen hoher Masse in der Signalverteilung handelt es sich um skalierten Untergrund aus Elektronenpaaren, die nicht aus einem gemeinsamen J/ψ stammten.*

7. Rekonstruktion und Identifikation von Elektronen

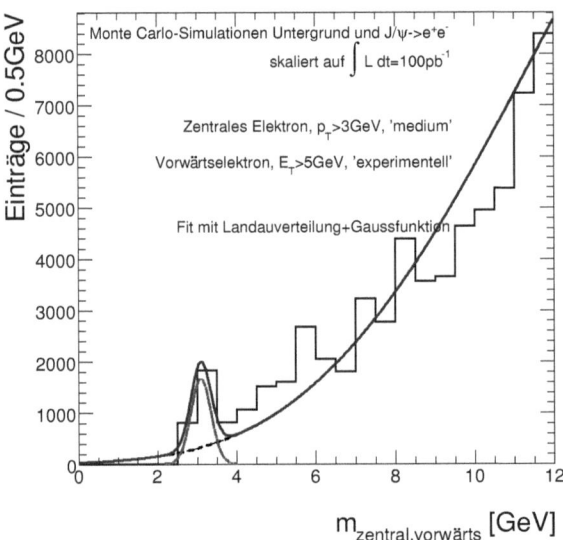

Abbildung 7.8.: *Fit an die auf $\int \mathscr{L} dt = 100\,\mathrm{pb}^{-1}$ skalierte Summe aus Signal- und Untergrundverteilung aus Abb. 7.7 zur Abschätzung des Verhältnisses von Signal zu Untergrund. Zum Fit wurde die Summe aus einer Gauß- und einer Landauverteilung angenommen; die Position der Gaußfunktion wurde festgesetzt.*

7.7. Optimierung der Identifikation niederenergetischer Elektronen

Damit wurde eine Methode zur Identifikation niederenergetischer Elektronen im Vorwärtsbereich entwickelt. Auf MC-Simulationen bei 10 TeV wurde gezeigt, dass die Methode zur Selektion des Zerfalles $J/\psi \rightarrow e^+e^-$ mit einem Elektron im Vorwärtsbereich verwendet werden kann.

8. Bestimmung der Energieskala der Elektronen

Eine der in Abschnitt 4.3 dargelegten Anforderungen an den Atlas-Detektor ist die Messung von Teilchenenergien mit hoher Präzision. Die Kalibration der Energiemessung ist deswegen von großer Bedeutung. Sie geschieht in drei Stufen. Die erste Stufe sind die Energierekonstruktion und die Energiekalibration bei der Auslese der Zellen. Es folgt die Kalibration nach der Zusammenfassung zu Clustern bei der Rekonstruktion. Bei diesen beiden Stufen werden Erkenntnisse aus MC-Simulationen verwendet, die unter Verwendung von Messergebnissen aus Teststrahlen durchgeführt wurden. Sie werden in Abschnitt 8.1 beschrieben.

Eine Prüfung dieser ersten Kalibration im Strahlbetrieb und eine schrittweise Anpassung an neuere Erkenntnisse über die vorgefundene Detektorsituation ist notwendig und wird von der *In-Situ*-Kalibration geleistet. Für die Energiemessung von Elektronen werden dabei Zerfälle von Teilchen bekannter Masse in Elektronenpaare benutzt, insbesondere von $J/\psi \to e^+e^-$ und $Z \to e^+e^-$. Die unterschiedlichen Methoden, die hierzu Verwendung finden, werden in Abschnitt 8.2 vorgestellt. Die Gewichte, die mit der *In-Situ*-Kalibration gefunden werden, werden in späteren Iterationen bei der Korrektur auf Zellebene angewendet. Das schematische Vorgehen bei der Kalibration ist aus Abb. 8.1 zu ersehen.

Insbesondere wird in Abschnitt 8.2.2 eine Methode zur groben Kalibration des Vorwärtsbereiches entwickelt. Die Durchführbarkeit dieser Methode wird im folgenden Abschnitt 8.3 anhand von frühen MC-Simulationen bei $\sqrt{s} = 10$ TeV überprüft. Ein Ziel ist es, die Linearität[1] und die Uniformität[2] des Detektors mit möglichst guter Auflösung zu bestimmen. Deswegen wird eine Abschätzung vorgenommen, welches Binning in den ersten Daten verwendet werden kann. Rückblickend wird erklärt, warum die Methode für die Kalibration des Vorwärtsbereiches mit dem Zerfall $J/\psi \to e^+e^-$ nicht verwendet werden konnte. Kapitel 9 beschäftigt sich mit einem Test der Methode auf ersten Daten bei $\sqrt{s} = 900$ GeV.

---

[1] Die Linearität bezeichnet die Auflösung in Abhängigkeit von der Energie.
[2] Mit der Uniformität ist die Auflösung in Abhängigkeit von der Pseudorapidität gemeint.

8. *Bestimmung der Energieskala der Elektronen*

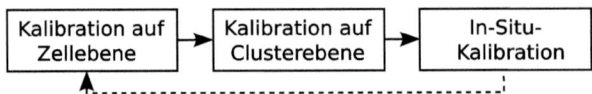

Abbildung 8.1.: *Schema der Kalibration. Die Zellen werden korrigiert und Cluster werden aus ihnen gebildet. Die Cluster werden wiederum korrigiert und die Resultate mit der In-Situ-Kalibration überprüft. So erhaltene Gewichte werden später bei der Korrektur auf Zellebene angewandt.*

8.1. Kalibration der Energierekonstruktion mit Monte-Carlo-Studien

Die Energiemessung von Zellen und Clustern wird in mehreren Schritten korrigiert [Aad09a]. Das Verständnis für diese Korrekturen kommt aus Teststrahlmessungen, die wiederum als Grundlage für MC-Simulationen des Detektors mit GEANT4 dienten.

Die Auslese und Kalibration auf Zellebene sind in Ref. [Ale06] dargelegt. Die digitalisierten Signale aus den Kalorimetern werden von der Ausleseelektronik in Energien umgewandelt, die in den Rohdaten gespeichert werden. Eine zweite Korrektur wird bei der Umwandlung der Rohdaten in ESDs[3] vorgenommen. Lokale Eekte der Ausleseelektronik werden präziser berücksichtigt und auf Eekte durch Hochspannung und Temperatur wird korrigiert.

Die Kalibration auf Clusterebene geschieht in 4 Schritten. Der erste Schritt ist die Berechnung der unkalibrierten Position des vorliegenden Clusters. Dabei wird die Pseudorapidität aus der Clusterposition in der ersten und zweiten Lage des Kalorimeters unter Ausnutzung der Kenntnis des Ursprungs berechnet. Bekannte lokale Korrekturen durch die Zellen einzelnen Kalorimeterlagen werden einbezogen.

Der zweite Schritt ist die Korrektur der Pseudorapidität. Durch den endlichen Anteil der Auslesezellen an den Kalorimeterzellen tritt ein Sampling-Eekt auf. Die Berechnung des Baryzentrums ist dadurch systematisch zur Mitte der Kalorimeterzellen verschoben. Die Pseudorapidität wird unter Berücksichtigung der unterschiedlichen Clustergrößen und der gemessenen Energien korrigiert.

Der dritte Schritt behandelt Energieverluste. Dazu werden die lateralen Gewichte A und B und die longitudinalen Gewichte W_{PS} und W_3 verwendet. Außerhalb der Übergangsregion geschieht das, indem eine Kalibration der Energien vorgenommen wird, die in den unterschiedlichen Kalorimeterlagen gemessen wurden.

---

[3]ESDs wurden in Abschnitt 6.1.1 beschrieben.

8.2. Interkalibration und Bestimmung der absoluten Energieskala

Anschaulich wird die rekonstruierte Energie im Bereich mit Abdeckung durch den Präsampler ($|\eta| < 1{,}8$) mit der Formel[4]

$$E_{reko} = A \cdot (B + W_{PS}E_{PS} + E_1 + E_2 + W_3 E_3)$$

bestimmt. Dabei bezeichnet E_{PS} die im Präsampler gemessene Energie, E_i sind die Energien, die in den drei Kalorimeterlagen gemessen wurden. Die Parametrisierung wurde für unterschiedliche Clustergrößen und für unterschiedliche Pseudorapiditäten $|\eta|$ anhand von MC-Simulationen vorgenommen. In grober Näherung können die Gewichte physikalischen Eekten zugeordnet werden. W_{PS} repräsentiert den Energieverlust durch totes Material vor dem Präsampler, W_3 das longitudinale Schauerverluste hinter der dritten Kalorimeterlage. Die Gewichte A und B können lateralen Schauerverlusten durch die Breiten der Cluster zugeordnet werden.

Der vierte Schritt ist eine Korrektur der Energie mit dem Azimutwinkel ϕ. Mit der Akkordeongeometrie der Absorber des Kalorimeters geht eine Modulation des gemessenen Signals einher, je nach Abstand zum Absorber. Diese Modulation wird bei der Korrektur für unterschiedliche Gesamtenergien, Pseudorapiditäten, Clustergrößen und Teilchentypen berücksichtigt.

8.2. Interkalibration und Bestimmung der absoluten Energieskala mit Resonanzzerfällen

Die bisher beschriebene Kalibration nutzt in MC-Simulationen einzig die Ergebnisse aus Teststrahlmessungen. Ist der Detektor falsch modelliert, so kann das nur durch Betrachtung von Verteilungen aus Daten berücksichtigt werden. So führt ein gefundenes Mehr an totem Material im Inneren Detektor zu einem größeren Energieverlust und zu mehr Photonkonversionen, als erwartet. Die in Kap. 5 beschriebene geringe Verunreinigung des flüssigen Argons muss ausgeglichen werden, möglichst ohne weitere Modellannahmen. Für lokale Eekte, wie eventuelle geringe Unterschiede in der Hochspannung oder in der Temperatur oder mechanische Deformationen, werden keine Korrekturen angebracht. Simulierte Eekte, wie die angewandte Korrektur auf die laterale Ausbreitung der Schauer, sollen überprüft werden.

---

[4]Mittlerweile wird eine verfeinerte Formel verwendet. Die angegebene Formel wurde hier aus Gründen der Anschaulichkeit beibehalten.

8. Bestimmung der Energieskala der Elektronen

Zur Bestimmung eines absoluten Energiemaßes müssen messbare Größen gesucht werden, die Aufschluss über diese Unsicherheiten geben können. Das Verhältnis der Energie zum Impuls E/p isolierter Elektronen ist eine Möglichkeit, die Energie unter Nutzung der Spurinformation zu überprüfen. Die Untersuchung der Rate von Photonkonversionen stellt eine Methode dar, auf die Menge an totem Material vor den Kalorimetern zu schließen.

Eine andere Möglichkeit ist die Nutzung von Resonanzzerfällen wie $Z \to e^+e^-$, $\to e^+e^-$ und $J/\psi \to e^+e^-$. Bei gut bekannter Masse und geringer Zerfallsbreite liefern sie zwei elektromagnetische Objekte, die kinematisch korreliert sind. In diesem Abschnitt werden unterschiedliche Methoden vorgestellt, diese Korrelation in Form von Korrekturfaktoren zu bestimmen und zur Interkalibration mit Resonanzzerfällen nutzbar zu machen.

8.2.1. Interkalibration mit Resonanzzerfällen

Lokale Interkalibration

Elektronenpaare mit ähnlichen Energien $E = E_1 \approx E_2$, die in ähnlichen Bereichen der Pseudorapidität des Kalorimeters gemessen werden, haben in aller Regel auch ähnliche Skalierungsfaktoren $\beta = \beta_1 \equiv (1 + \alpha_1) \approx (1 + \alpha_2) \equiv \beta_2$ für die gemessenen Energien $E_{mes} \equiv \beta E$. Unter Annahme vernachlässigbarer Elektronenmassen lässt sich dann zeigen, dass die tatsächliche Masse

$$\begin{aligned} M^2 &= m_1^2 + m_2^2 + 2E_1 E_2 - 2\sqrt{E_1^2 - m_1^2}\sqrt{E_2^2 - m_2^2}\cos(\sphericalangle(\vec{p}_1,\vec{p}_2)) \\ &\approx 2E^2(1 - \cos(\sphericalangle(\vec{p}_1,\vec{p}_2))) \end{aligned} \quad (8.1)$$

über Faktoren β mit der gemessenen Masse

$$\begin{aligned} M_{mes}^2 &= m_1^2 + m_2^2 + 2\beta_1 E_1 \beta_2 E_2 - 2\sqrt{\beta_1^2 E_1^2 - m_1^2}\sqrt{\beta_2^2 E_2^2 - m_2^2}\cos(\sphericalangle(\vec{p}_1,\vec{p}_2)) \\ &\approx \beta^2 2E^2(1 - \cos(\sphericalangle(\vec{p}_1,\vec{p}_2))) \\ &\approx \beta^2 M^2 \end{aligned}$$
$$(8.2)$$

verknüpft ist.

Durch Einschränkung der Elektronen auf kleine geometrische und kinematische Bereiche und Messung von Resonanzen mit gut bekannter Masse können entsprechend Skalierungsfaktoren für die Energie gefunden werden [Mak08].

Globale Interkalibration

Im voranstehenden Abschnitt wurde das Kalorimeter in Unterabschnitte unterteilt, für die jeweils unterschiedliche Korrekturfaktoren β_i angenommen wurden.

8.2. Interkalibration und Bestimmung der absoluten Energieskala

Für ein Elektronenpaar wurde gefordert, dass beide Elektronen im gleichen Detektorbereich gemessen werden. Für geringe Statistik und grobes Binning können aus dieser Methode robuste Ergebnisse erwartet werden. Mit zunehmend feiner Aufteilung der Bins führen die Forderungen aber durch den immer kleineren Önungswinkel der Elektronen zu einer Verringerung der Akzeptanz. Für die Geometrie würde das zur Nichtanwendbarkeit führen, sobald die beiden Elektronen durch Überlapp nicht mehr auflösbar wären.

Für hohe Statistik wird die Methode so erweitert, dass sich Elektronen in unterschiedlichen Bins befinden können. Umschreiben von Gl. 8.2 liefert mit

$$M_{mes}^2 \approx \beta_1\beta_2 M^2$$
$$\approx \gamma_{ij}^2 M^2 \qquad (8.3)$$

eine Formel, in der Skalierungfaktoren für beide Elektronen enthalten sind. Dabei wurde die Näherung $\sqrt{\beta_i\beta_j} \approx 1 + \frac{\alpha_i + \alpha_j}{2} = \gamma_{ij}$ für kleine Korrekturen $\alpha_i \ll 1$ verwendet.

Unter Verwendung von globalen Fits, Likelihood-Methoden oder χ^2-Minimierungen können die Werte γ_{ij} so angepasst werden, dass die gemessene Verteilung der Masse M$_{mes}$ mit der erwarteten Verteilung aus MC-Simulationen in Übereinstimmung gebracht wird.

Die Beschreibung dieser Methode findet sich in Ref. [Dja04], die Beschreibung einer möglichen Anwendung unter Nutzung einer Methode zur Minimierung von χ^2 in Ref. [Aha10a].

8.2.2. Interkalibration mit Resonanzzerfällen im Vorwärtsbereich

Im Vorwärtsbereich des Detektors liegt eine spezielle Situation vor. Elektronen in diesem Bereich verfügen über keine Spurinformation. Weder können Elektronen von Photonen getrennt werden, noch kann die Ladung bestimmt werden. Auf der anderen Seite wird die Messung der Energie nicht durch totes Material vom Inneren Detektor beeinflusst.

Elektronen im Vorwärtsbereich lösen keinen Elektrontrigger aus. Es muss nach Elektronenpaaren gesucht werden, bei denen ein getriggertes Elektron im Zentralbereich und das zweite Elektron im Vorwärtsbereich liegt. Die untersuchten Zerfälle müssen in Elektronenpaare mit großem Önungswinkel zerfallen und haben eine entsprechend geringe Akzeptanz. Statt der Verwendung von Triggern für zwei Elektronen müssen Trigger für einzelne Elektronen verwendet werden. Diese Trigger sind entsprechend höher vorskaliert.

8. Bestimmung der Energieskala der Elektronen

Für Elektronenpaare im Zentralbereich wird eine wesentlich höhere Statistik aufgezeichnet. Entsprechend können diese Elektronen besser vermessen werden; ihre Energie ist schneller kalibriert. Liegen Paare aus einem Elektron im Zentral- und einem Elektron im Vorwärtsbereich vor, kann die Energie des Elektrons im Vorwärtsbereich E_{vorw} deswegen unter Verwendung der Energie des zentralen Elektrons E_{zent} und der Masse M einer Resonanz kalibriert werden. Um dies zu zeigen, wird aus der Beziehung 8.1 durch Umformung die Energie

$$E_{vorw} = \frac{M^2}{2E_{zent}\left(1 - \cos\left(\sphericalangle\left(\vec{p}_{zent}, \vec{p}_{vorw}\right)\right)\right)} \tag{8.4}$$

bestimmt, die das Elektron im Vorwärtsbereich haben sollte.

Bevor die Energie der Elektronen im Vorwärtsbereich bestimmt werden kann, findet eine Ablenkung im Magnetfeld im inneren Detektor statt. Eine Studie zur Korrektur dieser Ablenkung findet sich im Anhang in Abschnitt A.2. Letztlich wurde keine Korrektur verwendet, da die Simulation der Ablenkung im Rahmen von MC-Simulationen wesentlich präziser ist als die gefundene Korrektur für die geringen Ablenkungen im Vorwärtsbereich.

8.3. Test der Methode zur Kalibration im Vorwärtsbereich unter Verwendung von Monte-Carlo-Simulationen

Die in Abschnitt 8.2.2 entwickelte Methode zur Berechnung von Teilchenenergien wurde vor der ersten Datennahme mit Ereignissen aus MC-Simulationen der Zerfälle $J/\psi \to e^+e^-$ und $Z \to e^+e^-$ getestet. Dabei wurden Zerfälle betrachtet, bei denen ein Elektron in den Zentralbereich ging, das andere in den Vorwärtsbereich. Die in Abschnitt 7.6 gefundene Methode zur Identifikation von Elektronen im Vorwärtsbereich kam dabei zur Anwendung. Ein Vergleich der berechneten Energien mit gemessenen, bzw. mit generierten Energien findet in Abschnitt 8.3.1 statt.

Bereits in Abschnitt 7.7 wurde das erwartete Verhältnis von Signal zu Untergrund für den Zerfall $J/\psi \to e^+e^-$ betrachtet. Die dort gezeigten Verteilungen machen die Notwendigkeit der Anwendung von Fitmethoden deutlich. Die notwendige Statistik für die Durchführbarkeit solcher Fitmethoden wird abgeschätzt. Durch Vergleich der benötigten Statistik mit der erwarteten Statistik in ersten Daten werden in Abschnitt 8.3.2 die Ergebnisse einer Studie zu einem möglichen Binning für eine erste Kalibration gezeigt. Die Studie wurde für MC-Simulationen

8.3. Test der Kalibration im Vorwärtsbereich mit MC-Simulationen

bei einer Schwerpunktsenergie von $\sqrt{s} = 10\,\text{TeV}$ angestellt. Eine mögliche Skalierung auf den tatsächlich zur Verfügung stehenden Datensatz aus dem Jahr 2010 bei $\sqrt{s} = 7\,\text{TeV}$ wird eingegangen.

8.3.1. Test der Kalibrationsmethode mit Elektronen aus Zerfällen von Charmonium und Z-Boson

Verwendete Selektion

Um die geringe Statistik aus dem Satz von MC-Simulationen A5 des Zerfalles $J/\psi \rightarrow e^+e^-$ bei $\sqrt{s} = 10\,\text{TeV}$ nicht weiter durch Effizienzen zu verringern, wurde die Selektion unter Ausnutzung der bekannten generierten Informationen aus MC-Simulationen durchgeführt. Es wurde nach einer Kombination zweier generierter Elektronen aus dem Zerfall des J/ψ gesucht, einem zentralen Elektron im Bereich $|\eta_{gen}| < 2{,}5$ außerhalb des Übergangsbereiches $1{,}37 < |\eta| < 1{,}52$ und einem Vorwärtselektron im Bereich $|\eta_{gen}| > 2{,}5$. Für beide Elektronen wurde eine Untergrenze für den Transversalimpuls von $p_T > 3\,\text{GeV}$ gefordert. Zu dem gefundenen generierten Vorwärtselektron wurde ein topologisches Cluster gesucht, das innerhalb eines Öffnungswinkels von $\Delta R < 0{,}1$ lag. Es musste die *niederenergetischen* Schnitte auf f_{Max} und $\lambda_{Zentrum}$ erfüllen und eine Transversalenergie von mindestens $E_T > 3\,\text{GeV}$ haben. Die invariante Masse dieses Elektronenpaares wurde unter Verwendung des generierten Viererimpulses des zentralen Elektrons und des simulierten Viererimpulses des Vorwärtselektrons berechnet und ist in Abb. 8.2 (b) gezeigt.

Der Satz von MC-Simulationen A3 des Zerfalles $Z \rightarrow e^+e^-$ lag mit ausreichender Statistik vor, um die Selektion ohne Verwendung generierter Werte durchzuführen. Es wurde ein zentrales Elektron innerhalb von einer Pseudorapidität von $|\eta| < 2{,}5$ unter Ausschluss der Übergangsregion gefordert, das über einen Transversalimpuls von $p_T > 25\,\text{GeV}$ verfügte und mit dem Standard-e/γ-Algorithmus rekonstruiert wurde. Dieses Elektron erfüllte den *medium*-Satz von Schnitten. Die zentralen Elektronen wurden mit topologischen Clustern im Vorwärtsbereich $2{,}5 < |\eta| < 4{,}9$ kombiniert, für die eine Transversalenergie von $E_T > 15\,\text{GeV}$ gefordert wurde. Desweiteren mussten sie dem *tight*-Satz von Schnitten für Vorwärtselektronen genügen. Die gefundene Verteilung der invarianten Masse dieser Elektronenpaare ist in Abb. 8.2 (a) gezeigt.

8. Bestimmung der Energieskala der Elektronen

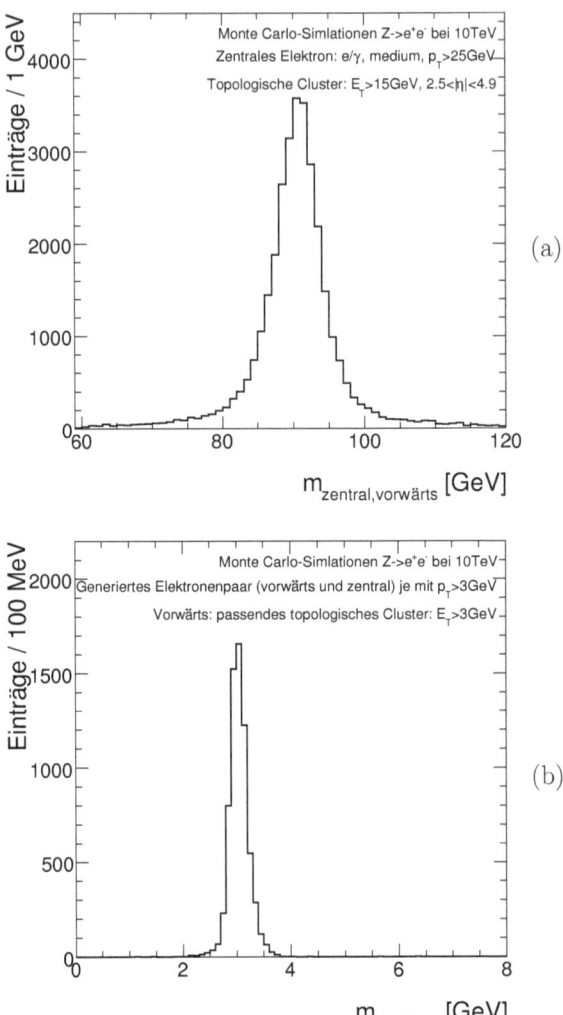

Abbildung 8.2.: *Invariante Masse der Kombination aus zentralen Elektronen und topologischen Clustern aus MC-Simulationen des Zerfalls $Z \to e^+e^-$ (a) und der generierten zentralen Elektronen und der vorwärtigen topologischen Cluster aus MC-Simulationen des Zerfalls $J/\psi \to e^+e^-$ (b) unter Verwendung der im Text beschriebenen Schnitte.*

8.3. Test der Kalibration im Vorwärtsbereich mit MC-Simulationen

Test der Kalibrationsmethode

Um die Kalibrationsmethode zu testen, wurde mit Formel 8.4 die Energie E_{vorw} berechnet, die das Elektron im Vorwärtsbereich haben sollte, unter der Annahme, die invariante Masse des Elektronenpaares sei gleich der Masse der jeweiligen Resonanz. Dabei wurden die Position des topologischen Clusters im Vorwärtsbereich, die Position des zentralen Elektrons und die Energie des zentralen Elektrons verwendet. Im Falle von $J/\psi \to e^+e^-$ wurden für die Werte des zentralen Elektrons die generierten Werte verwendet – die geringe Statistik der zur Verfügung stehenden MC-Simulationen verhinderte die Benutzung der simulierten Werte. Bei der Selektion von $Z \to e^+e^-$ wurden Forderungen an den Abstand der Elektronen $(\Delta\eta/0{,}04)^2 + (\Delta\phi/0{,}05)^2 > 1$ und an den Bereich der invariante Masse des Elektronenpaares $m_Z - 10 < m_{zentral,vorwärts} < m_Z + 10\,\text{GeV}$ gestellt.

Die gefundene Energie E_{vorw} wurde mit der simulierten Energie des topologischen Clusters verglichen. Dazu wurde das Verhältnis E_{vorw}/E_{topo} gebildet. Durch die Verschmierung der invarianten Masse des Elektronenpaares im Vergleich zur verwendeten Masse der Resonanzen bildet sich für dieses Verhältnis eine Verteilung aus. An die Verteilung von $Z \to e^+e^-$ wurde eine Lorentzverteilung[5] angefittet, an die für $J/\psi \to e^+e^-$ eine Crystal-Ball-Funktion[6]. Zur Durchführung der Fits wurde eine Aufteilung in Bereiche der Pseudorapidität $|\eta|$ vorgenommen. Exemplarische Fits für jeweils eine ausgewählte Region für $Z \to e^+e^-$ und $J/\psi \to e^+e^-$ werden in Abb. 8.3 gezeigt. Unter Verwendung der Werte aus Tab. 6.1 wurde eine Skalierung auf eine integrierte Luminosität von $\int \mathscr{L}\,dt = 100\,\text{pb}^{-1}$ vorgenommen. Für den Zerfall $J/\psi \to e^+e^-$ mussten die MC-

---

[5] Die Lorentz- oder Breit-Wigner-Verteilung beschreibt symmetrische Resonanzkurven und ist durch die Funktion

$$f_{Lor}(x) = \frac{1}{\pi} \frac{\gamma}{\gamma^2 + (x - x_0)^2}$$

gegeben. Die Parameter x_0 und γ beschreiben die Peakposition und die Breite.

[6] Die Crystal-Ball-Funktion ist eine Funktion, die eine asymmetrische Verteilung beschreibt. Auf der einen Seite folgt sie einer Gaußverteilung, auf der anderen Seite wird ein nichtlinearer Term verwendet. Damit eignet sie sich für den Fit an invariante Massenverteilungen, die durch Bremsstrahlung asymmetrisch werden. Die Crystal-Ball-Funktion wird beschrieben durch die Funktion

$$f_{CB} = (m; \alpha, n, \overline{m}, \sigma, N) = N \cdot \begin{cases} \exp\left(-\frac{(x-\overline{x})^2}{2\sigma^2}\right) & \text{falls } \frac{x-\overline{x}}{\sigma} > -\alpha \\ A \cdot \left(B - \frac{x-\overline{x}}{\sigma}\right)^{-n} & \text{falls } \frac{x-\overline{x}}{\sigma} \leq -\alpha, \end{cases} \quad (8.5)$$

mit $A = \left(\frac{n}{|\alpha|}\right)^{-n} \cdot \exp\left(-\frac{|\alpha|^2}{2}\right)$ und $B = \frac{n}{|\alpha|} - |\alpha|$.

8. Bestimmung der Energieskala der Elektronen

Simulationen mit einem Faktor 23,7 skaliert werden, für den Zerfall $Z \to e^+e^-$ mit einem Faktor 0,26.

Die Peakpositionen der zum Fitten verwendeten Lorentzfunktionen, bzw. die wahrscheinlichsten Werte (Modi) der angefitteten Crystal-Ball-Funktionen, wurden im weiteren als die gesuchten Kalibrationskonstanten $\langle E_{vorw}/E_{topo} \rangle$ behandelt. Diese gefundenen Kalibrationskonstanten für topologische Cluster in MC-Simulationen des Zerfalles $Z \to e^+e^-$ sind in Abb. 8.4 (a) für die betrachteten Bereiche der Pseudorapdität dargestellt. Die Abweichung des gemessenen Wertes von etwa 2 % entspricht den Erwartungen. Aus Abb. 8.4 (b) lässt sich die Abweichung von der rekonstruierten Energie in MC-Simulationen von Elektronen mit einer Energie von 10 GeV bei einer Pseudorapidität von $\eta = 2{,}7$ ablesen.

Für die MC-Simulationen von $J/\psi \to e^+e^-$ wurden die Kalibrationskonstanten ebenfalls bestimmt. Wegen der zu geringen Statistik für große Önungswinkel konnte das Vorwärtskalorimeter nicht betrachtet werden. Zusätzlich zur Betrachtung für topologische Cluster wurde eine Betrachtung für hadronische topologische Cluster durchgeführt. Den Erwartungen entsprechend sind die gemessenen Energien dieser Cluster größer und die Kalibrationskonstanten entsprechend kleiner, zeigen aber ein ansonsten ähnliches Verhalten. Der Verlauf für die topologischen Cluster ist ähnlich dem zuvor schon für $Z \to e^+e^-$ gefundenen. Das Verhalten der Konstanten wird in Abb. 8.5 gezeigt.

8.3.2. Erwartete Statistik

Aus dem in Abschnitt 7.7 gefundenen Verhältnis von Signal zu Untergrund und den Verläufen für die Verteilungen von berechneter E_{vorw} zu gemessener Energie E_{mess} im vorherigen Abschnitt wurde abgeschätzt, dass ab einer Statistik von $\mathcal{O}(1000)$ Ereignissen die Bestimmung der Kalibrationskonstanten $\langle E_{vorw}/E_{mess} \rangle$ durch Fitten möglich ist. Dazu wurde betrachtet, ab welcher Ereigniszahl stabiles Fitten möglich war.

Ausgehend von dieser Abschätzung und der aus MC-Simulationen erwarteten Statistik für Schwerpunktsenergien von 10 TeV wurde ein grobes Binning in der Pseudorapidität des Vorwärtsbereiches vorgenommen. Dabei wurde davon ausgegangen, dass eine Statistik von $100\,\text{pb}^{-1}$ für ein erstes Jahr der Datennahme realistisch ist. Entsprechend wurden erwartete Ereigniszahlen auf diese Datenmenge angepasst.

Da zum Zeitpunkt der Betrachtung noch nicht bekannt war, welche Trigger im letztlichen Betrieb Verwendung finden würden, wurden Triggereekte vernachlässigt. Abschätzungen der gesamten zu erwartenden Ereigniszahlen unter Einbezug

8.3. Test der Kalibration im Vorwärtsbereich mit MC-Simulationen

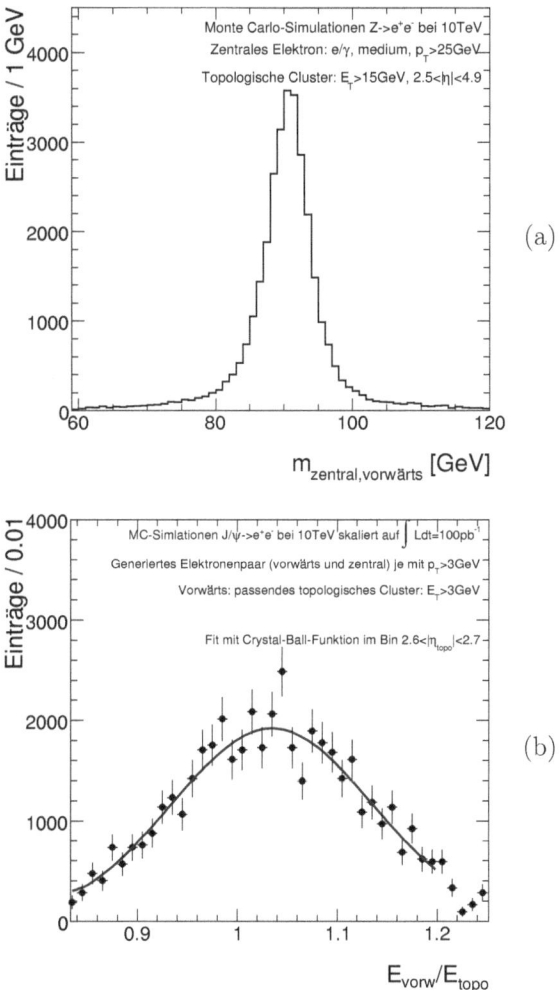

Abbildung 8.3.: *Vergleich zwischen berechneter Energie E_{vorw} und den Energien zugehöriger topologischer Cluster E_{topo}. Durch Fit mit einer Lorentzfunktion, bzw. mit einer Crystal-Ball-Funktion, wird der Kalibrationsfaktor für MC-Simulationen des Zerfalles $Z \to e^+e^-$ im Bin $2{,}8 < |\eta_{topo}| < 3{,}0$ (a), bzw. für MC-Simulationen des Zerfalles $J/\psi \to e^+e^-$ im Bin $2{,}6 < |\eta_{topo}| < 2{,}7$ (b) bestimmt. Die Verteilungen wurden auf eine Datenmenge von $\int \mathcal{L} dt = 100 \, pb^{-1}$ skaliert, Triggereffekte wurden vernachlässigt.*

8. Bestimmung der Energieskala der Elektronen

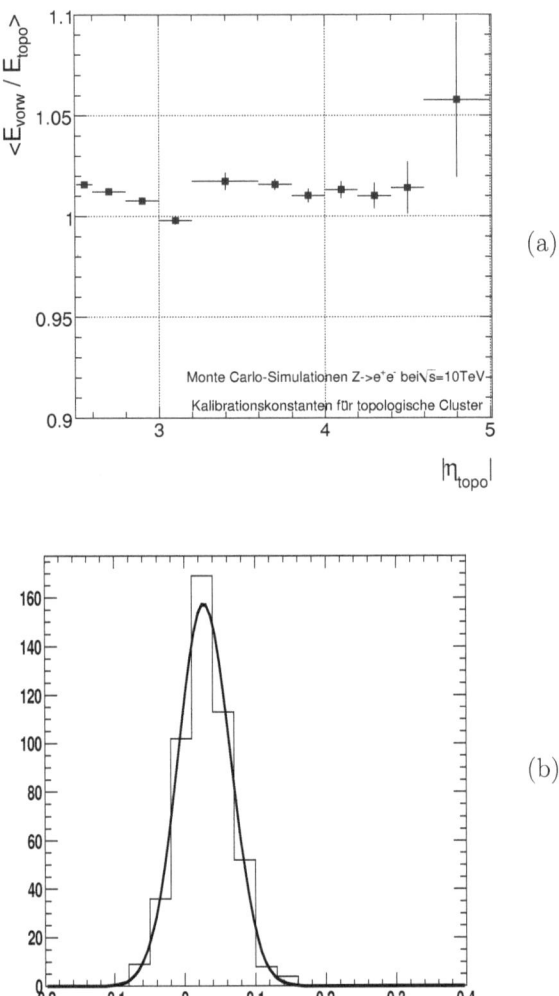

Abbildung 8.4.: *Mittelwerte der gefitteten Lorentzfunktionen an Vergleiche zwischen E_{vorw} und E_{topo} als Funktion der Pseudorapidität $|\eta_{topo}|$ für MC-Simulationen des Zerfalls $Z \to e^+e^-$ bei $\sqrt{s} = 10\,\text{TeV}$ (a) und Dierenz der rekonstruierten Energie E_{rec} topologischer Cluster und der generierten Energie E_{true} aus MC-Simulationen einzelner Elektronen bei fester Pseudorapidität $\eta = 2{,}7$ und mit fester Transversalenergie $E_T = 10\,\text{GeV}$ [Aha09] (b).*

8.3. Test der Kalibration im Vorwärtsbereich mit MC-Simulationen

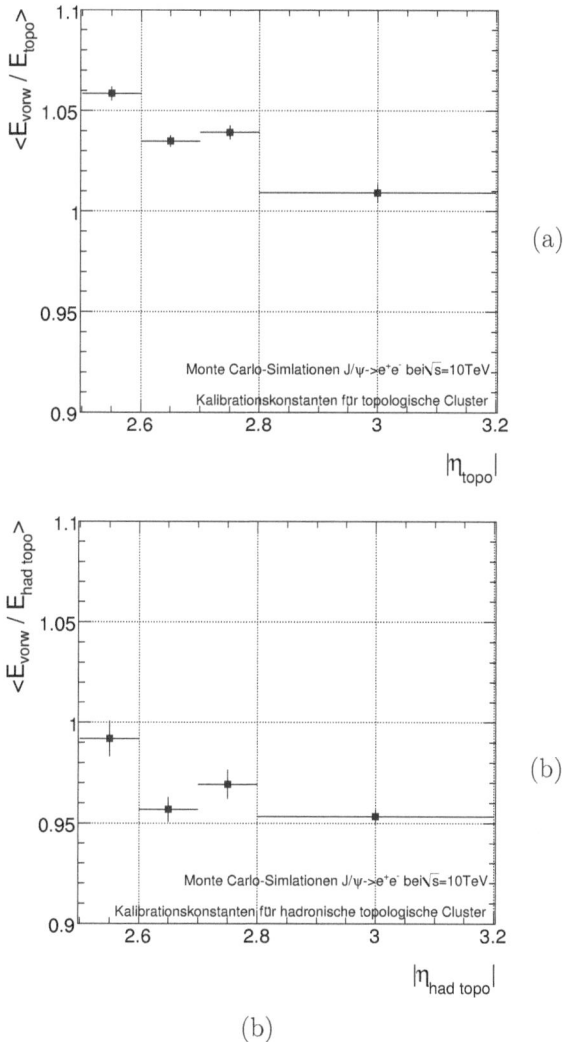

Abbildung 8.5.: *Mittelwerte der Crystal-Ball-Fits an Vergleiche zwischen den berechneten Energien E_{vorw} und den in topologischen Clustern gemessenen Energien E_{topo} (a), bzw. den in hadronischen topologischen Clustern gemessenen Energien $E_{had\ topo}$ (b) in unterschiedlichen Bereichen der Pseudorapidität für MC-Simulationen des Zerfalls $J/\psi \to e^+e^-$ bei Schwerpunktsenergien von $\sqrt{s} = 10\,\text{TeV}$.*

8. Bestimmung der Energieskala der Elektronen

der zum Zeitpunkt der Berechnung wahrscheinlich erscheinenden Triggerszenarien wurden vorgenommen.

Tatsächliche erste Kollisionen erfolgten bei $\sqrt{s} = 7\,\text{TeV}$. Die Anwendbarkeit der Erkenntnisse auf erste Kollisionen unter Berücksichtigung heutiger Kenntnisse über die vorherrschende Triggersituation wird diskutiert.

Erwartete Statistik aus MC-Simulationen

Um die zur Verfügung stehende Statistik für den Zerfall $Z \to e^+e^-$ bei $\sqrt{s} = 10\,\text{TeV}$ abzuschätzen, wurden Selektion und Skalierung aus dem vorhergehenden Abschnitt verwendet. Nach der Selektion wurde die skalierte Verteilung der Position des Vorwärtselektrons betrachtet. Pseudorapidität und Azimutwinkel wurden betrachtet, um eine Abschätzung der Statistik in der Phase der ersten Datennahme zu erhalten.

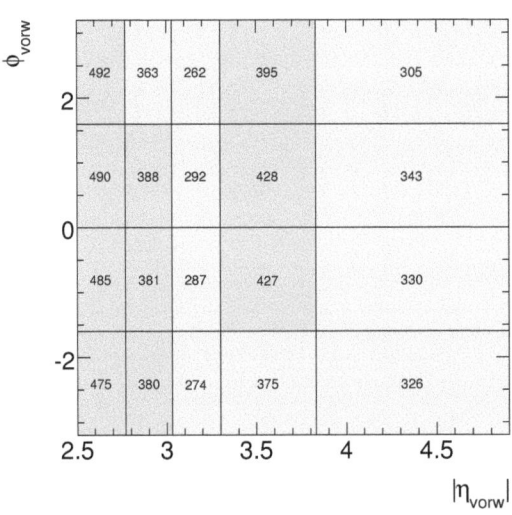

Abbildung 8.6.: *Erwartete Statistik in Abhängigkeit von $|\eta_{\text{vorw}}|$ und ϕ_{vorw} aus MC-Simulationen des Zerfalles $Z \to e^+e^-$, skaliert auf eine Datenmenge von $100\,\text{pb}^{-1}$ (ohne Berücksichtigung von Triggereffekten).*

8.3. Test der Kalibration im Vorwärtsbereich mit MC-Simulationen

Um eine grobe Abschätzung der Statistik für $J/\psi \to e^+e^-$ bei 10 TeV zu bekommen wurde wieder nach einem Paar generierter Elektronen gesucht; einem zentralen Elektron und einem im Vorwärtsbereich. Das Elektron im Vorwärtsbereich musste eine Transversalenergie von mindestens $p_T > 3\,\text{GeV}$ aufweisen, das im Zentralbereich von mindestens $p_T > 5\,\text{GeV}$. Zu den generierten Elektronen wurden rekonstruierte Objekte gesucht, deren Abstand zu den generierten Objekten maximal $\Delta R < 0{,}1$ betragen durfte.

Das zentrale Elektron musste mit dem Standard-e/γ-Algorithmus rekonstruiert und *medium* identifiziert sein. Es musste einen rekonstruierten Transversalimpuls von zumindest $p_T > 5\,\text{GeV}$ haben und im Zentralbereich außerhalb der Übergangsregion detektiert worden sein.

Zu dem Elektron im Vorwärtsbereich wurde ein topologisches Cluster im Vorwärtsbereich mit einer Transversalenergie von $E_T > 3\,\text{GeV}$ ($E_T > 5\,\text{GeV}$) gesucht. Den Empfehlungen für niederenergetische Elektronen folgend musste es den Schnitten auf f_{Max} und λ_{Zentral} aus den *tight*-Schnitten genügen. In Abb. 8.7 sind die Positionen des jeweils vorwärtigen Elektrons in Pseudorapidität und Azimutwinkel aufgetragen. Der im vorherigen Abschnitt genannte Skalierungsfaktor wird verwendet.

Anwendbarkeit auf Charmonium-Zerfälle in Daten für das Jahr 2010

Um die Anwendbarkeit der gefundenen Verteilungen des Zerfalles $J/\psi \to e^+e^-$ auf die Daten des Jahres 2010 abschätzen zu können, werden die angestellten Studien unter Nutzung des heutigen Kenntnisstandes betrachtet. Dazu muss auf Erkenntnisse aus späteren Kapiteln verwiesen werden.

In Abschnitt 6.2.3 wurde beschrieben, dass die Beiträge der Zerfallskanäle des J/ψ in MC-Simulationen inkorrekt beschrieben sind und der Produktionswirkungsquerschnitt des Zerfalles $J/\psi \to e^+e^-$ wurde unter Einbeziehung von Verzweigungsverhältnissen und ML-Filter zu $\sigma_{A2} = 105\,\text{nb}$ angegeben. Kombination der Wirkungsquerschnitte der prompten Zerfallskanäle D 1, D 3, D 5 und D 7 mit ihren Filterefizienzen und Verzweigungsverhältnissen liefert mit $\sigma = 204\,\text{nb}$ einen Wert für prompte Zerfallskanäle bei $\sqrt{s} = 7\,\text{TeV}$ der etwa doppelt so groß ist.

Unter Annahme ähnlicher Verteilungen können die Erkenntnisse trotzdem nicht auf die in Abb. 4.2 gezeigte integrierte Luminosität von $\int \mathscr{L}\,\mathrm{d}t = 48{,}5\,\text{pb}^{-1}$ skaliert werden. Spätere Studien, die in Tab. 10.6 aufgelistet sind, zeigen, dass die verwendbaren Elektronentrigger bei niedrigen transversalen Impulsen durch hohe Vorskalierungen weit geringere integrierte Luminositäten liefern.

Die in Abschnitt 10.2 verwendeten Trigger für Elektronenpaare sind nicht verwendbar. Sie fordern Elektronenpaare, bei denen beide Elektronen im Zentral-

8. Bestimmung der Energieskala der Elektronen

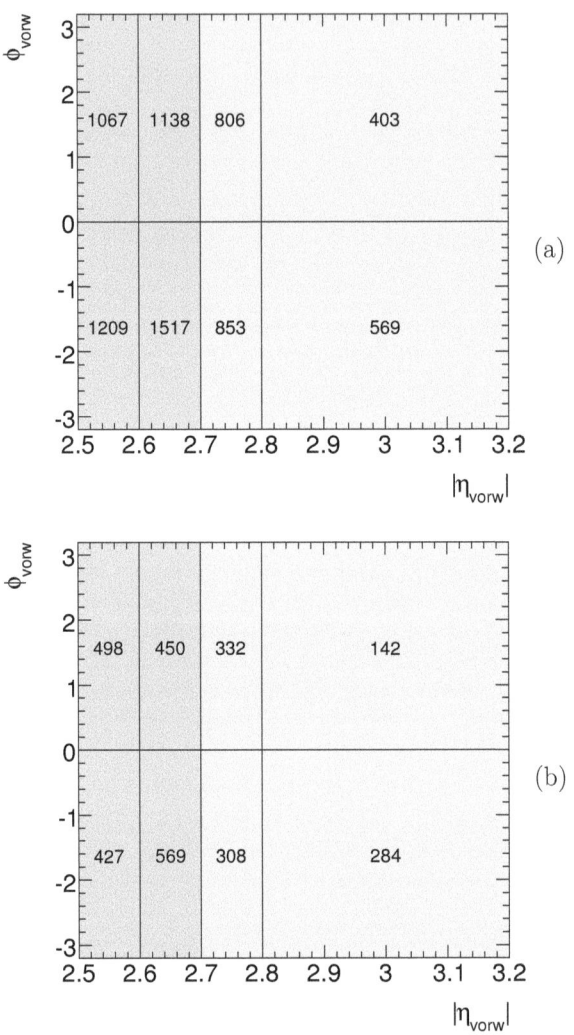

Abbildung 8.7.: *Erwartete Statistik von* $J/\psi \to e^+e^-$ *in Abhängigkeit von* $|\eta_{vorw}|$ *und* ϕ_{vorw} *für* $E_{T,vorw} > 3\,\text{GeV}$ *(a) und* $E_{T,vorw} > 5\,\text{GeV}$ *(b), skaliert auf eine Datenmenge von* $100\,\text{pb}^{-1}$ *(ohne Berücksichtigung von Triggereekten).*

8.3. Test der Kalibration im Vorwärtsbereich mit MC-Simulationen

bereich liegen. Trigger für einzelne Elektronen mit einem Transversalimpuls von zumindest $p_T > 3\,\text{GeV}$ lieferten im Jahr 2010 integrierte Luminositäten im Bereich von $\int \mathscr{L}\,\text{d}t = \mathcal{O}\left(0{,}1\,\text{pb}^{-1}\right)$, Trigger für einzelne Elektronen mit einem Transversalimpuls von zumindest $p_T > 5\,\text{GeV}$ stießen immerhin in den Bereich $\int \mathscr{L}\,\text{d}t = \mathcal{O}\left(1\,\text{pb}^{-1}\right)$ vor.

Zur Anwendung der entwickelten Methode zur Kalibration im Vorwärtsbereich mit dem Zerfall $J/\psi \rightarrow e^+e^-$ stand deswegen nicht genug Statistik zur Verfügung. Durch weitere Erhöhung der Vorskalierung wird auch keine wesentliche Verbesserung erwartet. Die Methode fand bei Messungen mit dem Zerfall $Z \rightarrow e^+e^-$ mit höherenergetischen Elektronen Verwendung. Diese Messungen sind nicht Bestandteil der vorliegenden Arbeit.

Teil III.
Messungen

9. Kalibration mit Zerfällen neutraler Pionen in den ersten Daten

Im November 2009 begann der Kollisionsbetrieb des LHC. Erste Protonen wurden bei einer Einschussenergie von 450 GeV im Beschleunigerring zirkuliert und bei Schwerpunktsenergien von $\sqrt{s} = 900$ GeV kollidiert. In den Daten, die in diesem Zeitraum genommen wurden, waren Energie und Luminosität noch zu gering, als dass die erwartete Statistik für eine Suche nach Zerfällen des J/ψ ausreichend gewesen wäre. Mit den ersten Daten wurde gezeigt, dass die Selektion von Pionen in ersten Daten bei niedriger Energie möglich ist. Dazu wurde die in Abschnitt 9.1 vorgestellte Selektion von Photonpaaren unter Nutzung von Clustern aus den Kalorimetern durchgeführt. Um einen Eindruck von der Auflösung des Kalorimeters zu bekommen, wurden die Peaks in unterschiedlichen Detektorbereichen betrachtet.

Um diese ersten Pionzerfälle zu nutzen, um einen Eindruck von der Energieskala für elektromagnetische Teilchen zu bekommen, wurde die in Abschnitt 8.2.2 entwickelte Methode angewendet. In Ermangelung von Informationen aus der Spurkammer wurden die topologischen Cluster unter Nutzung der besser bekannten topo-initiierten Sliding-Window-Clustern kalibriert. Der Einfachheit halber werden die topo-initiierten Sliding-Window-Cluster im Verlauf dieses Kapitels als Sliding-Window-Cluster bezeichnet. Die Kalibration wurde in Barrel- und Endkappenkalorimeter vorgenommen.

9.1. Selektion und Messung des neutralen Pions

Der verwendete Satz von Daten bei $\sqrt{s} = 900$ GeV, der im Jahr 2009 aufgenommen wurde, wurde unter Verwendung der in Abschnitt 4.8.5 beschriebenen Minimum-Bias-Triggerszintillatoren aufgezeichnet. Dabei wurden gefordert, dass

9. Kalibration mit Zerfällen neutraler Pionen in ersten Daten

der MBTS auf mindestens einer Detektorseite mindestens ein Signal über einer Auslöseschwelle liefert [Aad10b]. Kollisionskandidaten wurden unter Forderung zeitlich koinzidenter Signale aus den elektromagnetischen Endkappenkalorimetern oder aus den Triggerszintillatoren vorselektiert [Ana10a]. Bei der Aufnahme des Datensatzes wurde „gute" Datenqualität in den elektromagnetischen und hadronischen Kalorimetern gefordert und der Solenoidmagnet musste mit dem nominalen Strom betrieben worden sein. Der so aufgenommene Datensatz hatte eine integrierte Luminosität von $\int \mathscr{L} dt = 11{,}5\,\mu b^{-1}$ und wurde mit ATHENA in Release 15 rekonstruiert.

Die Selektion des Zerfalles $\pi^0 \to \gamma\gamma$ wurde in weitgehender Analogie zur Beschreibung in Ref. [Ana10a] vorgenommen. Ein Sliding-Window-Cluster wurde mit einem topologischen Cluster kombiniert. Für beide wurde eine Transversalenergie von $E_T > 400\,\text{MeV}$ und eine Pseudorapidität von $|\eta| < 3{,}2$ gefordert, zusätzlich eine kombinierte Transversalenergie von $E_{T,SW} + E_{T,topo} > 900\,\text{MeV}$.

Die Identifikation wurde über die Schauerform der Photonen vorgenommen. Für die Sliding-Window-Cluster wurde im dreilagigen Kalorimeterbereich auf den Anteil der Energie in der ersten Lage an der Gesamtenergie $f_{1,\text{Lagen}} > 0{,}1$ und im Bereich mit nur 2 Detektorlagen auf den Anteil der Energie in der zweiten Detektorlage an der Gesamtenergie $0{,}9 < f_{2,\text{Lagen}} < 1{,}1$ geschnitten. Für die topologischen Cluster wurden Schnitte auf die in Abschnitt 7.6 beschriebenen Variablen λ_{Zentrum} und f_{Max}, sowie auf das nach Gl. 7.1 berechnete erste Moment der Energiedichte $\langle E^1 \rangle$ gefordert. Diese wurden in Abhängigkeit von der Pseudorapidität durchgeführt und sind in Tab. 9.1 aufgelistet. Um Doppelzählungen zu vermeiden, wurde ein Mindestabstand der Cluster in der Pseudorapidität von $|\Delta\eta| > 0{,}03$ verlangt.

Schnitt	$|\eta_{\text{topo}}| \in$	$[0{,}0; 0{,}8[$	$[0{,}8; 1{,}5[$	$[1{,}5; 2{,}4[$	$[2{,}4; 2{,}5[$	$[2{,}5; 3{,}2[$
λ_{Zentrum}	[mm]	< 300	< 300	< 280	< 280	< 300
f_{Max}		< 0,375	< 0,375	< 0,400	< 0,480	$\in [0{,}300; 0{,}800]$
$\langle E^1 \rangle$	[MeV/mm^3]	> 0,00015	> 0,00010	> 0,00050	> 0,00050	> 0,00035

Tabelle 9.1.: *Schnitte auf die Schauerform der topologischen Cluster in unterschiedlichen Regionen von $|\eta_{\text{topo}}|$.*

Die Verteilung der invarianten Masse des Clusterpaares ist in Abb. 9.1 (a) gezeigt. Der Beitrag aus dem Zerfall $\pi^0 \to \gamma\gamma$ ist deutlich zu sehen. Mit ei-

9.1. Selektion und Messung des neutralen Pions

nem zusätzlichen Schnitt auf den Energieanteil der höchstenergetischen Zelle $f_{max} < 0{,}375$ konnte gezeigt werden (Abb. 9.1 (b)), dass der Ausläufer bei niedrigen Massen ein Untergrundanteil ist. Der Schnitt findet in der folgenden Selektion keine Anwendung.

In Abb. 9.2 ist die invariante Masse in unterschiedlichen Bereichen der Pseudorapidität des topologischen Clusters aufgetragen. Im Folgenden wird davon ausgegangen werden, dass die Verschiebung der invarianten Massen allein auf die unkalibrierten topologischen Cluster zurückzuführen ist. Ein Vergleich der gezeigten Verteilungen für den Barrelbereich (a), für das äußere Rad der Endkappe (c) und für das innere Rad der Endkappe (e) zeigt, dass der Untergrund bei niedrigen invarianten Massen den Endkappen entstammt.

An die Verteilungen für den Barrelbereich und die beiden Unterbereiche der Endkappe wurden dabei Fits angelegt, um die Masse in diesen Bereichen zu messen. Um den Einfluss der Struktur bei niedrigen invarianten Massen zu vermeiden, wurde der Massenbereich für den inneren Endkappenkarlorimeter auf den Bereich $80 < m < 700\,\text{MeV}$ eingeschränkt. Die Fits für das Barrelkalorimeter und für das äußere Endkappenkalorimeter wurden im Bereich $50 < m < 700\,\text{MeV}$ angepasst. Die Summe aus einer Gaußfunktion und einem Chebychevpolynom[1] dritter Ordnung wurde als Fitfunktion verwendet. Die gemessenen Massen $\bar{m}$ und die Breiten σ_m, sind in Tab. 9.2 aufgelistet, die Fits in den Abbildungen 9.2 (b), (d) und (f) gezeigt. Mit höherer Pseudorapidität sinkt die Statistik und die Fitqualität wird schlechter; für das innere Rad des Endkappenkalorimeters trägt der geänderte Fitbereich dazu erheblich bei.

Die rekonstruierten Massen sind leicht größer als die nach Ref.[Nak10] zu erwartende Masse neutraler Pionen von $m_0 = (134{,}9766 \pm 0{,}0006)\,\text{MeV}$. Dieser Eekt wird für kleinere Pseudorapiditäten größer. Das wird von der Forderung an die Transversalenergie der Elektronen verursacht. Mit dieser Forderung geht eine Forderung an die Energie einher. Je größer die Pseudorapidität, desto größer der Schnitt auf die Energie. Das führt zu einer besseren Auflösung in Bereichen größerer Pseudorapiditäten.

---

[1] Durch ein Chebychevpolynom nter Ordnung können die gleichen Verläufe beschrieben werden, wie durch ein gewöhnliches Polynom nter Ordnung. Als Fitfunktionen liefern sie dank geschickterer Anordnung der Exponenten und der folgenden geringeren Korrelation zwischen den Fitkoezienten stabilere Ergebnisse.

9. Kalibration mit Zerfällen neutraler Pionen in ersten Daten

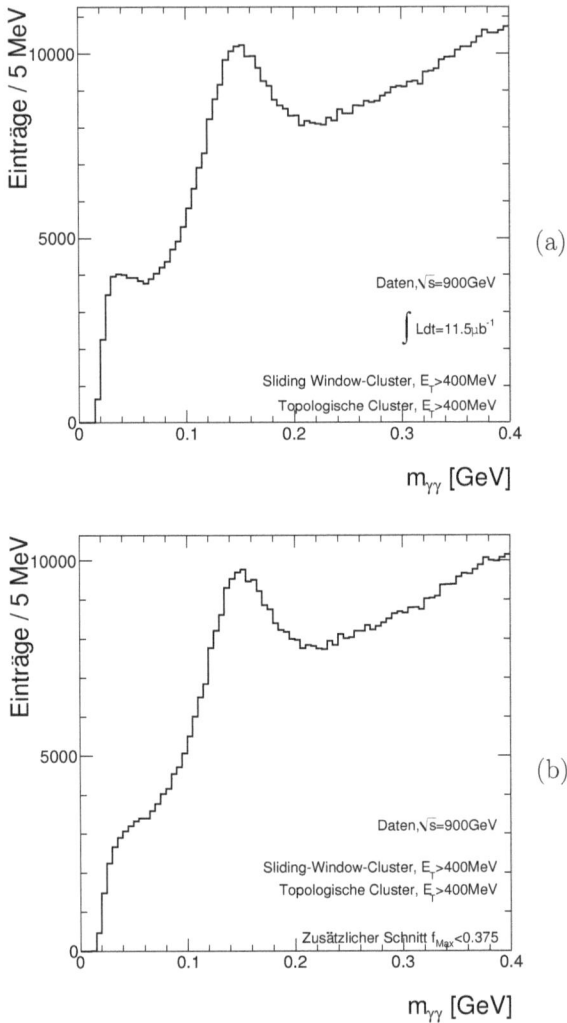

Abbildung 9.1.: *Invariante Masse aus der Kombination von topologischen und Sliding-Window-Clustern nach den im Text beschriebenen Schnitten (a) und nach der zusätzlichen Forderung $f_{\text{Max}} < 0{,}375$ (b) für Daten bei $\sqrt{s} = 900\,\text{GeV}$.*

9.1. Selektion und Messung des neutralen Pions

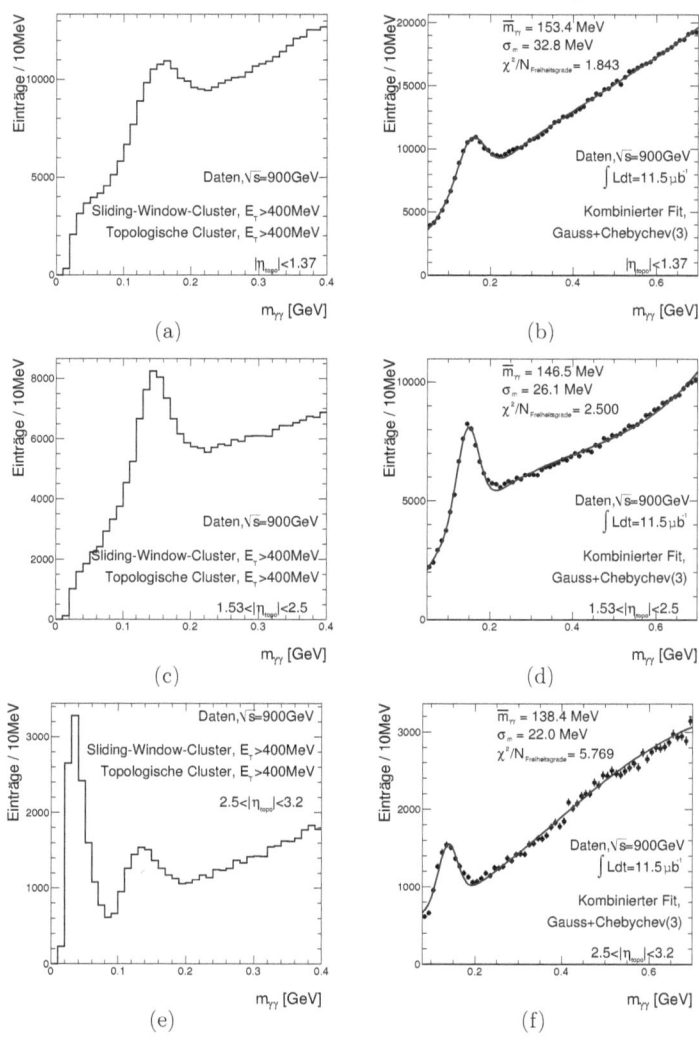

Abbildung 9.2.: *Invariante Masse aus der Kombination eines Sliding-Window-Clusters und eines topologischen Clusters für unterschiedliche Bereiche der Pseudorapidität des topologischen Clusters in Daten bei $\sqrt{s} = 900\,\text{GeV}$: für den Barrelbereich (a) und (b), für das äußere Rad der Endkappe (c) und (d) und für das innere Rad der Endkappe (e) und (f). Im Bereich $70 < m < 700\,\text{MeV}$ wurde für den Barrelbereich (b), für das äußere (d) und für das innere (f) Rad der Endkappe jeweils eine Kombination aus Gaußfunktion und einem Chebychevpolynom dritter Ordnung angefittet.*

9. Kalibration mit Zerfällen neutraler Pionen in ersten Daten

	$\bar{m}$	σ_m	$\chi^2/N_{\text{Freiheitsgrade}}$
Barrel	153,4 MeV	32,8 MeV	1,84
Endkappe, äußeres Rad	146,5 MeV	25,1 MeV	2,50
Endkappe, inneres Rad	138,4 MeV	22,0 MeV	5,77

Tabelle 9.2.: *Massen $\bar{m}$, Breiten σ_m und Qualität $\chi^2/N_{\text{Freiheitsgrade}}$ aus den Fits an die Massenverteilungen in den unterschiedlichen Kalorimeterbereichen.*

9.2. Tests der Methode zur Kalibration im Zentralbereich

Um eine Kalibration der im topologischen Cluster gemessenen Energie E_{topo} vorzunehmen, wurde die Erwartung für die Energie E_{vorw} mit Hilfe der in Abschnitt 8.2.2 entwickelten Methode und unter Ausnutzung der Clusterpositionen und der besser bekannten Energie des Sliding-Window-Clusters ausgerechnet. Dieser Vergleich wurde durch Betrachtung des Verhältnisses zwischen beiden Größen $E_{\text{vorw}}/E_{\text{topo}}$ vorgenommen. Durch Einschränkung der invarianten Masse auf den Bereich $m < 650$ MeV fand eine Beschränkung auf niederenergetische Photonen statt, für die die Selektion optimiert war.

Wegen der geringen Datenstatistik mussten für Fits Informationen aus MC-Simulationen verwendet werden. Es stand keine Satz von MC-Simulationen für die Zerfälle neutraler Pionen zur Verfügung. Verwendet wurde der Satz B 1 von MC-Simulationen für Drell-Yan-Prozesse bei niedrigen Energien. Der Vergleich mit generierten Photonenpaaren aus dem Zerfall desselben neutralen Pions $\pi^0 \to \gamma\gamma$ lieferte Signalereignisse; erfüllten Ereignisse diese Forderung nicht, so wurden sie zur Beschreibung des Untergrundes verwendet. Ein Beispiel der resultierenden Verteilungen für das Intervall $2{,}0 < |\eta_{\text{topo}}| < 2{,}2$ ist in Abb. 9.3 gezeigt. Für die Signalverteilung wurde eine Gaußverteilung angenommen und gefittet, für die Untergrundverteilung eine Landauverteilung. Der Ausläufer zu hohen Verhältnissen in der Signalverteilung wird durch Untergrund bei niedrigen Massen verursacht.

Um einen Fit an die Daten vornehmen zu können, mussten die Fitparameter eingeschränkt werden. Die Summe aus einer Gauß- und einer Landauverteilung wurde an die Daten angefittet. Dabei wurden die Form und die Position der Landauverteilung und die Form der Gaußverteilung auf in MC-Simulationen gefundene Werte festgesetzt. Beispielhaft ist in Abb. 9.4 wieder die Verteilung im Bin $2{,}0 < |\eta_{\text{topo}}| < 2{,}2$ gezeigt.

9.2. Tests der Methode zur Kalibration im Zentralbereich

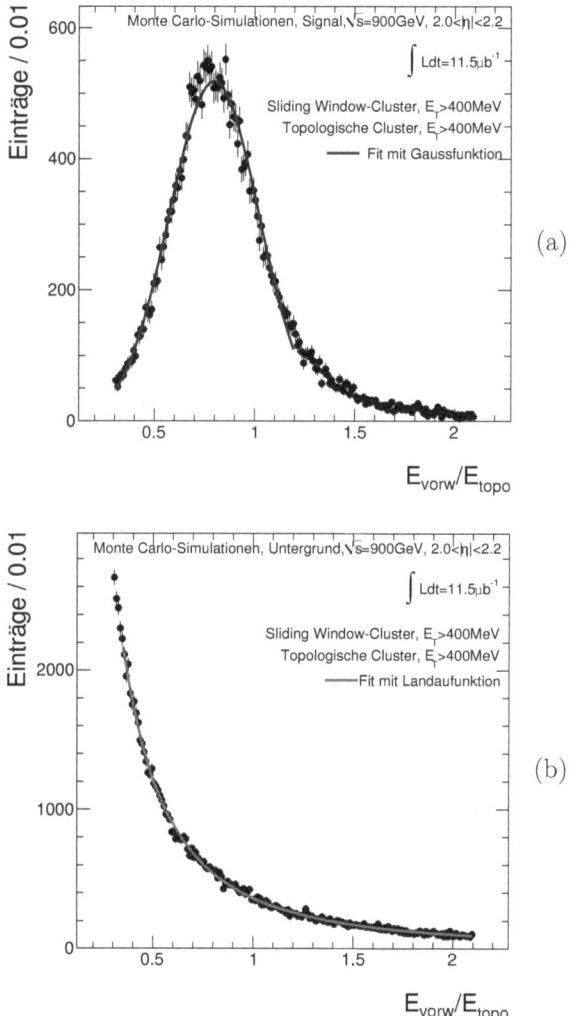

Abbildung 9.3.: *Fit einer Gaußverteilung an die Signalerwartung (a) und einer Landauverteilung an die Untergrunderwartung (b) für E_{vorw}/E_{topo} in MC-Simulationen bei $\sqrt{s} = 900\,\text{GeV}$ im Bereich $2{,}0 < |\eta_{vorw}| < 2{,}2$.*

9. Kalibration mit Zerfällen neutraler Pionen in ersten Daten

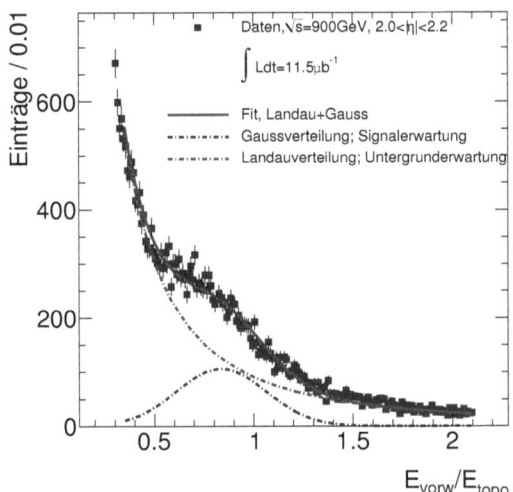

Abbildung 9.4.: *Fit der Summe aus Landau- und Gaußverteilung für die Variable E_{vorw}/E_{topo} im Bereich $2{,}0 < |\eta_{vorw}| < 2{,}2$. Die Startwerte für den Fit entstammen den Fits an Untergrund- und Signalerwartung, die in Abb. 9.3 exemplarisch gezeigt sind. Die Formen der beitragenden Verteilungen wurden festgesetzt.*

9.2. Tests der Methode zur Kalibration im Zentralbereich

Die Mittelwerte der gefitteten Gaußverteilungen stellen das gemessene Verhältnis zwischen erwarteter und gemessener Energie $\langle E_{vorw}/E_{topo}\rangle$ dar. Die Ergebnisse für die unterschiedlichen Bins in $|\eta_{topo}|$ sind in Abb. 9.5 (a) gezeigt. Der Mangel an Statistik nahe der Übergangsregion $0{,}8 < |\eta| < 1{,}8$ und im inneren Rad der Endkappe $|\eta| > 2{,}5$ verhinderten es, sinnvolle Fits anzulegen. Für diese Bereiche konnten deswegen keine Werte angegeben werden.

Um die Ergebnisse aus der Kalibrationsmethode zu überprüfen, wurden generierte Photonen mit Transversalenergien von mindestens $E_T > 400$ MeV aus MC-Simulationen untersucht. Ein Vergleich zwischen den generierten Energien E_{gen} und den rekonstruierten Energien E_{topo} zugehöriger topologischer Cluster wurde durchgeführt. Aus der resultierenden Verteilung wurde durch Fit mit einer Gaußverteilung der Mittelwert $\langle E_{gen}/E_{topo}\rangle$ als Kalibrationskonstante extrahiert. Dieser ist, zusammen mit dem Fehler aus dem Fit, in Abb. 9.5 (b) zu sehen. In den Bereichen, in denen die Gaußverteilungen zuverlässig gefittet werden konnten ($|\eta_{topo}| < 0{,}8$ und $1{,}8 < |\eta_{topo}| < 2{,}2$), ist der Verlauf der Verteilungen kompatibel zu den Erwartungen aus der Kalibrationsmethode. Unterschiede im Absolutwert wurden auf Grund der *in realiter* nicht perfekt kalibrierten Sliding-Window-Cluster erwartet.

Für die studierten Photonen überschätzen topologische Cluster die erwarteten Energien um etwa 20 %. Verläufe aus der entwickelten Kalibrationsmethode und Erwartungen aus MC-Simulationen zeigten ähnliche Verläufe, waren aber systematisch verschoben. Bei niedrigen Energien fallen Rauschbeiträge relativ stärker ins Gewicht. Insbesondere in den topologischen Clustern mit potentiell größerer Ausbreitung macht sich das bemerkbar. Die Methode zur Kalibration liefert die erwarteten Werte und hat sich bei Messungen in ersten Daten bewährt.

Die Tests wurden bei den Energien von Photonen aus Pionzerfällen durchgeführt. Die transversalen Impulse lagen mit Werten von $p_T \gtrsim 400$ MeV weit unter den transversalen Impulsen von $p_T \gtrsim 3$ GeV, für die das Kalorimeter ausgelegt ist. Bereits in diesem Energiebereich war die Selektion von Pionen möglich. Ein erster Eindruck vom Energieverhalten elektromagnetischer Schauer bei sehr niedrigen Energien konnte gewonnen werden.

9. Kalibration mit Zerfällen neutraler Pionen in ersten Daten

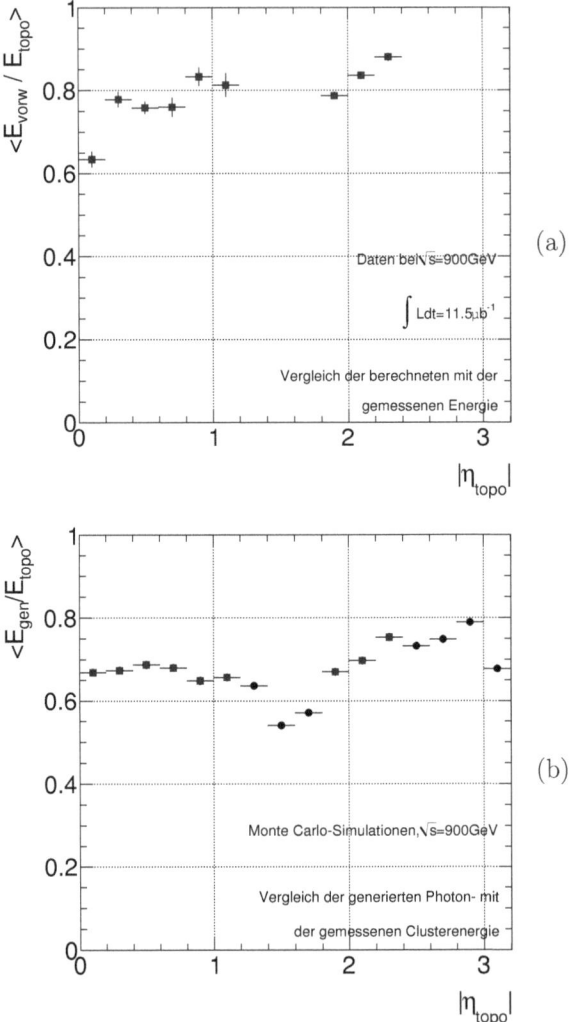

Abbildung 9.5.: *Erwartetes Mittel der Position der Signalverteilungen $\langle E_{vorw}/E_{topo}\rangle$ in Bins von $|\eta_{topo}|$ in Daten (a) und Mittel des Verhältnisses aus generierten Photonenergien und zugehörigen Clusterenergien aus MC-Simulationen (b). In der Verteilung aus MC-Simulationen sind die Bins in den Wertebereichen, in denen auch für Daten Werte bestimmt werden konnten, rot hervorgehoben.*

10. Energieverhalten von Elektronen und Vergleiche mit MC-Simulationen

Die Kalibration der Kalorimeter mit dem Zerfall $J/\psi \to e^+e^-$ konnte im Rahmen dieser Arbeit nur im Zentralbereich untersucht werden. Die Statistik von Elektronen aus dem Zerfall $J/\psi \to e^+e^-$ im Vorwärtsbereich war bei der erreichten Schwerpunktsenergie von $\sqrt{s} = 7\,\text{TeV}$, der zur Verfügung stehenden integrierten Luminosität und den hohen Vorskalierungen für Einelektron-Trigger zu gering.

In diesem Kapitel wird die in Abschnitt 8.2.1 vorgestellte Methode zur lokalen Kalibration verwendet, um Kalibrationskonstanten für die im Kalorimeter gemessene Energie zu bestimmen. Dazu wird das Kalorimeter in unterschiedliche Bereiche von Pseudorapidität und Transversalimpuls aufgeteilt. Die Resultate zweier Analysen werden vorgestellt und verglichen.

In der Phase früher Datennahme mit niedrigen Luminositäten erlaubten die Triggereinstellungen noch das Aufzeichnen von Ereignissen mit niederenergetischen Elektronen. Um mit diesen Elektronen arbeiten zu können, waren die Standard-Mechanismen für Rekonstruktion und Identifikation noch nicht anwendbar; die Rekonstruktion mit topo-initiierten Clustern wurde verwendet und die Identifikation musste optimiert werden. Die Selektion der Elektronenpaare des Zerfalls $J/\psi \to e^+e^-$ wird in Abschnitt 10.1.1 behandelt. Mit den Elektronenpaaren bot sich die Möglichkeit, bereits früh die Energieskala relativ reiner Samples von Elektronen im Kalorimeter zu untersuchen. Erste Untersuchungen zur Linearität der Kalorimeter werden in Abschnitt 10.1.2 vorgestellt. Schließlich boten die Elektronen auch die Möglichkeit, die beobachtete Kinematik des Elektronenpaares und die Schauerformen von Elektronen mit den Vorhersagen aus MC-Simulationen zu vergleichen. Es werden Methoden verwendet, die die Verteilungen der Elektronen von denen des Untergrundes separieren. Diese Separation und die Vergleiche werden in Abschnitt 10.1.3 angestellt.

Während späterer Phasen der Datennahme wurde bereits auf höherenergetische Elektronen getriggert und die Standard-Mechanismen zur Rekonstruktion

10. Energieverhalten von Elektronen und Vergleiche mit MC

und Identifikation konnten verwendet werden. Dabei bot die Selektion der J/ψ-Resonanz wieder die Möglichkeit, relativ reine Elektronensamples zu untersuchen, diesmal aber bei höheren Energien. Die verhältnismäßig einfache Selektion dieser Elektronenpaare wird in Abschnitt 10.2.1 beschrieben, erneute Untersuchungen der Energieskala des Kalorimeters in Abschnitt 10.2.2 und die wieder angestellten Vergleiche mit MC-Methoden in Abschnitt 10.2.3.

Schließlich wird Abschnitt 10.3 genutzt, um die Resultate aus den beiden Studien zur Energieskala des Kalorimeters und zum Vergleich der Verteilungen aus Daten und Simulationen zusammenzufassen.

10.1. Energieverhalten und Vergleiche mit MC-Simulationen bei niedrigen Luminositäten

In diesem Abschnitt wird die Suche nach ersten Zerfällen $J/\psi \to e^+e^-$ beschrieben. Dabei wurde zuerst nach einer geeigneten Selektion gesucht. In Abschnitt 10.1.1 wird beschrieben, wie die Suche nach dieser Selektion vonstatten ging. Während in dieser Arbeit dem Ansatz einer Optimierung anhand von MC-Simulationen gefolgt wird, wurde von der Sheffield-Gruppe eine Optimierung [Ana10b] mit Hilfe von Daten vorgenommen. Beide Ansätze wurden verglichen und zu einer gemeinsamen Selektion vereint.

Die selektierten Elektronenpaare wurden in Abschnitt 10.1.2 verwendet, um eine erste Abschätzung der Energieskala der Kalorimeter zu erhalten. Zum Abschluss werden die Elektronensamples genutzt, um Vergleiche zwischen Verteilungen aus Daten und aus MC-Simulationen anzustellen (Abschnitt 10.1.3).

10.1.1. Selektion und erste Messung von Elektronenzerfällen des Charmoniums bei Atlas

Während der Phase erster Datennahme mit niedrigen Luminositäten konnten die Trigger noch so eingestellt werden, dass Elektronen aus dem Zerfall $J/\psi \to e^+e^-$ mit niedrigen Transversalimpulsen $p_T > 2\,\text{GeV}$ detektiert werden konnten. Bei der Verwendung derart niedriger Impulse sind die Effizienzen für die Standardrekonstruktion und die Standardidentifikation sehr gering. Entsprechend mussten andere Methoden zur Rekonstruktion und Identifikation entwickelt werden.

Zur Rekonstruktion der Elektronen wurde die Methode verwendet, die bereits bei der Rekonstruktion von Photonen bei $\sqrt{s} = 900\,\text{GeV}$ Anwendung fand (Abschnitt 9.1). Sliding-Window-Cluster wurden unter Verwendung des Baryzentrums

10.1. Messungen bei niedrigen Luminositäten

eines topologischen Clusters als Startpunkt gebildet. Das so gefundene Cluster bildete den Ausgangspunkt für die Standard-e/γ-Rekonstruktion.

Die Selektion musste ebenfalls optimiert werden. Es wurde ein Datensatz[1] mit einer integrierten Luminosität von $\int \mathscr{L}\,\mathrm{d}t \approx 1{,}0\,\mathrm{nb}^{-1}$ verwendet. Die integrierten Luminositäten der zur Optimierung verwendeten MC-Simulationen[2] entsprachen $\int \mathscr{L}\,\mathrm{d}t \approx 101\,\mathrm{\mu b}^{-1}$ für den Drell-Yan-Satz C 2 von Untergrundprozessen und $\int \mathscr{L}\,\mathrm{d}t \approx 6{,}2\,\mathrm{nb}^{-1}$ für den Satz C 1 von Signalsimulationen.

Eine erste Betrachtung der verwendeten Schnittvariablen[3] und die gefundenen Selektionskriterien sind in der linken Spalte von Tab. 10.1 aufgelistet und werden mit dem Satz von Selektionskriterien verglichen, den die Sheffield-Gruppe gefunden hatte. Die Verteilungen der Variablen f_1, f_{Max} und R zeigten Unterschiede in den unterschiedlichen Bereichen des Barrelkalorimeters und in der Endkappe, wie in Abb. 10.1 zu sehen ist. Der Satz von Schnitten für diese Variablen musste für die einzelnen Regionen angepasst werden.

In einem zweiten Schritt wurden deswegen für die drei Variablen, in denen sich eine Abhängigkeit von der Pseudorapidität gezeigt hatte, die Signifikanz für gegebene Signaleffizienzen optimiert. Das geschah in Analogie zur in Abschnitt 7.7 vorgestellten Methode: nach Anwendung aller sonstigen Schnitte wurden dreidimensionale Histogramme für MC-Simulationen von Signal und Untergrund gefüllt. Auf den Achsen war der jeweils kleinere Wert (für eines der beiden Elektronen) der drei Variablen aufgetragen. Eine Maximierung des Verhältnisses von Signaleffizienz zu Untergrundeffizienz wurde vorgenommen und die resultierende Untergrundeffizienz wurde in Abb. 10.2 gegen eine vorgegebene minimale Signaleffizienz aufgetragen. Die gefundenen Schnitte innerhalb der gewählten Bereiche in der Pseudorapidität finden sich im Anhang in den Tabellen A.3, A.4 und A.5. Die gewählte Optimierung für die Schnitte ist in Tab. 10.1 aufgeführt. Dort findet sich auch der Satz von Schnitten, der von der Sheffield-Gruppe gefunden wurde.

Eine Anwendung dieser Schnitte auf MC-Simulationen liefert eine Anreicherung des nach Luminosität gewichteten Verhältnisses von Signal- zu Untergrundzahl von $N_{\text{Sig}}/N_{\text{Untergrund}} = 0{,}05$ nach der Rekonstruktion auf 16,5 nach der Identifikation. Für den in Sheffield optimierten Satz ergab sich nach allen Schnitten ein Verhältnis von nur 8,9.

---

[1]Verwendet wurden Daten aus den Läufen 152166, 152345, 152409, 152441, 152508, 152777, 152845, 152878, 152933, 153030, 153134, 153159 und 153200 aus Laufperiode A und aus dem Lauf 153565 aus Laufperiode B. Zur Rekonstruktion wurde ATHENA in Release 15 verwendet.

[2]Die Samples wurden in Tab. 6.1 definiert.

[3]Siehe Abschnitt 7.5, insbesondere Tab. 7.3.

10. Energieverhalten von Elektronen und Vergleiche mit MC

Erste Optimierung	Optimierung in Abhängigkeit von $\|\eta\|$	Sheffield Schnitte
Allgemeine Forderungen		
"Gute" Läufe		
Anforderungen an die Elektronen		
Elektronenpaar unterschiedlicher Ladung rekonstruiert mit Standard-e/γ		
$\|\eta\| < 2{,}0$		$\|\eta_{Spur}\| < 2{,}0$
$p_{T,Spur} > 2\,GeV$		$p_{T,Spur,hart} > 4\,GeV$
		$p_{T,Spur,weich} > 2\,GeV$
$E_{T,Cluster} > 1\,GeV$		$p_{T,Cluster,hart} > 2{,}5\,GeV$
$f_1 > 0{,}25$	$f_1 > \begin{cases} 0{,}23 & \text{wenn } \|\eta\| < 0{,}8 \\ 0{,}22 & \text{wenn } 0{,}8 \leq \|\eta\| < 1{,}5 \\ 0{,}29 & \text{sonst} \end{cases}$	$f_{1,Lagen} > 0{,}15$
$R > 0{,}8$	$R > \begin{cases} 0{,}77 & \text{wenn } \|\eta\| < 0{,}8 \\ 0{,}8 & \text{wenn } 0{,}8 \leq \|\eta\| < 1{,}5 \\ 0{,}77 & \text{sonst} \end{cases}$	$R > \begin{cases} 0{,}85 & \text{wenn } \|\eta\| < 1{,}5 \\ 0{,}9 & \text{sonst} \end{cases}$
$E_{ratio} > 0{,}6$	$E_{ratio} > \begin{cases} 0{,}47 & \text{wenn } \|\eta\| < 0{,}8 \\ 0{,}5 & \text{wenn } 0{,}8 \leq \|\eta\| < 1{,}5 \\ 0{,}36 & \text{sonst} \end{cases}$	$E_{ratio} > 0{,}07$
$E_{T,had} < 0{,}2\,GeV$	$E_{T,had,1} < 0{,}2\,GeV$	n.a.
$N_{Pix} >= 3$		
$N_{Si} >= 7$		
$f_{TRT} > 0{,}095$		$f_{TRT,hart} > 0{,}18$
		$f_{TRT,weich} > 0{,}12$
Anforderungen an das Elektronenpaar		
$p_{T,ee} > 3\,GeV$		$p_{T,ee} > 0{,}5\,GeV$
Öffnungswinkel der Elektronen ($\|\Delta \eta_{ee}\| > 0{,}075$) $\cup$ ($\|\Delta \phi_{ee}\| > 0{,}125$)		

Tabelle 10.1.: *Studien für Selektionsschnitte für Elektronenpaare bei niedrigem Transversalimpuls. Links die vorgenommene erste Optimierung auf MC-Simulationen. In der Mitte die vorgenommene Optimierung in unterschiedlichen Bereichen von $\|\eta\|$. Rechts der erste Satz von Schnitten [Ana10b], der von der Sheffield-Gruppe gefunden wurde. Bei letzterem wurden asymmetrische Schnitte für das Elektronenpaar $e_{hart}e_{weich}$ verlangt.*

10.1. Messungen bei niedrigen Luminositäten

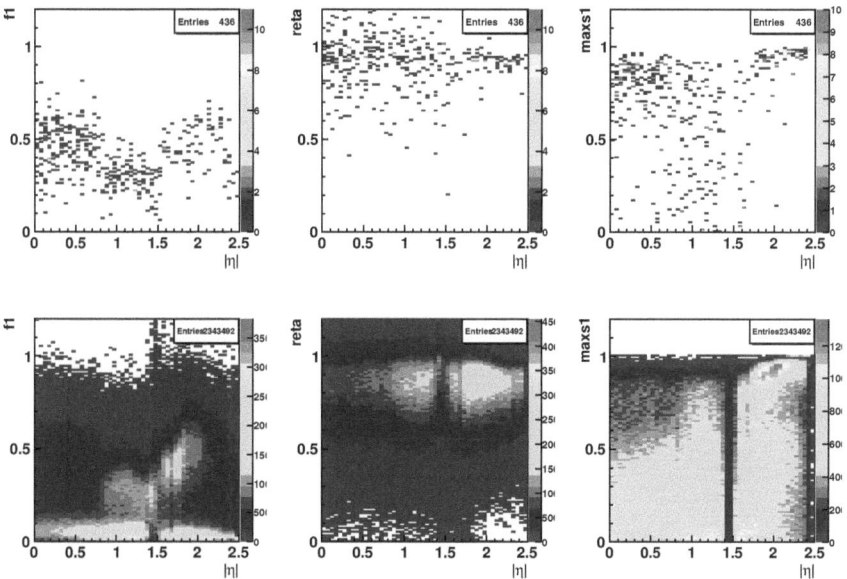

Abbildung 10.1.: *Verteilungen der Selektionsvariablen für Signal (oben) und Untergrund (unten) für f_1 (links), R (mitte) und E_{ratio} (rechts) in Abhängigkeit von $|\eta|$. Zur gezeigten Untersuchung der Abhängigkeiten wurde nur ein Teil des vollen MC-Datensatzes verwendet. Die abgebildeten Verteilungen stellen qualitativ die Abhängigkeit dar.*

10. Energieverhalten von Elektronen und Vergleiche mit MC

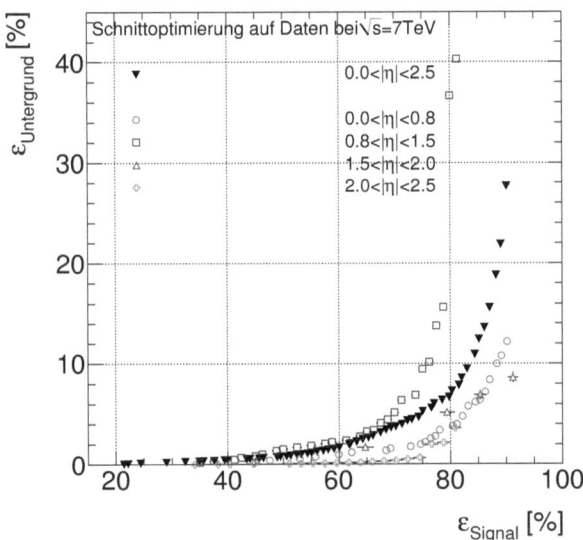

Abbildung 10.2.: *Minimierte Untergrunde zienz* $\varepsilon_{\text{Untergrund}}$ *bei gegebener Signale zienz* $\varepsilon_{\text{Signal}}$ *für Signalelektronen aus MC-Simulationen des Zerfalles* $J/\psi \to e^+e^-$ *und für Elektronenkandidaten aus Untergrundsimulationen für QCD-Zerfälle bei* $\sqrt{s} = 7\,\text{TeV}$.

10.1. Messungen bei niedrigen Luminositäten

Bei Anwendung beider Selektionen auf Daten aus Laufperiode B[4] zeigte sich, dass die Sheeld-Schnitte in eine vergleichbare Menge an Ereignissen bei geringerem Untergrund liefern. Als Test der Konsistenz zwischen Daten und MC-Simulationen zeigten sich bei der Optimierung Diskrepanzen auf.

Zusätzlich zu dem erreichten besseren Verhältnis von Signal zu Untergrund S/U auf Daten wendete die Sheeld-Gruppe unterschiedliche Identifikationsschnitte für die beiden selektierten Elektronen $e_1 e_2$ an. Durch die härteren Schnitte für eines der Elektronen konnte die Größe des verwendeten Datensatzes beträchtlich verringert werden.

Letztlich wurde ein nochmals optimierter Satz von Schnitten [Aha10b] verwendet. Dieser ist, zusammen mit den gefundenen Ereigniszahlen im finalen Datensatz[5], in Tab. 10.2 aufgelistet. Die Massenverteilung mit diesem Satz von Schnitten ist in Abb. 10.3 gezeigt. Zur Rekonstruktion der Masse wurden dabei die Spurvariablen der Elektronen verwendet. Wurden in einem Ereignis mehrere Elektronenpaare gefunden, so wurde nur das mit der höchsten Transversalenergie $E_{T,ee}$ selektiert. Bei der Betrachtung von MC-Simulationen fand der Schnitt auf den transversalen Stoßparameter d_0 keine Anwendung.

10.1.2. Linearität des Flüssig-Argon-Kalorimeters

Die selektierten Elektronenpaare wurden zur Untersuchung der Linearität der Energieskala von Elektronen (vgl. Ref. [Aha10b]) verwendet. Die zur Verfügung stehenden Elektronpaare wurden so in gleichen Intervallen selektiert, dass ähnliche Eigenschaften erwartet werden konnten. Mit den Elektronenpaaren wurde eine grobe Kalibration nach der in Abschnitt 8.2.1 vorgestellten Methode vorgenommen. Durch Messung der Massen in Daten und Vergleich mit den Erwartungen aus MC-Simulationen wurden Kalibrationskonstanten bestimmt.

Dazu wurde das Kalorimeter in unterschiedliche geometrische und kinematische Bereiche unterteilt. Aus Statistikgründen wurde angenommen, dass die beiden Halbdetektoren symmetrisch sind. Entsprechend konnte das Vorzeichen der Pseudorapidität ignoriert werden. Es wurde eine Symmetrie um die Strahlachse angenommen, Abhängigkeiten vom Azimutwinkel ϕ wurden nicht untersucht.

---

[4]Verwendet wurden die Läufe 155073, 155112, 155116 und 155160 aus Laufperiode B, rekonstruiert mit ATHENA-Release 15.
[5]Verwendet wurde ein Datensatz mit einer integrierten Luminosität von $\int \mathscr{L} dt = 240 \, \text{nb}^{-1}$, der Ereignisse aus den Laufperioden A, B, C und D enthielt und mit ATHENA-Release 15 rekonstruiert wurde. In späteren Laufperioden wurden die Luminositäten zu groß, um die Rekonstruktion für niedrige Luminositäten fortsetzen zu können.

10. Energieverhalten von Elektronen und Vergleiche mit MC

Schnitt	Ereignisse mit Eintrag
Allgemeine Forderungen	
Vorselektierte Ereignisse	5805210
Detektorbereitschaft, „Gute" Läufe	5731006
Trigger	
Runs 152166 bis 153200: L1_MBTS_1	
Runs 153565 bis 155678: EF_L1ItemStreamer_L1_EM2	
Runs 155697 bis 156682: EF_g3_loose	
ab Run 158045: Kombination aus EF_g3_loose, EF_e3_loose,	
EF_e3_medium, EF_L1ItemStreamer_EM2, EF_e5_medium_IdScan,	
EF_e5_medium, EF_e5_loose_IdScan, EF_e5_loose,	
L2_L1ItemStreamer_2EM3, L2_L1ItemStreamer_2EM2,	
EF_e3_medium_IdScan, EF_e3_loose_IdScan	3485122
Mind. 1 rek. Vertex mit mind. 3 assoziierten Spuren	3485035
Mind. 2 rek. Elektronen	3485035
Forderungen an jedes einzelne Elektron	
Tote Detektorzellen	3482829
Autor Standard-e/	3482730
$|\eta_{\text{Spur}}| < 2{,}0$	
$\eta_{cl,2}$ außerhalb d. Übergangsregion ($[1{,}37; 1{,}52]$)	3471294
$p_{T,\text{Spur}} > 2\,\text{GeV}$	3129536
$N_{\text{Si}} >= 7$	2694995
$N_{\text{Pix}} \geq 1$	
$N_{\text{Pix},1} \geq 1$	
(vorausgesetzt, die Spur geht durch aktive Module)	
$N_{\text{TRT}} \geq 10$	
$|d_0| < 5\,|d_0|$	
$E_{T,\text{had1}}/p_{T,\text{Spur}} < 0{,}25$	2021394
$R > \begin{cases} 0{,}85, & \text{if } |\eta| < 1{,}5 \\ 0{,}9, & \text{if } |\eta| > 1{,}5 \end{cases}$	
$E_{\text{Cluster},1} > 350\,\text{MeV}$	310311
$\frac{E_{\text{raw},1}}{E_{\text{raw},1}+E_{\text{raw},2}+E_{\text{raw},3}} > 0{,}15$	269985
$E_{\text{ratio}} > 0{,}07$	242937
$f_{\text{TRT}} > 0{,}12$	87273
Forderungen an ein „hartes" Elektron	
$p_{T,\text{Spur}} > 4\,\text{GeV}$	67676
$E_{T,\text{Cluster}} > 2{,}5\,\text{GeV}$	66597
$f_{\text{TRT}} > 0{,}18$	40715
Forderungen an das Elektronenpaar	
Cluster-Duplikate ($|\Delta\eta| > 0{,}05) \cup (|\Delta\phi| > 0{,}1$)	
entferne Cluster mit niedrigerem $E_{T,\text{raw}}$	
Spur-Duplikate ($|\Delta\eta| > 0{,}001) \cup (|\Delta\phi| > 0{,}001$)	
entferne Spur mit niedrigerem $E_{T,\text{raw}}$	
$\Delta R > 0{,}1$	4921
$p_{T,ee} > 0{,}5\,\text{GeV}$	4902
Unterschiedliche Elektronenladung	3308

Tabelle 10.2.: *Identifikationsschnitte und selektierte Elektronenpaare im letztlich verwendeten Datensatz bei niedrigen Luminositäten. [Aha10b]*

10.1. Messungen bei niedrigen Luminositäten

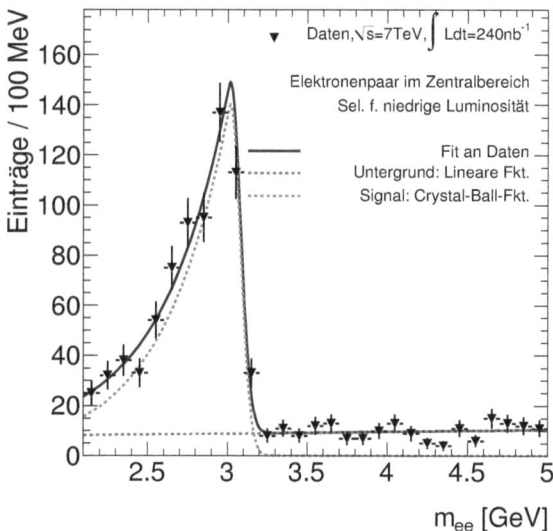

Abbildung 10.3.: *Massenverteilung der Daten aus den Laufperioden A–D nach dem finalen Satz von Schnitten für niedrige Luminositäten. Der angelegte Fit ist die Summe einer Crystal-Ball-Funktion und einer linearen Funktion.*

10. Energieverhalten von Elektronen und Vergleiche mit MC

Zur Untersuchung der Linearität des Kalorimeters wurde die invariante Masse des selektierten Elektronenpaares m_{ee} rekonstruiert. Dazu wurden die gemessenen Positionen η_{Spur}, ϕ_{Spur} aus der Spurkammer und die in den Kalorimetern gemessenen Energien E_{Cluster} verwendet. Aus den gemessenen Massenverteilungen wurde die Masse der J/ψ-Resonanz gemessen und eine Crystal-Ball-Funktion an die Signalverteilung angepasst. Der Untergrund wurde durch eine lineare Funktion beschrieben. Im betrachteten Massenbereich $1{,}4 < m_{ee} < 4\,\text{GeV}$ beschreibt das den Untergrund hinreichend gut (Abb. 10.4 und 10.5). Unterschiede in der Breite und in den Ausläufern zu niedrigen Massen werden auf statistische Effekte zurückgeführt. Die Verteilungen wurden mit dem Programmpaket ROOFIT ungebinnt gefittet.

Die Modi für die Massen $\langle m_{ee} \rangle$ aus den Crystal-Ball-Fits in den einzelnen Bins werden in Abb. 10.6 gezeigt. Durch die verwendeten Schnitte wurde die hauptsächliche Statistik für den verwendeten Satz früher Daten bei kleinen Pseudorapiditäten $|\eta| \lesssim 0{,}8$ gefunden. Entsprechend repräsentiert Abb. 10.6 hauptsächlich diesen Bereich.

Zur weiteren Untersuchung wurden die Elektronen auf den Barrelbereich $|\eta_e| < 1{,}0$, bzw. auf den Endkappenbereich $1{,}5 < |\eta_e| < 2{,}0$ beschränkt und die Fits wurden wiederholt. Für den Barrelbereich sind die Fits an die MC-Verteilungen im Anhang in Abb. A.6 zu sehen, die für Daten in Abb. A.7. Die Fits für den Endkappenbereich werden in Abb. 10.7 gezeigt.

Die gemessenen Massen im Barrelbereich werden in Abb. 10.8 für zwei E_{ee}-Bereiche gezeigt. Die Daten zeigen Werte, die um $(2{,}74 \pm 0{,}70)\,\%$ niedriger sind als die Werte aus den MC-Simulationen. Die gemessenen Werte sind kompatibel zu den in Abb. 10.6 vorgestellten Werten. Das niederenergetischste Bin wurde nicht betrachtet; in Abb. A.7 (a) ist zu sehen, dass der Fit durch die niedrige Statistik in diesem Bin nicht funktionierte.

Im Endkappenbereich ergibt sich aus dem Fit an MC-Simulationen eine Masse von $\langle m_{ee} \rangle = (2{,}989 \pm 0{,}044)\,\text{GeV}$, aus dem Fit an Daten eine Masse von $\langle m_{ee} \rangle = (3{,}179 \pm 0{,}065)\,\text{GeV}$. Damit zeigt sich hier ein Verhalten, das gegenläufig zu dem im Barrelbereich ist; das Ergebnis aus den Daten ist um etwa $(6{,}4 \pm 2{,}7)\,\%$ höher als das Ergebnis aus den MC-Simulationen.

Um systematische Fehler aus der Form der gewählten Fitfunktion für das Signal[6] zu untersuchen, wurden statt mit der Crystal-Ball-Funktion Fits mit zwei weiteren Funktionen durchgeführt. Zuerst wurde bei gleicher Fitmethode, gleicher Annahme für den Untergrund und gleichem Fitbereich eine Novosibirsk-

---

[6] Für niedrige Luminositäten wurde keine Untersuchung der Systematik durch die gewählte Form des Untergrundes durchgeführt. Dies wird erst in Abschnitt 10.2.2 für hohe Luminositäten nachgeholt.

10.1. Messungen bei niedrigen Luminositäten

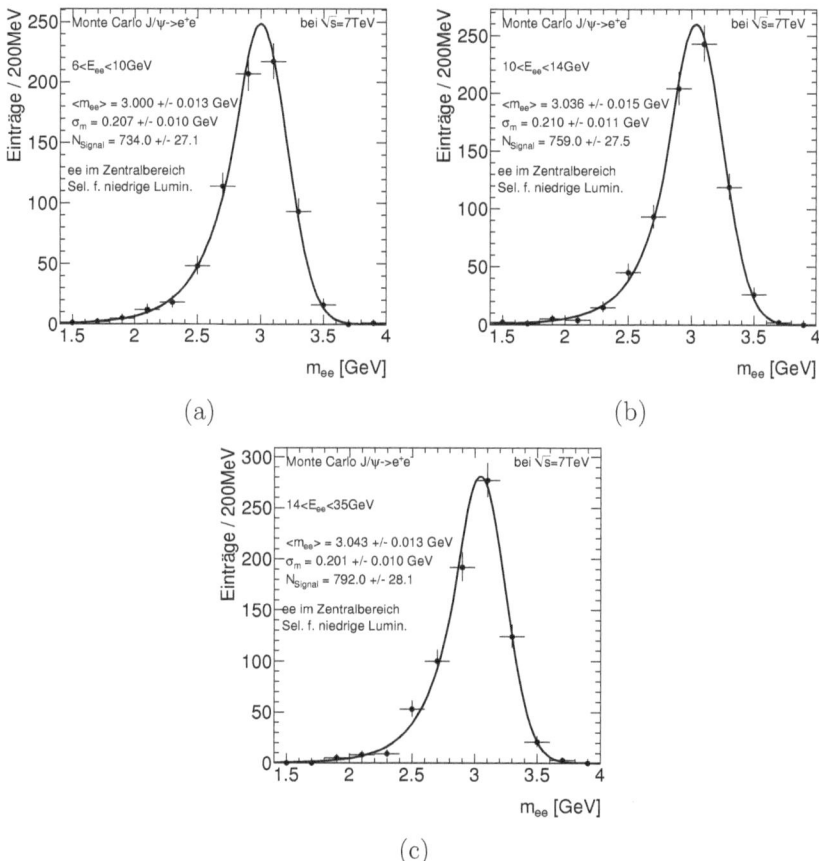

Abbildung 10.4.: *Invariante e^+e^--Masse in den Regionen $6 < E_{ee} < 10\,\text{GeV}$ (a), $10 < E_{ee} < 14\,\text{GeV}$ (b) und $14 < E_{ee} < 35\,\text{GeV}$ (c) für MC-Simulationen bei $\sqrt{s} = 7\,\text{TeV}$. Es wurde jeweils ein Fit mit einer Crystal-Ball-Funktionen verwendet.*

10. Energieverhalten von Elektronen und Vergleiche mit MC

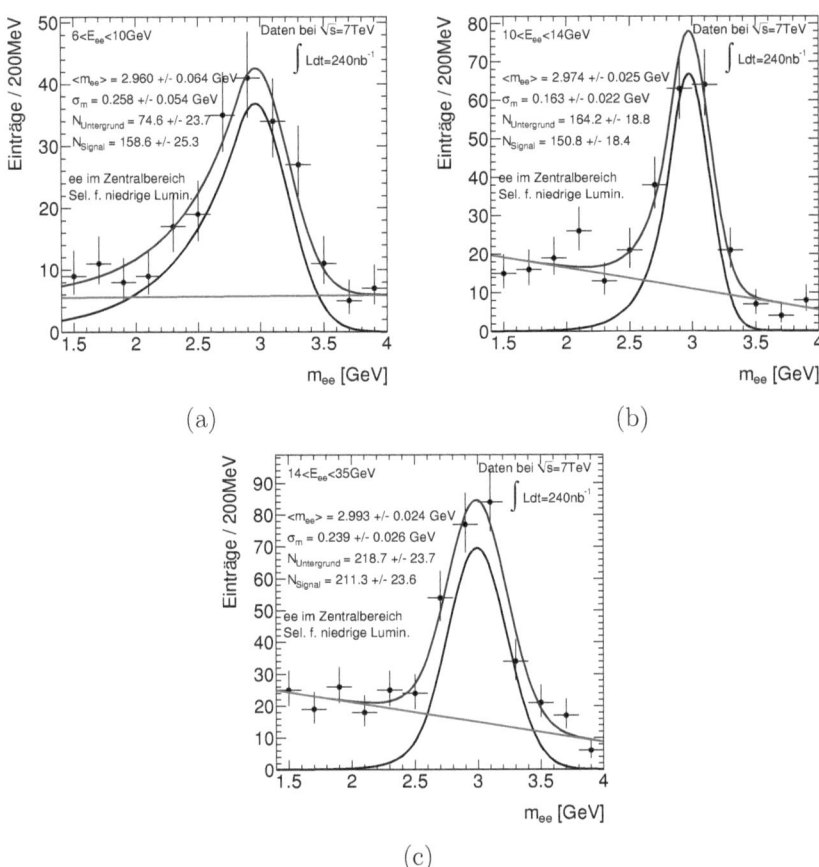

Abbildung 10.5.: *Invariante e^+e^--Masse in den Regionen $6 < E_{ee} < 10\,\text{GeV}$ (a), $10 < E_{ee} < 14\,\text{GeV}$ (b) und $14 < E_{ee} < 35\,\text{GeV}$ (c) für Daten bei $\sqrt{s} = 7\,\text{TeV}$. Es wurde jeweils ein Fit mit der Summe aus Crystal-Ball-Funktion und linearem Untergrund verwendet.*

10.1. Messungen bei niedrigen Luminositäten

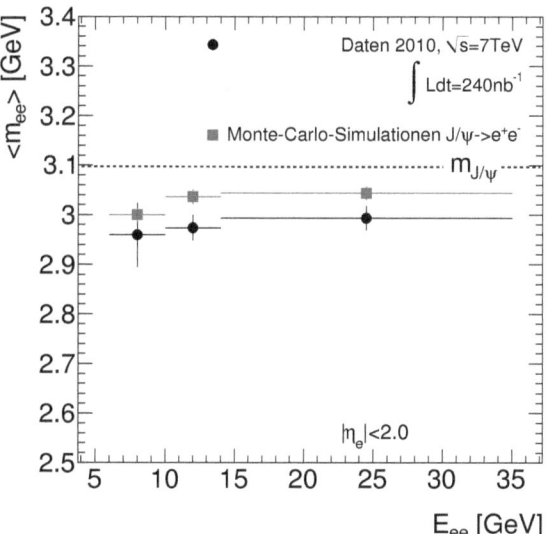

Abbildung 10.6.: *Gemessene Massen aus den Crystal-Ball-Fits in den Abbildungen 10.4 und 10.5. Die gezeigten Unsicherheiten in den gemessenen Massen sind statistische Unsicherheiten aus dem Fit.*

10. Energieverhalten von Elektronen und Vergleiche mit MC

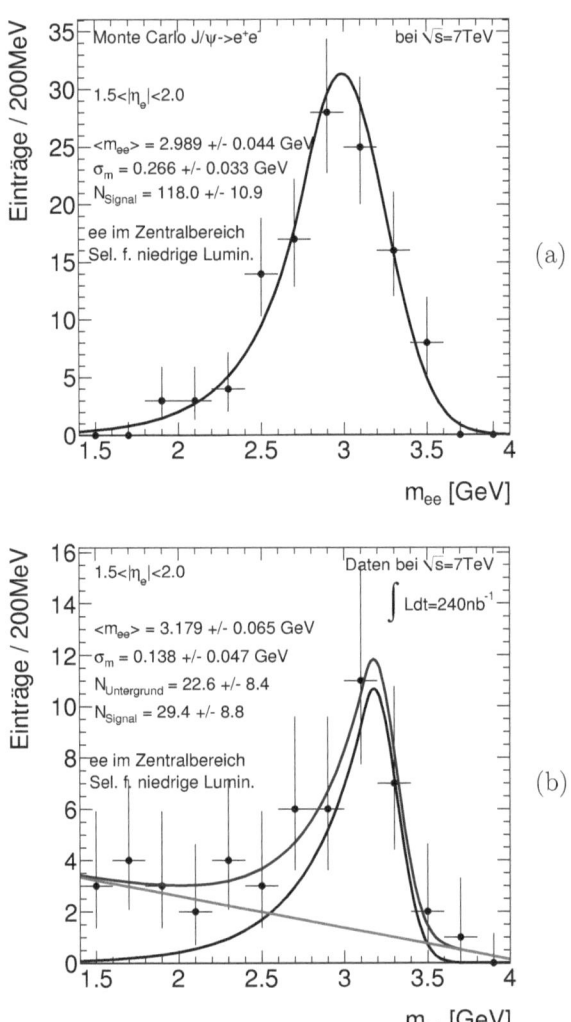

Abbildung 10.7.: *Invariante e^+e^--Masse im Endkappenbereich $1{,}5 < |\eta_e| < 2{,}0$ für $E_{ee} >$ 14 GeV für MC-Simulationen mit gefitteter Crystal-Ball-Funktion (a) und für Daten gefittet mit einer Summe aus Crystal-Ball-Funktion und einem linearen Untergrund (b) bei jeweils $\sqrt{s} = 7$ TeV.*

10.1. Messungen bei niedrigen Luminositäten

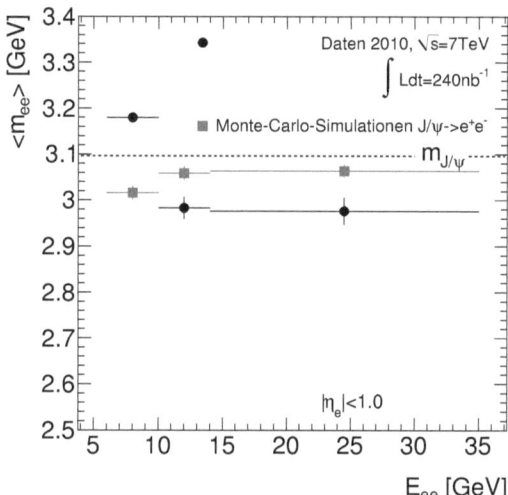

Abbildung 10.8.: *Gemessene Massen aus den Crystal-Ball-Fits in den Abbildungen A.6 und A.7. Die Elektronen wurden auf den Barrelbereich $|\eta_e| < 1{,}0$ beschränkt. Das Datenbin mit der niedrigsten Elektronenpaarenergie E_{ee} wird für weitere Betrachtungen auf Grund niedriger Statistik nicht weiter betrachtet. Die gezeigten Unsicherheiten in den gemessenen Massen sind statistische Unsicherheiten aus dem Fit.*

10. Energieverhalten von Elektronen und Vergleiche mit MC

Funktion[7] statt einer Crystal-Ball-Funktion verwendet. Dann wurde im Bereich $2{,}6 < m_{ee} < 5\,\text{GeV}$ eine Gaußfunktion gefittet. Die mit diesen Funktionen gemessenen Massen finden sich im Anhang in Abb. A.8.

Die gemessenen Massen wurden mit den Massen verglichen, die mit den Fits mit der Crystal-Ball-Funktion gefunden wurden (Abb. 10.6). Die sich ergebenden Verhältnisse für Fits mit Gauß- und Novosibirskfunktion sind in Abb. 10.9 gezeigt. Aus den Verhältnissen für MC-Simulationen wurde ein systematischer Fehler auf die Energieskala aufgrund der Fitmethode von weniger als 1 % abgeschätzt. Die Werte für die Korrekturfaktoren im Barrel- und im Endkappenbereich können damit zu $\alpha_{\text{Barrel}} = (-2{,}74 \pm 0{,}70_{\text{stat}} \pm 0{,}03_{\text{sys}})\,\%$ und $\alpha_{\text{EC}} = (6{,}4 \pm 2{,}7_{\text{stat}} \pm 0{,}06_{\text{sys}})\,\%$ abgeschätzt werden.

10.1.3. Vergleich zwischen Daten und Monte-Carlo-Simulationen

Mit dem Massenpeak des Zerfalls $J/\psi \to e^+e^-$ liegen Elektronenpaare vor die ein relativ reines Sample von Elektronen darstellen. Damit bietet sich die Möglichkeit, Variablenverteilungen dieser Elektronen zu betrachten. Indizien für Unterschiede ergaben sich bereits bei der Optimierung der Selektion. Eventuelle Unterschiede zwischen den Verteilungen der Selektionsvariablen werden im Lauf dieses Abschnittes studiert.

In Abb. 10.3 wurde bereits die Verteilung der unter Verwendung von Spurvariablen rekonstruierten invarianten Masse gezeigt. In dieser Abbildung zeigt sich, dass immer noch Untergrund vorhanden ist. Zur Minimierung der Einflüsse auf Variablenverteilungen wurden zwei Methoden verwendet und deren Resultate verglichen.

Die erste Methode ist eine Einschränkung des invarianten Massenbereichs auf ein Fenster um die Masse des J/ψ, hier auf den Bereich $2{,}6 < m_{ee} < 3{,}2\,\text{GeV}$. Damit erfolgt eine Anreicherung der Elektronen aus der Resonanz, nicht aber die komplette Vermeidung von Untergrundbeiträgen.

Die andere Möglichkeit ist die Nutzung von Entkopplungsmethoden, wie der $_s\mathcal{P}lot$-Methode (Abschnitt 6.1.2). Ziel dieser Methode ist die Entkopplung eines

---

[7]Die Novosibirsk-Funktion ist wieder eine asymmetrische Funktion, die zur Beschreibung von Massenverteilungen mit Beiträgen aus Bremsstrahlung dient. Sie wird durch die Funktion

$$f_{\text{Novo}}(m) = A_S \exp\left(-0{,}5 \ln^2\left[1 + (m - m_0)\right]/\tau^2 + \tau^2\right) \quad (10.1)$$

mit $= \sinh\left(\tau\sqrt{\ln 4}\right)/\left(\sigma\sqrt{\ln 4}\right)$ beschrieben. Die Parameter τ, σ und m_0 beschreiben die Asymmetrie, die Breite und den zentralen Wert.

10.1. Messungen bei niedrigen Luminositäten

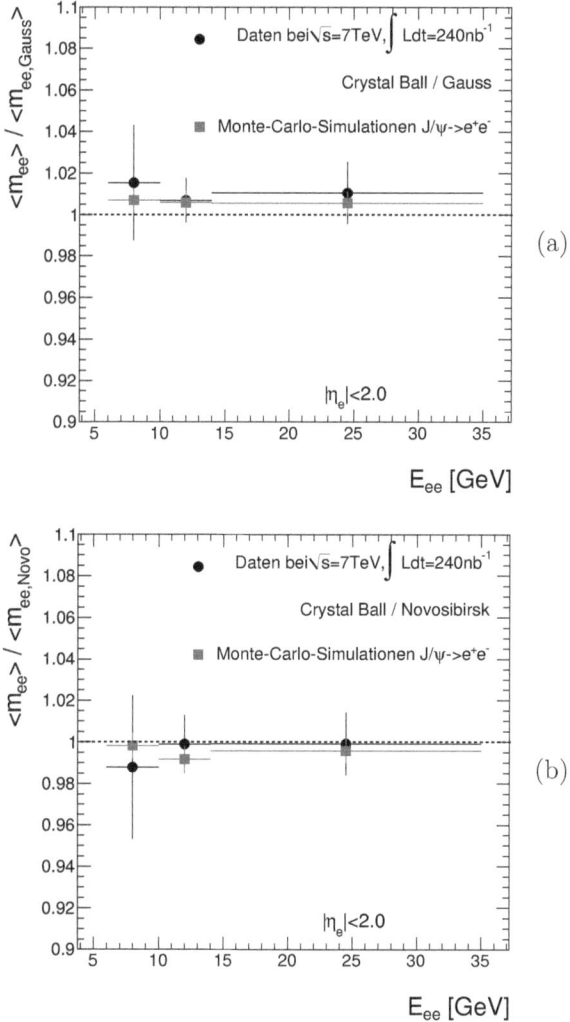

Abbildung 10.9.: *Verhältnis aus gemessenen Massen mit Crystal-Ball-Funktionen und Gaußfunktionen (a) und mit Crystal-Ball-Funktionen und Novosibirsk-Funktionen (b) für Daten und MC-Simulationen bei jeweils $\sqrt{s} = 7\,\text{TeV}$.*

10. Energieverhalten von Elektronen und Vergleiche mit MC

Satzes von Kontrollvariablen aus einer Verteilung, die sich aus mehreren Kanälen zusammensetzt. Es wird ein Satz von diskriminierenden Variablen mit bekannter Form in den zu entkoppelnden Kanälen verwendet. Dabei darf keine Korrelation zwischen diskriminierenden Variablen und Kontrollvariablen herrschen.

Für die gemachten Studien waren die beitragenden Kanäle Signal und Untergrund. Die invariante Masse wurde als diskriminierende Variable durch einen Fit in Beiträge aus Signal und aus Untergrund zerlegt. Um die Anwendbarkeit der $_s\mathcal{P}$lot-Methode zu überprüfen, wurden die Kontrollvariablen auf Korrelation zur invarianten Masse geprüft. Dazu wurde in MC-Simulationen für $J/\psi \to e^+e^-$ der Korrelationskoeffizient zwischen den Variablen berechnet. Die gefundenen Korrelationskoeffizienten sind in Tab. 10.3 aufgetragen.

Kontrollvariable x	Korrelationskoeffizient $\rho_{m_{ee},x}$	
η_{ee}	$-2{,}5\,\%$	
p_{ee}	$36{,}4\,\%$	
ϕ_{ee}	$0{,}1\,\%$	
$p_{T,ee}$	$11{,}2\,\%$	
ΔR_{ee}	$57{,}4\,\%$	
	e_{weich}	e_{hart}
R	$-0{,}8\,\%$	$-1{,}8\,\%$
E_{ratio}	$6{,}9\,\%$	$1{,}5\,\%$
f_{TRT}	$0{,}6\,\%$	$5{,}6\,\%$
f_1	$-13{,}0\,\%$	$-16{,}5\,\%$

Tabelle 10.3.: *Korrelationsfaktor zwischen den mit der $_s\mathcal{P}$lot-Methode zu entkoppelnden Kontrollvariable und der invarianten Masse, die als diskriminierende Variable verwendet werden soll. Für die Verteilungen der Schauerformen der Elektronen wurde zwischen den weicheren Elektronen mit minimalen Transversalimpulsen von $p_T > 2\,\text{GeV}$ und den härteren Elektronen mit der Forderung $p_T > 4\,\text{GeV}$ unterschieden.*

Die starke Korrelation des Öffnungswinkels ΔR_{ee} mit der invarianten Masse m_{ee} wird durch die kinematische Beziehung $m_{ee} \approx 2E_1 E_2 \left(1 - \cos^2\left(\Delta R_{ee}\right)\right)$ zwischen den Variablen erklärt. Eine Änderung des Öffnungswinkels bewirkt direkt

10.1. Messungen bei niedrigen Luminositäten

eine Änderung der invarianten Masse. Die invariante Masse ist über die Beziehung $m_{ee}^2 = E_{ee}^2 - p_{ee}^2$ mit dem Impuls des Dielektronsystems verknüpft. Damit ist auch die relativ hohe Korrelation mit dem Impuls des Elektronenpaares verständlich. Der Azimutwinkel des Systems sollte Uniformität aufweisen und von der invarianten Masse unabhängig sein. Entsprechend zeigt sich in diesem Fall keine Korrelation.

Nachdem die Anwendbarkeit der $_sP$ lot-Methode für die meisten der zu betrachtenden Kontrollvariablen gezeigt ist, können die Verteilungen der Variablen betrachtet werden. Für den Önungswinkel zwischen dem Elektronenpaar und den Impuls des Elektronenpaares beginnt die Korrelation den Wertebereich zu verlassen, in dem eine Entkopplung möglich ist. Aus akademischem Interesse soll trotzdem eine Untersuchung für diese Variablen erfolgen. Die Variablen werden jeweils für beide angewandten Methoden verglichen. Es wird jeweils mit erwarteten Verteilungen aus MC-Simulationen verglichen. Bei beiden Methoden werden die Verteilungen nach Fläche auf die Verteilungen aus den Daten normiert. Dabei muss beachtet werden, dass die Statistik der MC-Simulationen nur um einen Faktor 6,2 höher ist.

Durch Entkopplung erzeugte Verteilungen zeigen eine leicht größere Anzahl an Einträgen. Das lässt sich durch einen Blick auf die Verteilung der invarianten Masse in Abb. 10.3 erklären. Die zusätzlichen Untergrundereignisse im Massenfenster werden von der $_sP$ lot-Methode durch Berücksichtigung der Signalereignisse bei niedrigen invarianten Massen etwas mehr als wett gemacht.

In Abb. 10.10 wird mit der Betrachtung von Pseudorapidität, Impuls und Azimutwinkel des Dielektronsystems begonnen. Die Verteilungen innerhalb des Massenfensters ist in (a), (c) und (e) gezeigt. Die in (b), (d) und (f) gezeigten aus der $_sP$ lot-Methode extrahierten Verteilungen sind ähnlich. Für die Pseudorapidität zeigt sich eine Tendenz zu einer leichten Asymmetrie. Für den Impuls wird in den Daten eine härtere Verteilung gefunden. Anhaltspunkt für die Diskrepanz ist, dass nur MC-Simulationen des direkten Zerfalles $J/\psi \to e^+e^-$ verwendet wurden. Für nicht-prompte Anteile werden härtere Verteilungen erwartet. Der Azimutwinkel zeigt bei der betrachteten Statistik eine Verteilung, die keine Abweichungen von einer gleichförmigen Verteilung erkennen lässt.

Die in Abb. 10.11 gezeigten Verteilungen vom Transversalimpuls $p_{T,ee}$ und vom Verhältnis der Energien in unterschiedlich großen Clustern R für das Dielektronsystem zeigten weitestgehend ähnliche Formen für die Verteilung im Massenfenster ((a) und (e)) und die Verteilung aus der Entkopplungsmethode ((b) und (f)). In Übereinstimmung mit den Verteilungen für den Impuls zeigen die Verteilungen des Transversalimpulses in Daten härtere Spektren. Wegen dem Schnitt

10. Energieverhalten von Elektronen und Vergleiche mit MC

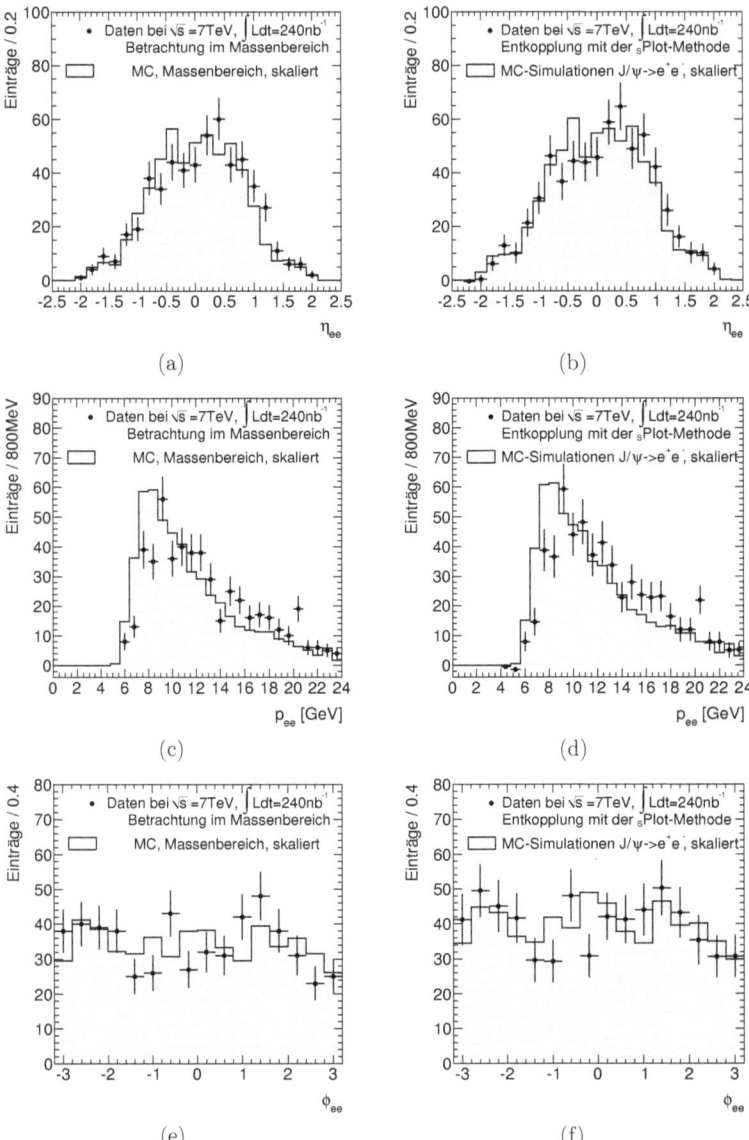

Abbildung 10.10.: *Pseudorapidität η_{ee}, Impuls p_{ee} und Azimutwinkel ϕ_{ee} des Elektronenpaares innerhalb des Massenfensters ((a), (c) und (e)) und mit der $_sP$lot-Methode ((b), (d) und (f)) in $\int \mathscr{L} \mathrm{d}t = 240\,\mathrm{nb}^{-1}$ bei niedrigen Luminositäten.*

10.2. Messungen bei hoher Luminosität

auf die Variable liefert die Entkopplung für Verteilungen im Transversalimpuls keine negativen Werte. Für Verteilungen von R kann eine leichte Verschiebung zwischen Daten und MC-Simulationen beobachtet werden. Die Unterschiede zwischen Massenfenster- und Entkopplungsmethode, die sich bei der Betrachtung des Önungswinkels ΔR_{ee} ((c) und (d)) zeigten, können durch die hohe Korrelation zur Masse erklärt werden.

Bei den in Abb. 10.12 gezeigten Untersuchungen vom Verhältnis der Energien in der ersten und Energien in der zweiten Kalorimeterlage E_{ratio}, vom Anteil hochenergetischer Einträge im Übergangsstrahlungsdetektor f_{TRT} und vom Anteil der Energie in der ersten Detektorlage f_1 zeigte sich ähnliches Verhalten zwischen beiden Methoden. Bei der Betrachtung von E_{ratio} und f_1 zeigten sich für beide Methoden leicht zu niedrigen Werten verschobene Verteilungen in den Daten.

Der Vergleich von Verteilungen zwischen Daten und MC-Simulationen bei niedrigen Luminositäten zeigte leichte Verschiebungen zwischen den Verteilungen für die Variablen R , f_1 und E_{ration}, die Selektionskriterien darstellten. Dadurch kann erklärt werden, warum die Optimierung der Selektion anhand von Daten der Selektion anhand von MC-Simulationen überlegen war (Abschnitt 10.1.1). Die Daten zeigten Verteilungen, die zu höheren Energien verschoben waren. Ansatzpunkt für diese Unterschiede sind Verteilungen nicht-prompter Kanäle, die nicht berücksichtigt wurden.

10.2. Energieverhalten und Vergleiche zwischen Daten und MC-Simulationen bei hoher Luminosität

In der späteren Phase der Datennahme im Jahr 2010 machten es die höheren Luminositäten notwendig, höhere Triggerschwellen zu verwenden, und die größere integrierte Luminosität verhinderte die Rekonstruktion der rechenzeitaufwendigeren topo-initiierten Cluster. Bei den vorliegenden höherenergetischen Elektronen konnten dafür die Standard-e/γ-Rekonstruktion und die isEM-Identifikation verwendet werden. Wegen der hohen Vorskalierungen der Trigger für einzelne Elektronen wurden nur Elektronen im Zentralbereich betrachtet.

10.2.1. Selektion des Elektronzerfalls von Charmonium

Die Selektion von Elektronenpaaren bei höherer Luminosität gestaltete sich verhältnismäßig einfach. Es wurden zwei Elektronen unterschiedlicher Ladung, die

10. Energieverhalten von Elektronen und Vergleiche mit MC

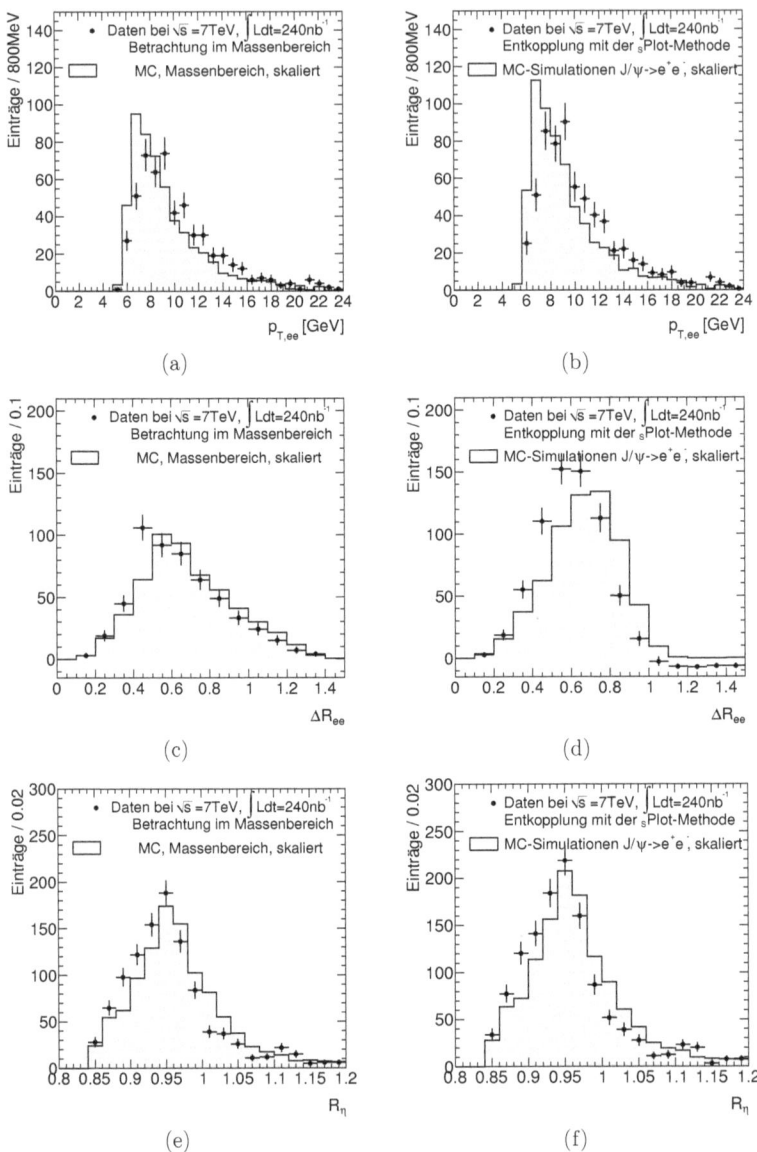

Abbildung 10.11.: *Transversalimpuls* $p_{T,ee}$ *und Öffnungswinkel* ΔR_{ee} *von* e^+e^- *und* R_η *der Elektronen innerhalb des Massenfensters ((a), (c) und (e)) und mit der* $_sP\,lot$-*Methode ((b), (d) und (f)) in* $\int \mathscr{L} dt = 240\,\text{nb}^{-1}$ *bei niedrigen Luminositäten.*

10.2. Messungen bei hoher Luminosität

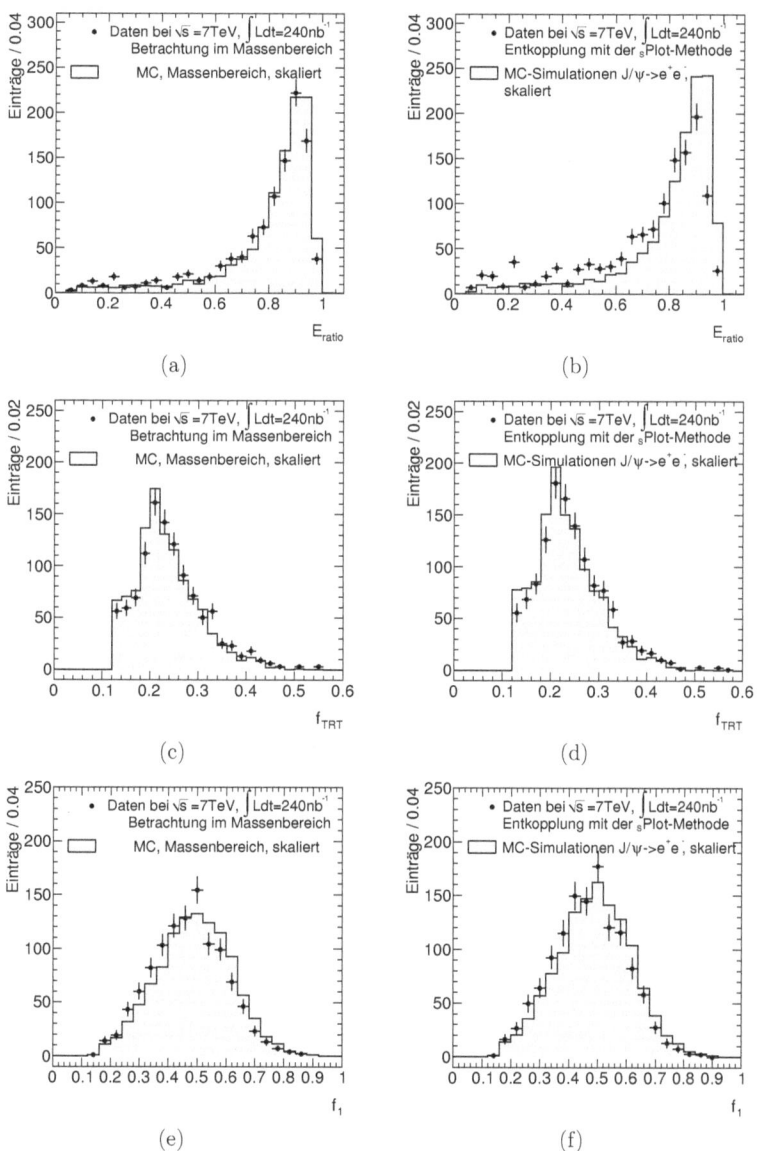

Abbildung 10.12.: E_{ratio}, f_{TRT} und f_1 der Elektronen innerhalb des Massenfensters ((a), (c) und (e)) und mit der $_sP$lot-Methode ((b), (d) und (f)) in $\int \mathscr{L}dt = 240\,\mathrm{nb}^{-1}$ bei niedrigen Luminositäten.

10. Energieverhalten von Elektronen und Vergleiche mit MC

mit dem Standard-e/γ-Algorithmus rekonstruiert worden waren, im Zentralbereich mit $|\eta_\text{Spur}| < 2{,}5$ gefordert. Beide Elektronen mussten außerhalb der Übergangsregion zwischen Barrel und Endkappe $|\eta_2| \notin [1{,}37; 1{,}53]$ liegen und einen minimalen Transversalimpuls von $p_\text{T,Spur} > 3\,\text{GeV}$ haben. Zur Unterdrückung von Rauschen wurden zusätzliche Forderungen an den Transversalimpuls aus der Messung von Clustern $p_\text{T,Cluster} > 1\,\text{GeV}$ und an die transversale Energie $E_\text{T,Cluster} = E_\text{Cluster}/\cosh(\eta_\text{Cluster}) > 3\,\text{GeV}$ gestellt. Die Elektronen mussten einen Eintrag in der ersten Lage des Pixeldetektors hinterlassen haben, es sei denn, das entsprechende Modul war defekt. Schnitte auf tote Zellen und gute Läufe wurden angewandt. Ereignisse mussten mindestens einen der in Tabelle 10.4 aufgelisteten Trigger ausgelöst haben. Zur Identifikation wurden für beide Elektronen die isEM-Kriterien *robuster tight*[8] angelegt. Durch Schnitte auf den Abstand zwischen Spuren und Clustern und auf einen minimalen Önungswinkel $\Delta R_{ee} > 0{,}1$ zwischen den Elektronen wurde die Verwendung von bei der Rekonstruktion entstandenen Duplikaten vermieden. Um sicherzustellen, dass nur Ereignisse verwendet wurden, bei denen eine Kollision stattgefunden hatte, wurden nur solche mit mindestens einem Vertex mit mindestens 3 assoziierten Spuren verwendet. Wurden in einem Ereignis mehrere Elektronenpaare gefunden, so wurde nur das mit dem höchsten Transversalimpuls, für den ein Wert von mindestens $p_{T,ee} > 0{,}5\,\text{GeV}$ gefordert wurde, verwendet.

Aus den selektierten Elektronenpaaren ergaben sich unter Verwendung der Positionen aus Spureigenschaften und der im Kalorimeter gemessenen Energien invariante Massen. Die gefundene Verteilung für Daten (rekonstruiert mit ATHENA in Release 15) aus den Laufperioden A–I ist in Abb. 10.13 gezeigt.

Für eine mögliche spätere Einschränkung der Trigger wurde eine Studie angestellt, welcher Trigger welche Statistik liefert. In Tabelle 10.4 wird die in den Laufperioden gesammelte Statistik verglichen, die von den einzelnen Triggern in einem Massenfenster $2{,}6 < m_{ee} < 3{,}2\,\text{GeV}$ um die invariante Masse des Elektronenpaares gesammelt wurde. In einem weiteren Schritt wurde die Studie mit einem zusätzlichen Schnitt auf den Transversalimpuls beider Elektronen $p_\text{T,Spur} > 5\,\text{GeV}$, dessen Resultate in Tabelle 10.5 zu finden sind, wiederholt. Für spätere Untersuchungen der Systematik durch Verwendung aller Trigger bieten sich entweder der Trigger EF_2e3_loose oder der Trigger EF_2e5_medium in Verbindung mit einem zusätzlichen Schnitt auf einen Transversalimpuls von $p_\text{T,Spur} > 5\,\text{GeV}$ an. Beide schränken die gesammelte Statistik nicht zu sehr ein. Die hohe Vorskalierung der verwendeten Trigger ab Laufperiode H zeigt sich in der reduzierten Statistik.

---

[8] Die isEM-Schnitte *tight* wurden anhand von den Verteilungen aus Daten optimiert. Daraus entstanden die Sätze von Schnitten *robust tight* und *robuster tight*.

10.2. Messungen bei hoher Luminosität

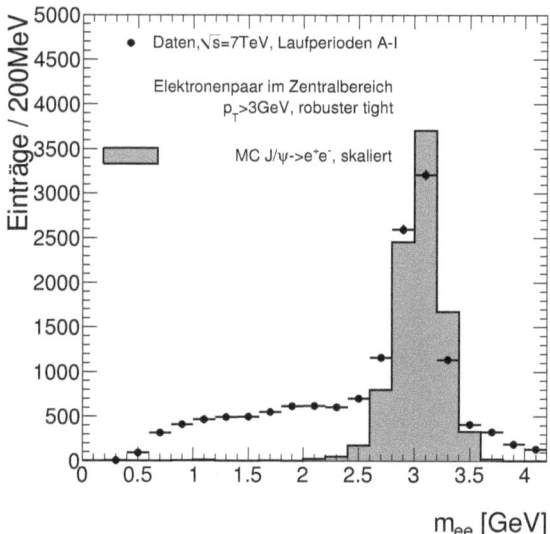

Abbildung 10.13.: *Massenverteilung von Elektronenpaaren in Daten aus den Laufperioden A–I nach der Standard-e/γ-Identifikation. Die gezeigte Verteilung aus MC-Simulationen des Zerfalles $J/\psi \to e^+e^-$ ist auf die Fläche im Bereich $2{,}6 < m_{ee} < 3{,}2\,\text{GeV}$ skaliert.*

10. Energieverhalten von Elektronen und Vergleiche mit MC

Trigger \ Laufperiode	A	B	C	D	E	F	G	H	I	Gesamt
EF_g3_loose	0	19	28	8	0	0	0	0	0	55
EF_e3_loose	0	23	28	34	0	0	0	0	0	85
EF_e3_medium	0	19	28	48	94	34	31	3	6	263
EF_e3_medium_IdScan	0	18	28	49	0	0	0	0	0	95
EF_e3_loose_IdScan	0	19	28	37	0	0	0	0	0	84
EF_2e3_loose	0	11	17	105	1440	979	236	0	0	2788
EF_e5_medium_IdScan	0	16	19	93	0	0	0	0	0	128
EF_e5_medium	0	12	19	95	760	85	95	6	0	1072
EF_e5_loose	0	16	19	32	0	0	0	0	0	67
EF_e5_loose_IdScan	0	16	19	32	0	0	0	0	0	67
EF_2e5_medium	0	2	1	30	414	773	2768	560	0	4548
EF_g10_loose	0	5	3	24	238	2	14	1	4	291
Alle Trigger	0	24	28	150	1668	1497	3016	569	10	6962

Tabelle 10.4.: *Ereignisse pro verwendetem Trigger und Laufperiode.*

Die gesammelte integrierte Luminosität lässt sich nur für die einzelnen Trigger angeben, nicht aber für die Kombination aus allen Triggern. Die gesammelten integrierten Luminositäten für die verwendeten Trigger in den verwendeten Daten aus den entsprechenden Laufperioden werden in Tab. 10.6 angegeben. Die integrierte Luminosität liegt zwischen $\int \mathscr{L}\,dt = 11{,}4\,\mathrm{pb}^{-1}$ bei komplettem Überlapp der beitragenden Kanäle und $16{,}6\,\mathrm{pb}^{-1}$ bei vollständiger Unabhängigkeit. Zur Simulation des Signals $J/\psi \to e^+e^-$ wurde der MC-Datensatz C 3 verwendet.

10.2.2. Energieverhalten der Flüssigargon-Kalorimeter bei hoher Luminosität

Mit der gesammelten höheren Statistik wurde eine neue Prüfung des Energieverhaltens der Kalorimeter durchgeführt. Es wurden Studien über die Linearität der Energieantwort in Abhängigkeit von der Energie E_{ee} des Elektronenpaares und dem Transversalimpuls $p_{T,\mathrm{Spur}}$ der einzelnen Elektronen im Barrel- und Endkappenbereich angestellt. Die Uniformität des Kalorimeters in Abhängigkeit von der Rapidität $|y_{ee}|$ des Elektronenpaares und der Pseudorapidität $|\eta_{\mathrm{Cluster}}|$ der Elektronen wurde untersucht. Zur Kalibration des Atlas-Detektors werden die für den

10.2. Messungen bei hoher Luminosität

Trigger \ Laufperiode	A	B	C	D	E	F	G	H	I	Gesamt
EF_g3_loose	0	3	3	1	0	0	0	0	0	7
EF_e3_loose	0	4	3	7	0	0	0	0	0	14
EF_e3_medium	0	4	3	9	21	12	6	0	0	55
EF_e3_medium_IdScan	0	3	3	9	0	0	0	0	0	15
EF_e3_loose_IdScan	0	3	3	7	0	0	0	0	0	15
EF_2e3_loose	0	3	3	35	389	276	61	0	0	767
EF_e5_medium_IdScan	0	4	3	31	0	0	0	0	0	38
EF_e5_medium	0	3	3	32	232	38	28	2	0	338
EF_e5_loose	0	4	3	10	0	0	0	0	0	17
EF_e5_loose_IdScan	0	4	3	12	0	0	0	0	0	19
EF_2e5_medium	0	2	1	26	318	565	2011	421	0	3344
EF_g10_loose	0	3	1	13	126	1	9	0	1	154
Alle Trigger	0	4	3	42	427	613	2033	422	1	3545

Tabelle 10.5.: *Ereignisse pro verwendetem Trigger und Laufperiode mit einer härteren Forderung an einen Transversalimpuls der Elektronen von mindestens $p_{T,Spur} > 5\,\text{GeV}$.*

10. Energieverhalten von Elektronen und Vergleiche mit MC

Trigger \ Laufperiode	A	B	C	D	E
EF_g3_loose	n.a.	n.a.	8,33	11,0	n.a.
EF_e3_loose	0,135	8,17	8,46	47,2	0
EF_e3_medium	0,135	8,17	8,46	88,8	43,5
EF_e3_medium_IdScan	n.a.	7,41	8,46	86,9	n.a.
EF_e3_loose_IdScan	n.a.	7,41	8,46	46,7	n.a.
EF_2e3_loose	n.a.	7,41	8,46	300	1010
EF_e5_medium_IdScan	0,381	8,17	8,46	211	n.a.
EF_e5_medium	0,381	8,17	8,46	211	541
EF_e5_loose	0,381	8,17	8,46	94,4	n.a.
EF_e5_loose_IdScan	0,381	8,17	8,46	88,8	n.a.
EF_2e5_medium	0,135	8,17	8,46	300	1010
EF_g10_loose	0,381	8,17	8,46	299	839
Trigger \ Laufperiode	F	G	H	I	Alle
EF_g3_loose	n.a.	n.a.	n.a.	n.a.	19,3
EF_e3_loose	0	0	0	0	64,0
EF_e3_medium	14,4	12,8	1,89	3,05	181
EF_e3_medium_IdScan	n.a.	n.a.	n.a.	n.a.	103
EF_e3_loose_IdScan	n.a.	n.a.	n.a.	n.a.	62,6
EF_2e3_loose	708	163	0,248	0	2200
EF_e5_medium_IdScan	n.a.	n.a.	n.a.	n.a.	228
EF_e5_medium	57,7	58,1	3,90	0	889
EF_e5_loose	n.a.	n.a.	n.a.	n.a.	111
EF_e5_loose_IdScan	n.a.	n.a.	n.a.	n.a.	106
EF_2e5_medium	1820	6940	1310	0	11400
EF_g10_loose	21,7	59,9	6,06	3,65	1250

Tabelle 10.6.: *Luminosität im verwendeteten Datensatz mit Daten aus den Laufperioden A–I unter Verwendung der einzelnen Trigger in den unterschiedlichen Laufperioden. Die Werte wurden in $[\text{nb}^{-1}]$ angegeben. „n.a." bedeutet, dass ein Trigger in einer Laufperiode keine Anwendung fand.*

10.2. Messungen bei hoher Luminosität

Zerfall $Z \to e^+e^-$ gefundenen Kalibrationskonstanten[9] verwendet. Es wurde studiert, ob diese Korrekturen auch für die Zerfälle $J/\psi \to e^+e^-$ mit Elektronen niedrigerer Energien anwendbar sind.

Fits an die unkorrigierten und an die korrigierten[9] Massenspektren ermöglichten die Messung der Masse der J/ψ-Resonanz. Ähnlich zur bereits im vorangestellten Abschnitt 10.1.2 beschriebenen Methode wurde zunächst eine Crystal-Ball-Funktion an die Verteilung aus MC-Simulationen angefittet. Die Form dieser Signalfunktion ging als initiale Annahme für die Form der Signalverteilung in die Fits an Verteilungen aus Daten ein. Der Untergrund wurde mit einem Chebychev-Polynom 2.Ordnung beschrieben. Mit den Modi der Crystal-Ball-Funktionen wurden die Massen $\langle m_{ee} \rangle$ im Barrelbereich $|\eta_{\mathrm{Cluster}}| < 1{,}35$ in Abhängigkeit vom Transversalimpuls beider Elektronen $p_{T,\mathrm{Spur}}$ gemessen (Abb. 10.14).

Zur Bestimmung der Kalibrationskonstanten wurde das Verhältnis aus unkorrigierter (korrigierter) Massen aus Daten und den in MC-Simulationen gemessenen Massen gebildet. Zur Bestimmung systematischer Fehler geschah das für unterschiedliche Szenarien. Um den Eekt zu untersuchen, den die Auswahl der Untergrundannahme hat, wurden statt dem Chebychevpolynom zweiter Ordnung auch ein exponentieller Abfall und eine lineare Funktion getestet. Unsicherheiten durch die verwendeten Trigger wurden studiert, indem die verwendete Statistik auf die aus den Triggern EF_2e3_loose, bzw. EF_2e5_medium unter zusätzlicher Forderung eines Transversalimpulses von mindestens $p_{T,\mathrm{Spur}} > 5\,\mathrm{GeV}$, eingeschränkt wurde. Um Eekte durch die Identifikation zu studieren, wurden statt der *robuster tight*-Kriterien die *robust medium*[10]-Kriterien angewendet. Die Verteilungen der Kalibrationskonstanten für die unterschiedlichen Szenarien sind in Abb. 10.15 (a) gezeigt. Werte, für die aufgrund geringer Statistik kein akzeptabler Fit möglich war, wurden nachfolgend nicht weiter berücksichtigt und sind in der Abbildung umkreist. Die Situation bei Verwendung der korrigierten Energien ist in Abb. 10.15 (b) zu sehen.

---

[9]Für den Zerfall $Z \to e^+e^-$ wurde als Möglichkeit für die Korrektur der Energie relativ zu der gemessenen Energie gefunden:

$$E_{\mathrm{korr}} = \frac{E_{\mathrm{Cluster}}}{1+\alpha},$$

mit

$$\alpha = \begin{cases} -0{,}0096 & ,\text{ falls } |\eta| < 1{,}4 \\ 0{,}0189 & ,\text{ sonst} \end{cases}$$

[Aha10d].

[10]Wie für die isEM-Schnitte *tight* wurden auch für den Satz *medium* eine Optimierung mit Daten vorgenommen. Das Resultat war der Satz *robust medium*.

10. Energieverhalten von Elektronen und Vergleiche mit MC

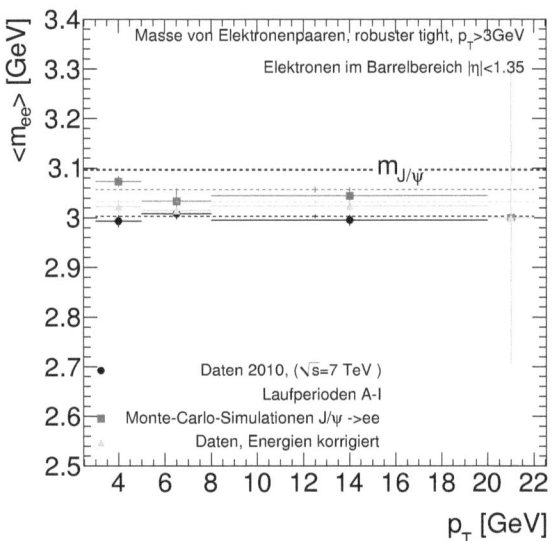

Abbildung 10.14.: *Gemessene Massen aus Crystal-Ball-Fits für MC-Simulationen, Daten und korrigierte Daten im Barrel-Bereich $|\eta_{Cluster}| < 1{,}35$ in Abhängigkeit vom Transversalimpuls der Elektronen. Untergrundannahme für die zugrundeliegenden Fits war ein Chebychev-Polynom 2. Ordnung. Die Datenpunkte mit gestrichelten Fehlerbalken repräsentieren einen Fit über den gesamten Wertebereich. Als Referenz ist die aus Ref. [Nak10] bekannte Masse des J/ψ angegeben.*

10.2. Messungen bei hoher Luminosität

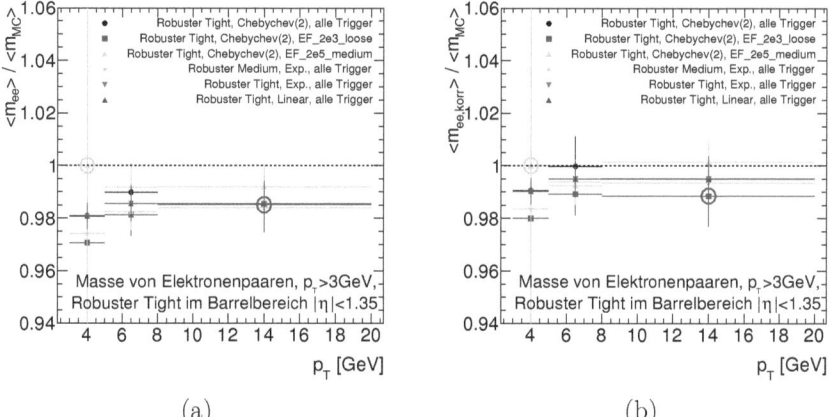

(a) (b)

Abbildung 10.15.: *Kalibrationskonstanten (a) und Test der Energiekorrektur aus Zerfällen Z → e⁺e⁻ (b) im Barrelbereich |η$_{Cluster}$| < 1,35 abhängig vom Transversalimpuls der Elektronen. Die Bestimmung erfolgte aus Fits von Crystal-Ball-Funktionen an Daten und an MC-Simulationen. Zur Prüfung systematischer Effekte wurden unterschiedliche Szenarien für die Identifikation, für die Trigger und für die Untergrundbeschreibung verwendet.*

10. Energieverhalten von Elektronen und Vergleiche mit MC

Aus den Kalibrationskonstanten, die für die unterschiedlichen Szenarien gefunden wurden, wurde ein gewichtetes Mittel gebildet. Werte, bei denen der Fit wegen zu geringer Statistik nicht funktionierte, wurden dazu nicht verwendet. Um den systematischen Fehler abzuschätzen, wurde für jedes Bin die größte Abweichung zwischen gewichtetem Mittel und den Einträgen für die beitragenden Szenarien verwendet. Die Ergebnisse dieser Untersuchung im Barrelbereich $|\eta_{\text{Cluster}}| < 1{,}35$ in Abhängigkeit vom Transversalimpuls sind in den Abbildungen 10.16 (a) und (b) gezeigt. Für die korrigierten Werte wurde als Referenz ein Vergleich mit der bekannten Masse $m_{J/\psi} = (3{,}096916 \pm 0{,}000011)$ GeV [Nak10] durchgeführt.

Auf die gleiche Weise wurden Untersuchungen der Kalibrationskonstanten und Tests der Energiekorrektur in Abhängigkeit von der Energie des Dielektronsystems durchgeführt. Diese Untersuchung zur Linearität im Barrelkalorimeter findet sich in den Abbildungen 10.16 (c) und (d). Sie liefert ähnliche Ergebnisse und hat den Vorteil, über mehr Statistik zu verfügen. Der Nachteil ist, dass die einzelnen Elektronen nicht den gleichen Bins zugeordnet werden können.

Durch Überlagerung der Auflösungseekte der gemessenen Elektronenergien kommt es zu einer systematischen Verschiebung der gemessenen Masse zu kleineren Werten. Deswegen erfolgen Kalibrationen relativ zu Ergebnissen aus MC-Simulationen. Beide Untersuchungen der Linearität im Barrelbereich zeigen eine leichte Überschätzung der Werte durch MC-Simulationen. Im Bereich niedriger Energien ist die Abweichung stärker. Die größeren Abweichungen bei niedrigen Energien deuten auf eine Abhängigkeit der Energieskala vom Transversalimpuls der Elektronen hin. Die Kalibrationskonstanten berücksichtigen eine solche Abhängigkeit nicht. Nach der Korrektur der Energien wurden für die Abweichungen zwischen Daten und MC-Simulationen Werte unterhalb von 1,5 % gefunden. Für die niederenergetischen Elektronen ist das eine gute Übereinstimmung. Die Abweichungen der einzelnen Bins im Transversalimpuls waren geringer als 1 % und damit hinreichend linear. Die in Abb. 10.16 (a) gezeigte mittlere Kalibrationskonstante für den Barrelbereich beträgt $\alpha_{\text{Barrel}} = (-1{,}56 \pm 0{,}12_{\text{stat}} \pm 0{,}37_{\text{sys}})$ %.

Für die Endkappenkalorimeter im Bereich $1{,}55 < |\eta_{\text{Cluster}}| < 2{,}5$ wurden die Untersuchungen der Linearität ebenfalls durchgeführt. Die Betrachtung in Abhängigkeit vom Transversalimpuls der Elektronen bringt die in den Abbildungen 10.17 (a) und (b) präsentierten Resultate. Die Ergebnisse der Untersuchung in Abhängigkeit von der Energie des Elektronenpaares finden sich in den Abbildungen 10.17 (c) und (d). Bei der Betrachtung der Energie des Dielektronsystems befindet sich die Statistik fast ausschließlich im Intervall mit der höchsten Energie, das den Bereich $E_{ee} > 40$ GeV repräsentiert.

10.2. Messungen bei hoher Luminosität

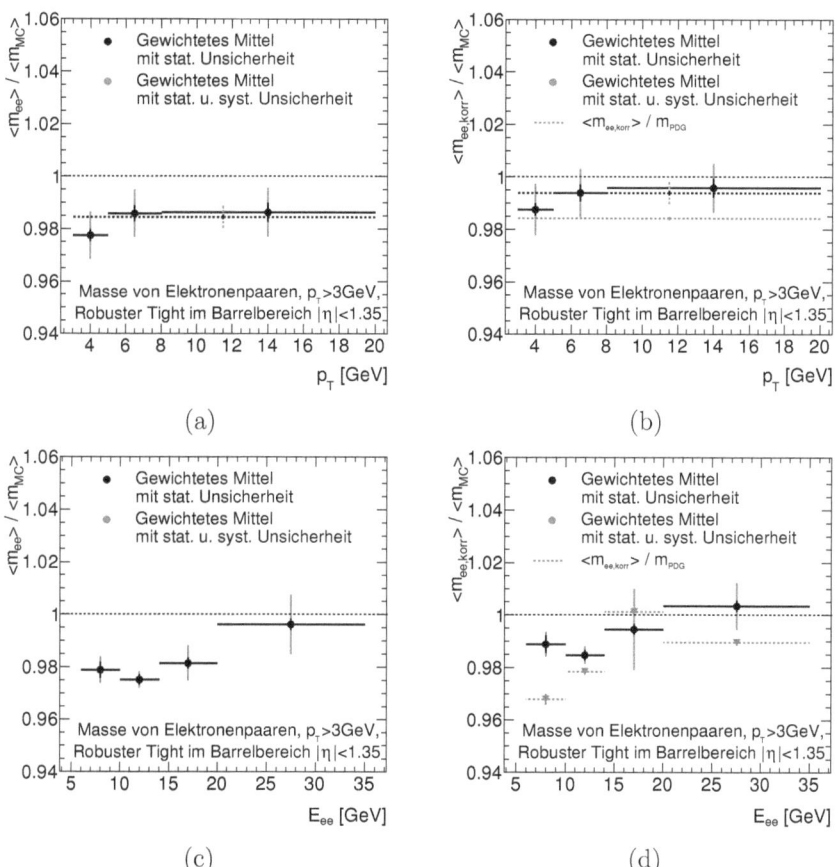

Abbildung 10.16.: *Gewichtetes Mittel der Kalibrationskonstanten ((a) und (c)) und der Tests der Energiekorrektur ((b) und (d)) im Barrelbereich $|\eta_{\text{Cluster}}| < 1{,}35$ aus den unterschiedlichen Szenarien für Identifikation, Trigger und Untergrundverteilungen. In Abhängigkeit vom Transversalimpuls der Elektronen ((a) und (b), vgl. Abb. 10.15) repräsentieren die Punkte mit gestrichelten Fehlerbalken einen Fit für den gesamten Bereich des Transversalimpulses. In Abhängigkeit von der Energie des Elektronenpaares ((c) und (d)) repräsentiert das höchstenergetische Bin den gesamten Bereich $E_{ee} > 20\,\text{GeV}$. Um die rot eingezeichneten Fehlerbalken zu erhalten, wurden statistische und systematische Unsicherheiten addiert. Für das gewichtete Mittel nach der Energiekorrektur wurde zur Referenz ein Vergleich mit der bekannten Masse $m_{J/\psi}$ [Nak10] durchgeführt.*

10. Energieverhalten von Elektronen und Vergleiche mit MC

Im Endkappenbereich wurde ein zum Barrelbereich gegenläufiger Trend gefunden. Im Mittel unterschätzen die Werte aus MC-Simulationen die Messungen aus Daten. Die Anwendung der Korrekturen aus Untersuchungen für $Z \to e^+e^-$ bringen die Werte für den gesamten Energiebereich in Übereinstimmung mit den entsprechenden Werten aus dem Barrelkalorimeter. Als Ursache wird eine Energieabhängigkeit der Kalibrationskonstante vermutet. Durch die geringere Statistik im Bereich der Endkappe ist die Aussagekraft der einzelnen Bins gegenüber der Betrachtung des Barrelbereiches beschränkt; eine Stellungnahme zur Linearität macht wenig Sinn. Das in Abb. 10.17 (a) gezeigte Mittel der Kalibrationskonstanten für den Endkappenbereich beträgt $\alpha_{\text{Endkappe}} = (1{,}36 \pm 0{,}25_{\text{stat}} \pm 0{,}44_{\text{sys}})\,\%$.

Zur Untersuchung der Uniformität der Kalorimeter wurden für jedes der Kalorimeter zwei Studien angestellt. Bei der Untersuchung in Abhängigkeit vom Betrag der Rapidität des Dielektronsystems, die in Abb. 10.18 gezeigt ist, ist der Vorteil die höhere Statistik. Die Einschränkung der Pseudorapidität der Elektronen (Abb. 10.19) legt dafür die beitragenden Elektronen tatsächlich auf einen bestimmten Bereich des Detektors fest.

Die Untersuchungen der Uniformität zeigten die gegenläufige Beschreibung der Energien durch Daten und MC-Simulationen in Barrel- und Endkappenbereich. Nach der Korrektur, die in Abhängigkeit vom betrachteten Detektor durchgeführt wurde, zeigten Daten und MC-Simulationen die aus den Durchschnittswerten der Linearitätsstudien bekannte Abweichung um 0,5 %. Weitere Untersuchungen mit höherer Statistik müssen Aufschluss über die Energieabhängigkeit der Kalibrationskonstanten geben. Die bei den Uniformitätsstudien gefundenen korrigierten Werte folgten im gesamten Bereich der Pseudorapidität einer flachen Verteilung.

10.2.3. Vergleich zwischen Daten und MC-Simulationen bei hoher Luminosität

Analog zum Vergleich von Verteilungen von kinematischen Variablen des Elektronenpaares und von Schauervariablen zwischen dem Datensatz niedriger Luminosität und MC-Simulationen (Abschnitt 10.1.3), wird in diesem Abschnitt ein Vergleich für den Datensatz aus den Laufperioden A–I vorgenommen. Es werden wieder zwei Methoden verwendet.

Durch Beschränkung der invarianten Masse um die Masse der J/ψ-Resonanz $2{,}6 < m_{ee} < 3{,}2\,\text{GeV}$ wird das Signal angereichert. Die Massenverteilung wurde bereits in Abb. 10.13 gezeigt. Die zum Vergleich gezeigte Verteilung aus MC-Simulationen ist auf die Fläche des Histogrammes skaliert.

10.2. Messungen bei hoher Luminosität

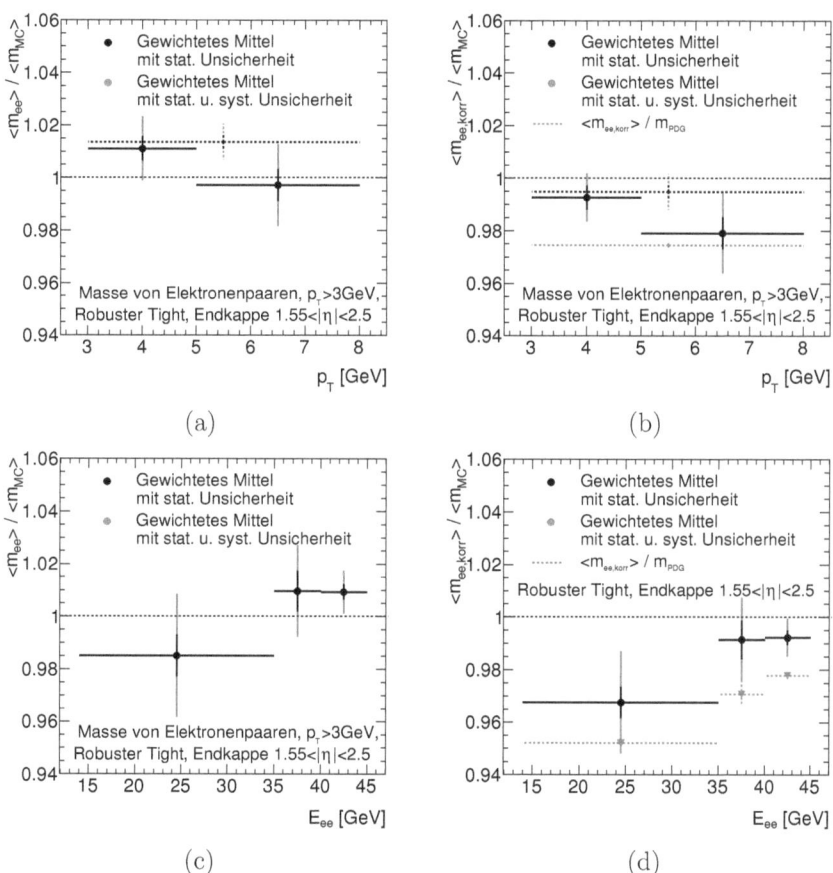

Abbildung 10.17.: *Gewichtetes Mittel der Kalibrationskonstanten ((a) und (c)) und Tests der Energiekorrektur ((b) und (d)) im Endkappenbereich $1{,}55 < |\eta_{\text{Cluster}}| < 2{,}5$ aus den unterschiedlichen Szenarien für Identifikation, Trigger und Untergrundverteilungen. In Abhängigkeit vom Transversalimpuls der Elektronen ((a) und (b)) repräsentieren die Punkte mit gestrichelten Fehlerbalken einen Fit für den gesamten Bereich des Transversalimpulses. In Abhängigkeit von der Energie des Elektronenpaares ((c) und (d)) repräsentiert das höchstenergetische Bin den gesamten Bereich $E_{ee} > 40$ GeV. Um die rot eingezeichneten Fehlerbalken zu erhalten, wurden statistische und systematische Unsicherheiten addiert. Für das gewichtete Mittel nach der Energiekorrektur wurde zur Referenz ein Vergleich mit bekannten Masse $m_{J/}$ [Nak10] durchgeführt.*

10. Energieverhalten von Elektronen und Vergleiche mit MC

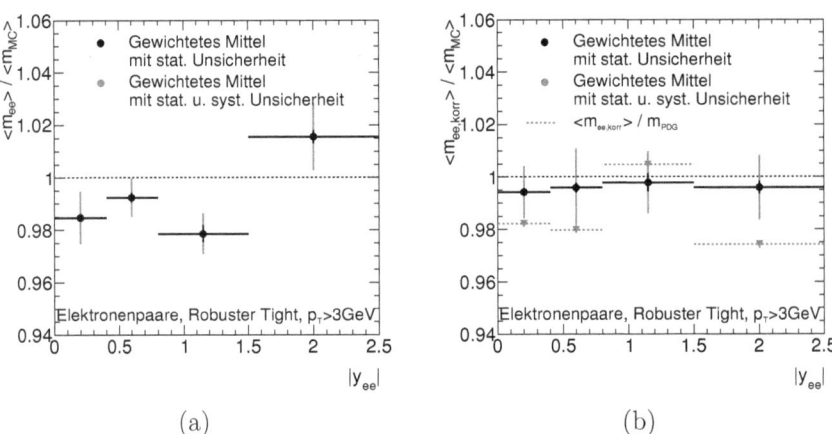

(a)   (b)

Abbildung 10.18.: *Gewichtetes Mittel der Kalibrationskonstanten (a) und der Tests der Energiekorrektur (b) abhängig von der Rapidität des Dielektronsystems aus den unterschiedlichen Szenarien für Identifikation, Trigger und Untergrundverteilungen. Um die rot eingezeichneten Fehlerbalken zu erhalten, wurden statistische und systematische Unsicherheiten addiert. Für die gewichteten Mittel nach der Energiekorrektur wurde zur Referenz ein Vergleich mit der bekannten Masse $m_{J/\psi}$ [Nak10] durchgeführt.*

10.2. Messungen bei hoher Luminosität

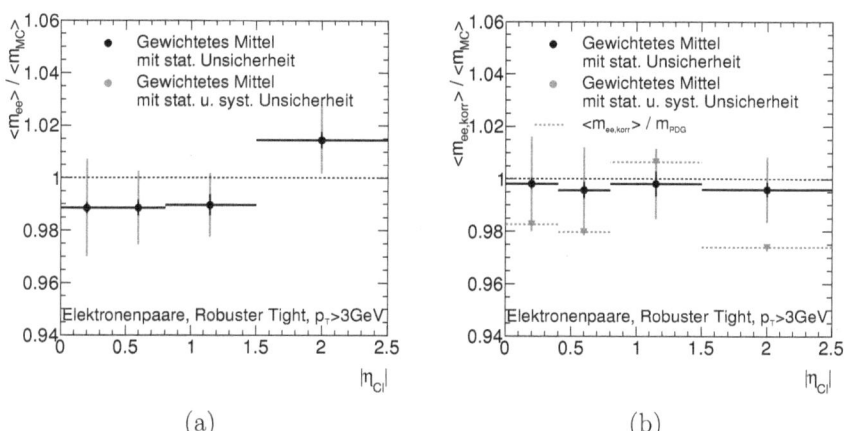

(a)   (b)

Abbildung 10.19.: *Gewichtetes Mittel der Kalibrationskonstanten (a) und der Tests der Energiekorrektur (b) abhängig von der Pseudorapidität der Elektronen aus den unterschiedlichen Szenarien für Identifikation, Trigger und Untergrundverteilungen. Um die rot eingezeichneten Fehlerbalken zu erhalten, wurden statistische und systematische Unsicherheiten addiert. Für die gewichteten Mittel nach der Energiekorrektur wurde zur Referenz ein Vergleich mit der bekannten Masse $m_{J/\psi}$ [Nak10] durchgeführt.*

10. Energieverhalten von Elektronen und Vergleiche mit MC

Mit der $_s\mathcal{P}\,$lot-Methode wurde eine Entkopplung vorgenommen. Die diskriminierende Variable ist wieder die invariante Masse. Durch einen Fit mit der Crystal-Ball-Funktion, zu der ein Chebychev-Polynom zweiter Ordnung addiert wird, wird der Verlauf der Masse festgelegt. Die Massenverteilung mit dem angelegten Fit findet sich in Abb. 10.20 und wird als diskriminierende Variable verwendet. Die zum Vergleich gezeigten Verteilungen aus MC-Simulationen sind auf die Fläche des Histogrammes skaliert. Untersuchungen über eventuelle Korrelationen wurden bereits in Tab. 10.3 vorgenommen.

Beim folgenden Vergleich der Methoden muss berücksichtigt werden, dass die Betrachtung im Massenbereich Untergrundanteile beinhaltet. Die Betrachtung der Verteilungen mit der $_s\mathcal{P}\,$lot-Methode liefert untergrundfreie Verteilungen, die Anteile aus dem radiativen Schwanz der Massenverteilung bei niedrigen Massen $m_{ee} \lesssim 2{,}6\,\text{GeV}$ beinhalten. Außerdem muss bei den Vergleichen die gegenüber der Datenstatistik etwa um einen Faktor 4 geringere Statistik der MC-Simulationen bedacht werden.

Bei Betrachtungen der Rapidität, vom Impuls und vom Azimutwinkel des Dielektronsystems, die in Abb. 10.21 geschehen, zeigen sich ähnliche Verläufe zwischen den Methoden. Die Betrachtung der Pseudorapidität ((a) und (b)) hat den größten Anteil zentral im Barrelbereich, einen Abfall in der Übergangsregion und in den Endkappen wieder ansteigende Beiträge. Der Abfall in der Übergangsregion und jenseits des Endkappenkalorimeters ist Folge von Anforderungen an die Elektronen. Beim Vergleich der Verteilungen aus Daten und MC-Simulationen für den Impuls ((c) und (d)) finden sich in den Daten sehr viel härtere Spektren. Der Grund ist in den härteren Verteilungen für die nicht-prompten Komponenten zu suchen, für die keine MC-Simulationen zur Verfügung standen. Bei den Verteilungen des Azimutwinkels ((e) und (f)) werden in Daten und MC-Simulationen Abweichungen zum flachen Spektrum gesehen, das für einen Detektor mit Zylindersymmetrie erwartet würde. Das ist Folge von toten Bereichen des Detektors. Unterschiede in Daten und MC-Simulationen sind Resultat von toten Detektorbereichen, die bei der Simulation nicht berücksichtigt wurden, und durch die geringe MC-Statistik erklärbar.

Eine Betrachtung vom Transversalimpuls $p_{T,ee}$ des und dem Önungswinkel ΔR_{ee} zwischen dem Elektronenpaar und vom Verhältnis zwischen den Energien bei der Verwendung unterschiedlicher Clustergrößen R der Elektronen findet sich in Abb. 10.22. Die Resultate aus $_s\mathcal{P}\,$lot-Methode und aus dem Massenfenster zeigen ähnliche Verteilungen. Für den Transversalimpuls ((a) und (b)) wurden wieder härtere Verteilungen für die Daten gemessen. Bei der Untersuchung des Önungswinkels ΔR_{ee} zwischen dem Elektronenpaar ((c) und (d)) und des Verhältnisses

10.2. Messungen bei hoher Luminosität

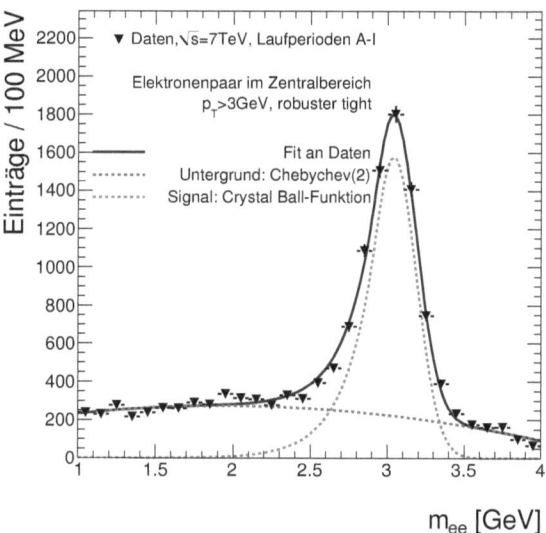

Abbildung 10.20.: *Massenverteilung von Elektronenpaaren in Daten aus den Laufperioden A–I nach der e/γ-Identifikation. Bei der Rekonstruktion der Masse flossen die Position aus Spur- und die Energie aus Clusterinformationen ein. Zum Fitten der Massenverteilung wurde die Summe aus einer Crystal-Ball-Funktion und einem Chebychev-Polynom zweiter Ordnung verwendet.*

10. Energieverhalten von Elektronen und Vergleiche mit MC

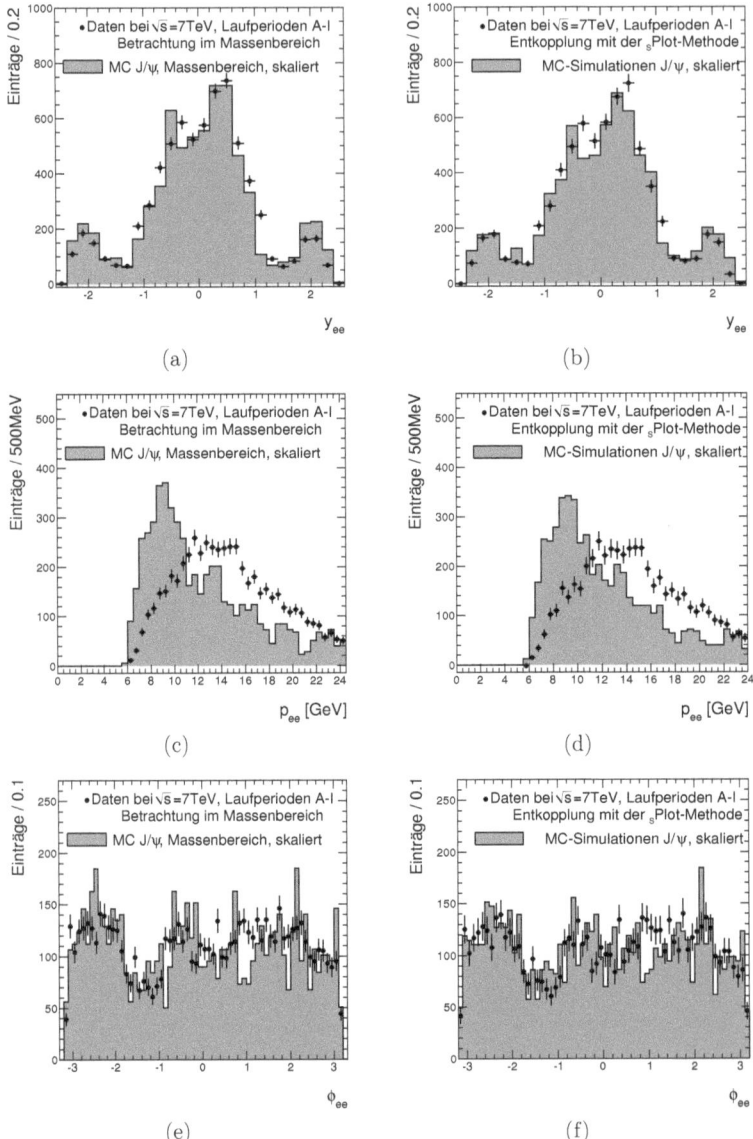

Abbildung 10.21.: *Vergleich von y_{ee}, p_{ee} und ϕ_{ee} innerhalb des Massenfensters ((a), (c) und (e)) und mit der $_sP lot$-Methode ((b), (d) und (f)) zwischen Daten aus den Laufperioden A–I und MC-Simulationen.*

10.3. Vergleich der Resultate aus ersten Daten

R zwischen den Energien bei der Verwendung unterschiedlicher Clustergrößen ((e) und (f)) findet sich eine Verschiebung der Daten zu höheren Werten. Der Vergleich zwischen den Methoden für ΔR_{ee} lässt keine oensichtlichen Unterschiede der durch die hohe Korrelation zur invarianten Masse nicht anwendbaren $_SP$ lot-Methode erkennen.

In Abb. 10.23 wird der Vergleich für die Verhältnisse E_{ratio} der Energien der beiden höchstenergetischen Zellen ((a) und (b)), für die Anteile f_{TRT} hochenergetischer Einträge im Übergangsstrahlungsdetektor ((c) und (d)) und für die Anteile f_1 der Energien in der ersten Kalorimeterlage ((e) und (f)) für die Elektronen durchgeführt. Die Verteilungen aus beiden Methoden sind für alle Verteilungen ähnlich. Bei der Betrachtung der Energieverhältnisse E_{ratio} findet sich eine leicht zu hohen Werten verschobene und etwas stärker verschmierte Verteilung in den Daten. Die Substrukturen in den Verteilungen für f_{TRT} entstammen der Kombinatorik von Quotienten aus ganzzahligen Werten im auftretenden Zahlenspektrum. Die Einträge bei $f_{TRT} = 0$ sind ein Artefakt der Berechnung. Vergleiche des Energieanteils f_1 in der ersten Kalorimeterlage zeigen im Massenfenster einen Einfluss durch Untergrund bei niedrigen Einträgen. Die Verteilung aus Daten ist etwas schmaler als die aus MC-Simulationen.

10.3. Vergleich der Resultate aus ersten Daten

Die Resultate aus den beiden vorherigen Abschnitten, der Anwendung auf Daten bei niedriger Luminosität in Abschnitt 10.1 und der Anwendung auf die Daten aus den Laufperioden A–I in Abschnitt 10.2 werden in diesem Abschnitt verglichen.

Zuerst werden in Abschnitt 10.3.1 Vergleiche zwischen dem gemessenen Energieverhalten für niedrige Luminositäten und mit hohen Luminositäten verglichen. Vergleiche mit den Resultaten für den Zerfall $Z \rightarrow e^+e^-$ werden durchgeführt. In Abschnitt 10.3.2 wird auf die gemessenen Variablenverteilungen für niedrige und hohe Luminositäten eingegangen.

10.3.1. Vergleich der gemessenen Korrekturfaktoren

Ein qualitativer Vergleich der für den in Abschnitt 10.1.2 behandelten frühen Datensatz mit einer integrierten Luminosität von $\int \mathscr{L} dt = 240\,\text{nb}^{-1}$ gefundenen Korrekturfaktoren und denen aus dem in Abschnitt 10.2.2 vorgestellten Datensatz aus den Laufperioden A–I, der Daten mit höherer Luminosität beinhaltet, lässt sich relativ schnell durchführen. Im Barrelbereich überschätzen in beiden Fällen die Ergebnisse aus MC-Simulationen die Werte aus den Daten. Im Endkappenbe-

10. Energieverhalten von Elektronen und Vergleiche mit MC

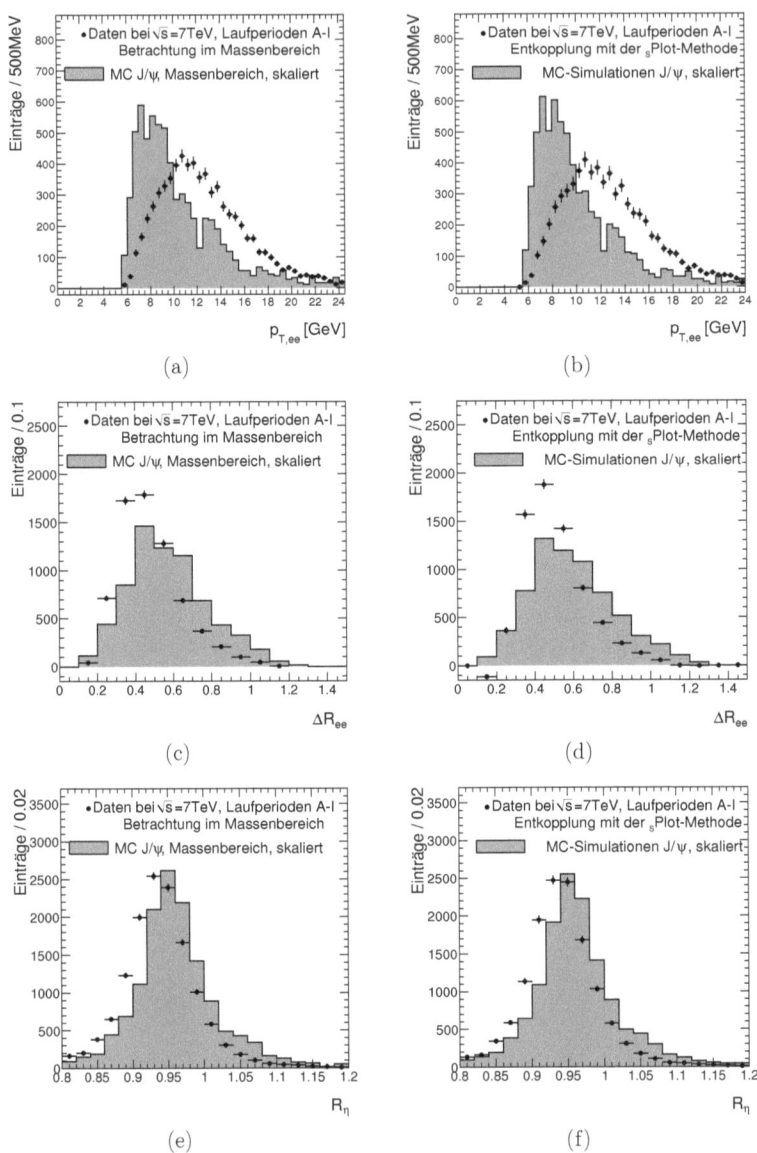

Abbildung 10.22.: *Vergleich von $p_{T,ee}$, ΔR_{ee} und R_η innerhalb des Massenfensters ((a), (c) und (e)) und mit der $_s\mathcal{P}lot$-Methode ((b), (d) und (f)) zwischen Daten aus den Laufperioden A–I und MC-Simulationen.*

10.3. Vergleich der Resultate aus ersten Daten

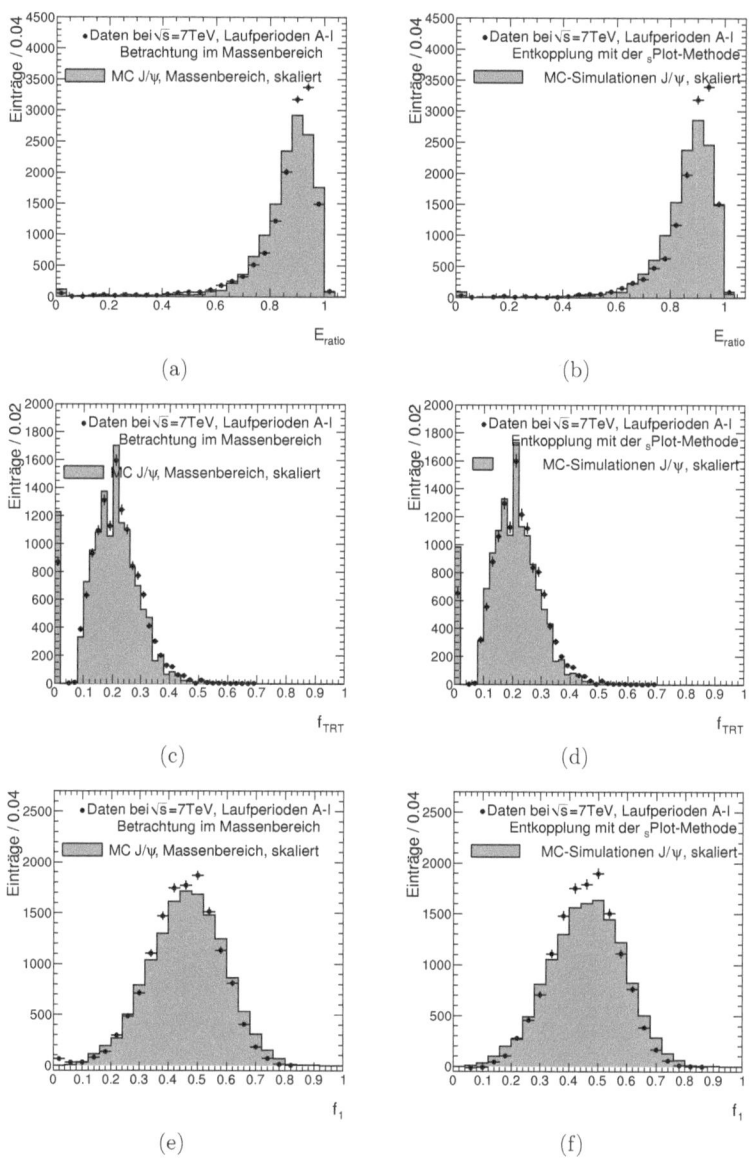

Abbildung 10.23.: *Vergleich von* E_{ratio}, f_{TRT} *und* f_1 *innerhalb des Massenfensters ((a), (c) und (e)) und mit der $_sP$lot-Methode ((b), (d) und (f)) zwischen Daten aus den Laufperioden A–I und MC-Simulationen.*

10. Energieverhalten von Elektronen und Vergleiche mit MC

reich kehrt sich das um, und die Werte aus MC-Simulationen liegen unter denen aus Daten. Eine mögliche Abhängigkeit vom Transversalimpuls der Elektronen deutet sich an, konnte aber im Rahmen der Unsicherheiten nicht gezeigt werden.

Um einen quantitativen Vergleich vorzunehmen, werden jeweils die Werte aus dem Fit an den gesamten Endkappen- und an den gesamten Barrelbereich verwendet. Im frühen Datensatz wurden in Abschnitt 10.1.2 die Werte $\alpha_{\text{Barrel}} = (-2{,}74 \pm 0{,}70)$ % und $\alpha_{\text{Endkappe}} = (6{,}4 \pm 2{,}7)$ % gefunden. In Abschnitt 10.2.2 wurden für den Datensatz aus den Laufperioden A–I Korrekturfaktoren $\alpha_{\text{Barrel}} = (-1{,}56 \pm 0{,}12_{\text{stat}} \pm 0{,}37_{\text{sys}})$ % und $\alpha_{\text{Endkappe}} = (1{,}36 \pm 0{,}25_{\text{stat}} \pm 0{,}44_{\text{sys}})$ % gemessen. In Abb. 10.24 werden diese Werte mit den Werten aus dem Zerfall $Z \rightarrow e^+e^-$, $\alpha_{\text{Barrel}} = -0{,}96$ % und $\alpha_{\text{Endkappe}} = 1{,}89$ %, verglichen. Gegenüber den Werten aus dem frühen Datensatz zeigen die Werte für den Datensatz aus den Laufperioden A–I deutlich die zu erwartende Verbesserung durch die höhere Statistik.

Bei den Studien wurden unterschiedliche Bereiche in der Pseudorapidität betrachtet. Für den Satz früher Daten wurde für den Barrelbereich die Einschränkung $|\eta| < 1{,}0$ gemacht, für den Endkappenbereich die Einschränkung $1{,}5 < |\eta| < 2{,}0$. Für die Laufperioden A–I wurden die Forderungen $|\eta| < 1{,}35$ und $1{,}55 < |\eta| < 2{,}5$ gestellt. Betrachtungen der Uniformität (Abb. 10.19) lassen darauf schließen, dass die Eekte dadurch gering sind. Wegen möglicher Einflüsse durch die unterschiedlichen Forderungen an die Transversalimpulse werden die weiteren Vergleiche nur noch mit dem Datensatz für die Laufperioden A–I durchgeführt.

Die Werte für diesen Datensatz zeigen eine gute Übereinstimmung mit den Werten, die für den Zerfall $Z \rightarrow e^+e^-$ gefunden wurden mit Abweichungen von weniger als $0{,}5$ %. Die Abweichungen werden durch die unterschiedlichen Energien der Elektronen aus Z- und aus J/ψ-Zerfällen verursacht, ihre geringe Größe zeigt die gute Linearität. Messungen der Uniformität haben diese Abweichungen für den gesamten Detektor gezeigt (Abb. 10.19). Die Messungen elektromagnetischer Energien in den ersten Daten zeigten so gute Linearität, dass energieunabhängige Kalibrationskonstanten verwendet werden konnten.

10.3.2. Resultate der Vergleiche zwischen Daten und MC-Simulationen

In Abschnitt 10.1.3 wurden Verteilungen von Variablen für einen frühen Datensatz untersucht, in Abschnitt 10.2.3 für einen Datensatz aus den Laufperioden A–I. Zur Separation der Verteilungen wurden jeweils zwei Methoden verwendet. Mit der Betrachtung der Verteilungen im Massenbereich wurde eine Anreicherung

10.3. Vergleich der Resultate aus ersten Daten

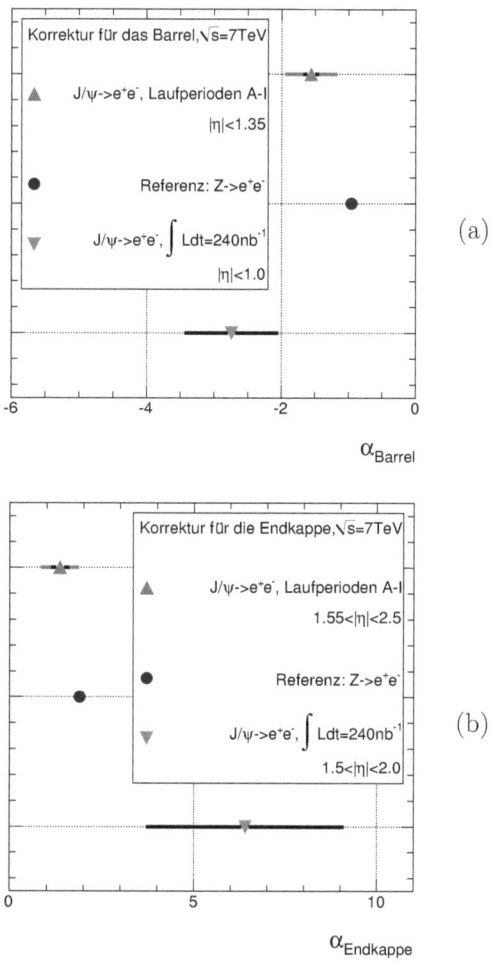

Abbildung 10.24.: *Vergleich zwischen den verwendeten Korrekturfaktoren, die für den Zerfall* $Z \rightarrow e^+e^-$ *gefunden wurden und den Korrekturfaktoren, die sich bei der Untersuchung des Zerfalls* $J/\psi \rightarrow e^+e^-$ *für niedrige Luminositäten* ($\int \mathcal{L} \, \mathrm{d}t = 240 \, \mathrm{nb}^{-1}$) *und unter Verwendung von Standard-e/γ-Methoden (Laufperioden A–I) ergaben. Der Vergleich wurde getrennt für den Barrel- (a) und für den Endkappenbereich (b) durchgeführt. Für die Werte aus den Laufperioden A–I wird neben den statistischen Unsicherheiten in schwarz die quadratische Summe aus statistischen und systematischen Unsicherheiten in türkis gezeigt.*

10. Energieverhalten von Elektronen und Vergleiche mit MC

der Signalverteilungen vorgenommen, mit der $_s\mathcal{P}$lot-Methode eine Entkopplung. Die Vergleiche zwischen den beiden Methoden lieferten in den meisten Fällen zumindest sehr ähnliche Resultate. Die Ursachen für die anderen Fälle wurden bereits erklärt.

Gerade in der anfänglichen Phase, in der die Zuverlässigkeit von MC-Simulationen noch begrenzt ist, sind Entkopplungsmethoden ein leistungsfähiges Instrument zum Verständnis von realen Verteilungen. Bei der Betrachtung von Verteilungen der Schauervariablen aus Daten und aus MC-Simulationen ergaben sich Abweichungen, die verstanden werden müssen. Die Akzeptanz der $_s\mathcal{P}$lot-Methode innerhalb der Kollaboration voranzutreiben war deswegen ein Ziel dieser Vergleiche.

Der direkte Vergleich der Verteilungen für den frühen Datensatz und für den Datensatz aus den Laufperioden A–I zeigt einige Unterschiede. Diese Unterschiede werden teilweise durch Unterschiede im betrachteten Bereich der Pseudorapidität des Detektors verursacht. Für erste Daten wird eine Einschränkung auf den Bereich $|\eta| < 2{,}0$ verlangt, im späteren Datensatz wird der gesamte Endkappenbereich bis $|\eta| < 2{,}5$ zugelassen.

Während im frühen Datensatz ein Elektron einen Transversalimpuls von $p_T > 4\,\text{GeV}$ und das andere immer noch einen Transversalimpuls von $p_T > 2\,\text{GeV}$ aufweisen musste, wurden für den späteren Datensatz Transversalimpulse von mindestens $p_T > 3\,\text{GeV}$ für beide Elektronen verlangt. Die zunehmend härteren Spektren in Impuls und Transversalimpuls mit höherer Luminosität lassen sich durch die dadurch entstehenden kinematischen Forderungen nicht erklären. Sie sind darin zu suchen, dass die Trigger bei höheren Luminositäten zunehmend höhere Forderungen an den Transversalimpuls stellen. Damit findet eine Anreicherung der nicht-prompten Komponente des Charmoniums statt. Die verwendeten MC-Simulationen beschreiben nur die direkte Komponente des Zerfalls. Auswirkungen durch die nicht-prompte Komponenten werden im nächsten Kapitel untersucht.

Unterschiede zwischen den Variablenverteilungen elektromagnetischer Schauer in Daten und in MC-Simulationen, z.B. E_{ratio} und R , tauchten in beiden Studien auf. Dadurch wurde erklärt, warum Selektionsoptimierungen anhand von Daten vorgenommen werden mussten. Die Schauerformen werden von MC-Simulationen nicht perfekt wiedergegeben. Mögliche Ursachen sind eine inkorrekte Simulation der Schauer oder des Detektors und mögliche unpräzise Beschreibungen des toten Materials vor den Kalorimetern. Diese Eekte sind noch immer nicht verstanden und Gegenstand laufender Studien in der Atlas-Kollaboration.

11. Messung des inklusiven Wirkungsquerschnittes von Charmonium

In diesem Kapitel wird eine Wirkungsquerschnittsmessung für den inklusiven Prozess pp → J/ψX → e$^+$e$^-$X angestellt. Unter Verwendung der Daten aus dem Jahr 2010 wird der Wirkungsquerschnitt des Prozesses mit der Formel

$$\mathrm{BR}\left(\mathrm{J}/\psi \to e^+e^-\right) \cdot \sigma(\mathrm{pp} \to \mathrm{J}/\psi\mathrm{X}) = \frac{N-U}{A\,\varepsilon_{\mathrm{reko}}\varepsilon_{\mathrm{ID}}\varepsilon_{\mathrm{Trig}} \int \mathscr{L}\,\mathrm{d}t} \quad (11.1)$$

berechnet. Die Anteile der Formel werden im Folgenden kurz erklärt. Die Messungen werden in den entsprechenden Abschnitten vorgestellt.

In Abschnitt 11.1 wird die Selektion des Zerfalles J/ψ → e$^+$e$^-$ beschrieben. Mit Hilfe von Schnitten werden die Daten auf einen möglichst reinen Satz von Elektronen aus Zerfällen des J/ψ beschränkt. Bei der Betrachtung der invarianten Masse sind die Zerfälle in Form einer Resonanz bei der Masse $m_{J/\psi}$ = (3096,916 ± 0,011) MeV [Nak10] zu erkennen. In einem Massenfenster um die J/ψ-Masse finden sich N Ereignisse. In dieser Ereigniszahl ist ein Beitrag von Untergrundereignissen enthalten. In Abschnitt 11.2 wird gezeigt, wie Beschreibungen für Signal und Untergrund an die Verteilung angepasst werden, um die Anzahl von Untergrundereignissen U, bzw. die Anzahl der Signalereignisse $N_{\mathrm{Sig}} = N - U$, zu bestimmen.

Durch Ineffizienzen können große Teile der ursprünglich produzierten J/ψ-Mesonen nicht gemessen werden. Für solche Ineffizienzen müssen aufeinander aufbauende Korrekturen erfolgen. Liegen Elektronen räumlich oder kinematisch außerhalb des Akzeptanzbereiches des Detektors, so wird mit der Detektorakzeptanz A korrigiert (Abschnitt 11.3). Akzeptierte Elektronenpaare müssen im Detektor als Elektronen erkannt werden. Die Wahrscheinlichkeit, dass das geschieht, ist die Rekonstruktionseffizienz $\varepsilon_{\mathrm{reko}}$ (Abschnitt 11.4). Um Untergrundanteile zu minimieren durchlaufen die Elektronenpaare der J/ψ-Resonanz einen Selektionsprozess. Neben Untergrundanteilen gehen bei diesem Prozess auch Teile des Signals verloren.

11. Messung des inklusiven Charmonium-Wirkungsquerschnittes

Zur Beschreibung dieser Eekte wird in Abschnitt 11.5 die Identifikationezienz ε_{ID} untersucht. Eine weitere Inezienz tritt schon vor der Rekonstruktion beim Triggern auf. Elektronenpaare lösen nicht zwangsläufig einen Trigger aus. Die Korrektur durch die Triggerezienz ε_{Trig} (Abschnitt 11.6) findet erst mit den selektierten Elektronen relativ zur Identifikation statt.

Akzeptanzen und Ezienzen wurden mit MC-Simulationen bestimmt. Akzeptanzen müssen anhand von generierten Verteilungen bestimmt werden und für Studien der Ezienzen war die Statistik in den Daten nicht ausreichend. Gerade bei der Identifikationsezienz werden Unterschiede zwischen Daten und Simulationen durch unterschiedliche Verteilungen der Selektionsvariablen erwartet. Dadurch entsteht eine systematische Unsicherheit. Abschätzungen von systematischen Unsicherheiten werden in Abschnitt 11.8 vorgenommen.

Für die integrierte Luminosität $\int \mathscr{L} \, dt$ wurden die Werte aus oziellen Messungen verwendet. Die Beschreibung der verwendeten Methoden erfolgte bereits in Abschnitt 4.7.

In Abschnitt 11.7 werden die Messgrößen zum dierentiellen Wirkungsquerschnitt in Abhängigkeit vom Transversalimpuls und in Abhängigkeit von der Rapidität des Elektronenpaares vereinigt. Akzeptanzen und Ezienzen wurden in MC-Simulationen ebenfalls als Funktionen von Transversalimpuls und von der Rapidität bestimmt. Dabei wurden die generierten Werte verwendet. Um unabhängig von Detektoreekten zu sein, soll der Wirkungsquerschnitt in Abhängigkeit von generierten Werten angegeben werden. Durch Wichtung der in Daten gemessenen Ereigniszahlen wurde eine Migration zu den Erwartungen vorgenommen.

11.1. Selektion

Für die Untersuchungen wurde eine Selektion von Elektronenpaaren in den in Laufperioden A–I aufgezeichneten Daten aus dem Jahr 2010 durchgeführt. Die Rekonstruktion wurde mit ATHENA in Release 15 durchgeführt. Die durchgeführte Selektion ist in Tab. 11.1 aufgelistet und in weiten Teilen analog zur Selektion, die für die Tests des Energieverhaltens (Abschnitt 10.2.1) angewandt wurde. Zur Berücksichtigung von Randeekten bei der Akzeptanzberechnung wurden die Forderungen an die Pseudorapidität verschärft. Zur späteren Referenz innerhalb dieses Kapitels wurden den Kriterien Referenznummern zugeordnet. Durch die Forderungen an Pseudorapidität und Transversalimpuls der Elektronen ist die Kinematik des Elektronenpaares nur in Teilbereichen zugänglich. Deswegen werden explizit die Einschränkungen 16 und 19 vorgenommen.

11.1. Selektion

Nummer	Schnitt	Schnittwert
1	Detektorbereitschaft	„Gute" Läufe
2	Trigger	EF_2e3_loose
3	Vertex	Mind. 1 rek. Vertex mit mind. 3 assoziierten Spuren
4	Tote Zellen	Karte mit toten Bereichen
5	Innere Pixellage	Mind. ein Treffer, falls erwartet
6	Rekonstruktion	Standard-e/γ
7	Pseudorapidität	$|\eta_{Spur}| < 2{,}47$
8		$|\eta_2| \notin [1{,}375; 1{,}52]$
9	Transversalimpuls und -energie	$p_{T,Spur} > 3\,\text{GeV}$
10		$p_{T,Cluster} > 1\,\text{GeV}$
11		$E_{T,Cluster} > 3\,\text{GeV}$
12	Identifikation	robuster tight
13	Cluster-Duplikate	$(|\Delta\eta| > 0{,}05) \cup (|\Delta\phi| > 0{,}1)$ entferne Cluster mit niedrigerem $E_{T,raw}$
14	Spur-Duplikate	$(|\Delta\eta| > 0{,}001) \cup (|\Delta\phi| > 0{,}001)$ entferne Spur mit niedrigerem $E_{T,raw}$
15	Önungswinkel	$\Delta R_{ee} > 0{,}1$
16	Transversalimpuls des Paares	$p_{T,ee} > 7\,\text{GeV}$
17	Elektronenladung	$q_1 \neq q_2$
18	Einträge pro Ereignis	Maximum von einem Eintrag pro Ereignis falls mehrere, wähle den mit höchstem $p_{T,ee}$
19	Rapidität des Paares	$|y_{ee}| < 2{,}4$

Tabelle 11.1.: *Gewählte Selektionsschnitte zur Suche nach Elektronenpaaren.*

11. Messung des inklusiven Charmonium-Wirkungsquerschnittes

Für die Forderungen kann eine grobe Aufteilung nach Beiträgen zu den Inezienzen vorgenommen werden. Die Kriterien 7 und 9 repräsentieren die Akzeptanz. Um rekonstruiert zu sein (Kriterium 6) mussten die Elektronen zusätzlich im effizienten Detektorbereich liegen (4, 8, 9, 16 und 19), und Duplikate durch die Rekonstruktion mussten ausgeschlossen werden (10, 13 und 14). Zur Identifikation (12) wurde weiter gefordert, dass Elektronen gewissen Qualitätskriterien (5, 11, 12, 15 und 17) unterlagen. Mit dem Trigger ist Anforderung 2 assoziiert. Die Schnitte auf Detektorbereitschaft 1 und stattgefundene Kollisionen 3 und Forderung 18, dass nur ein Eintrag pro Ereignis vorliegt, finden nur auf Daten Anwendung.

Im verwendeten Datensatz standen mehr Trigger zur Verfügung als im letzten Kapitel. Nach der Selektion wurden für die interessanten Trigger im Massenbereich $2{,}6 < m_{ee} < 3{,}2\,\text{GeV}$ die in Tab. 11.2 aufgelisteten Anzahlen von Ereigniskandidaten gefunden. Um einen Wirkungsquerschnitt zu messen, ist ein Satz von Daten mit definierten Bedingungen notwendig. Die Forderungen vom Trigger werden bei der Selektion wiederholt. Um einen einzigen Satz von Forderungen verwenden zu können, wurde eine Einschränkung auf den Trigger EF_2e3_loose als einzigen Trigger vorgenommen.

Ereignisfilter \ Laufperiode	A–C	D	E	F	G	H	I	Alle
EF_e5_medium	32	330	838	92	116	7	0	1415
EF_e10_tight	0	0	261	470	1575	233	0	2539
EF_2e3_loose	30	449	1609	1030	252	0	0	3370
EF_2e5_medium	4	126	469	834	3725	711	0	5869
EF_2e5_tight	0	0	0	0	0	2475	6336	8811

Tabelle 11.2.: *Ereignisse für die interessanten Ereignisfilter nach Laufperioden im Massenbereich nach der Selektion.*

Die Entscheidung für diesen Trigger hatte zwei Gründe. Ein Ziel ist die Messung eines dierentiellen Wirkungsquerschnittes als Funktion vom Transversalimpuls $p_{T,ee}$ des Elektronenpaares. Der Trigger mit niedrigem Schnitt auf den Transversalimpuls der Elektronen gibt Zugang zu niedrigen Werten. Nachfolgende Analysen mit höheren Forderungen an den Transversalimpuls werden nicht in der Lage sein, diesen Bereich abzudecken.

11.2. Entkopplung von Signal- und Untergrundereignissen

Der zweite Grund ist die geringer werdende MC-Statistik im Bereich hoher transversaler Impulse. Unsicherheiten der Akzeptanzen und Effizienzen würden entsprechend größer. In den betrachteten Läufen lieferte der EF_2e3_loose-Trigger eine Statistik von $\int \mathcal{L} dt = 2{,}2 \, \text{pb}^{-1}$.

Zur Beschreibung der Daten werden unterschiedliche Sätze von MC-Simulationen verwendet. Die Sätze[1] prompter Simulationen mit ML-Filter D 1, D 3, D 5 und D 7 wurden zur Berechnung von Effizienzen verwendet. Akzeptanzen wurden auf den Sätzen prompter Simulationen mit SL-Filter D 4, D 6 und D 8 und ohne Filter D 2 durchgeführt. Ein Satz nicht-prompter Simulationen mit SL(2)-Filter wurde für Tests verwendet.

11.2. Entkopplung von Signal- und Untergrundereignissen

Zur Bestimmung der Ereigniszahlen wurden Fits an die einzelnen Bins in Transversalimpuls $p_{T,ee}$ und Rapidität $|y_{ee}|$ angelegt. Unter Nutzung von ROOFIT wurde eine ungebinnte Anpassung an die korrigierte invariante Masse m_{ee} vorgenommen, analog zu Abschnitt 10.2.2. Für das Signal wurde eine Crystal-Ball-Funktion angenommen, für den Untergrund ein Chebychev-Polynom zweiter Ordnung. Exemplarisch sind die Fits im Bereich $1{,}0 < m_{ee} < 4{,}0 \, \text{GeV}$ der korrigierten Masse in Intervallen der Rapidität (Abb. 11.1) gezeigt.

Die Zahl der Ereignisse ist offensichtlich von der Beschreibung des Untergrundes abhängig. Ist das Verhalten falsch beschrieben, so ändert sich der Anteil der Fläche, die dem Signal zugeschrieben wird. Das kann durch falsches Krümmungsverhalten oder durch Beschreibung von Untergrundanteilen durch die radiative Korrektur der Crystal-Ball-Funktion passieren. Einflüsse durch Untergrund werden in Form von einer systematischen Unsicherheit in Abschnitt 11.8.2 näher studiert. Dazu werden Fitfunktionen mit anderem Verhalten verwendet.

Mit den Fits wurden die Anzahlen N_{Sig} an gefundenen Signalereignissen (siehe Abb. 11.2 (b)) gemessen. In Analogie wurden Messungen (Abb. 11.2 (a)) in Intervallen des Transversalimpulses durchgeführt. Als statistische Unsicherheit der Ereigniszahlen $N_{Sig,i}$ der einzelnen Bins i wird der Gaußfehler $\sqrt{N_{Sig,i}}$ verwendet.

---

[1] Vgl. Abschnitt 6.2.3, insbesondere Tab. 6.1.

11. Messung des inklusiven Charmonium-Wirkungsquerschnittes

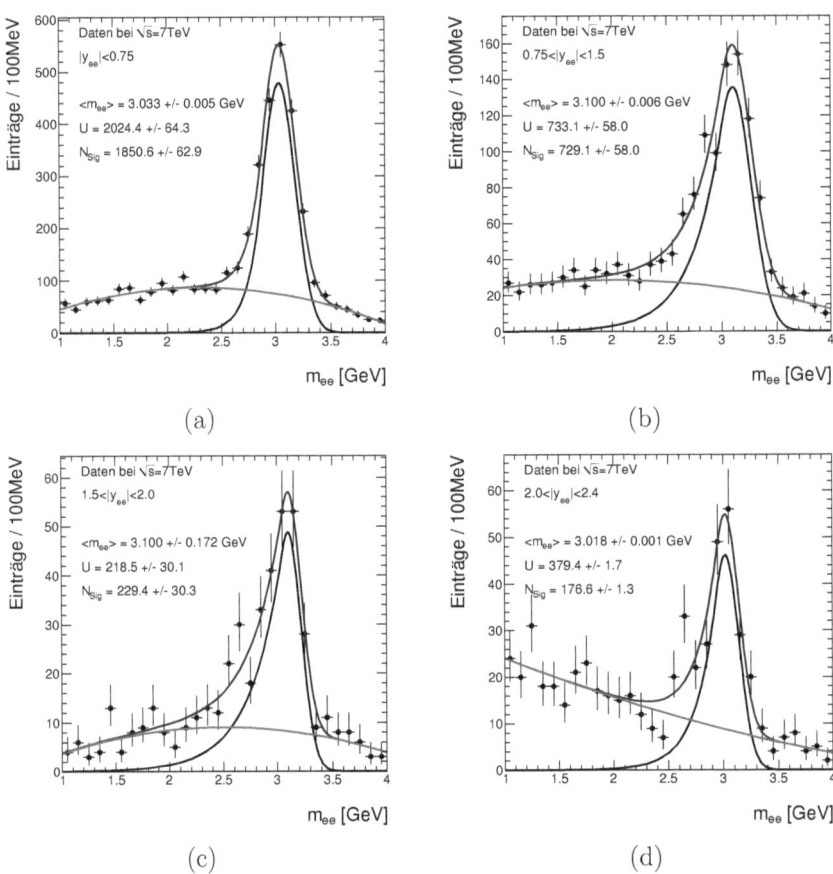

Abbildung 11.1.: *Fits mit Crystal-Ball-Funktionen und Chebychev-Polynomen zweiter Ordnung an Verteilung der invarianten Masse m_{ee} in den Intervallen $|y_{ee}| < 0{,}75$ (a), $0{,}75 < |y_{ee}| < 1{,}5$ (b), $1{,}5 < |y_{ee}| < 2{,}0$ (c) und $2{,}0 < |y_{ee}| < 2{,}4$ (d) zur Bestimmung der Anzahl der Signalereignisse N_{Sig}.*

11.3. Bestimmung der Akzeptanz

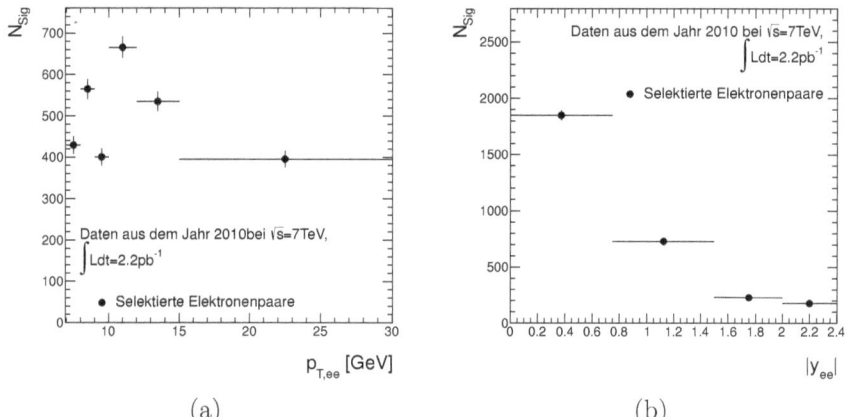

(a) (b)

Abbildung 11.2.: *In Daten nach der Selektion gefundene Ereignisse N_{Sig} in Abhängigkeit vom Transversalimpuls $p_{T,ee}$ (a) und in Abhängigkeit von der Rapidität $|y_{ee}|$ des Elektronenpaares (b). Schwankungen aufgrund unterschiedlicher Binbreiten wurden erwartet.*

11.3. Bestimmung der Akzeptanz

Die Akzeptanz gibt die Wahrscheinlichkeit dafür an, dass die Positionen $|\eta_{gen}| < 2{,}47$ und die Kinematik $p_{T,gen} > 3\,\text{GeV}$ der Elektronen in dem Bereich liegen, in dem der Detektor sensitiv ist. Sie ist definiert als $A = N_{akz}/N_{gen}$, wobei N_{akz} die Zahl der akzeptierten und N_{gen} aller in MC-Simulationen generierten Ereignisse beschreibt. Die Betrachtung erfolgt für generierte Transversalimpulse von mindestens $p_{T,ee,gen} > 7\,\text{GeV}$ und Rapiditäten von höchstens $|y_{ee,gen}| < 2{,}4$.

Zur Berechnung der Akzeptanz wurden die MC-Simulationen der prompten Kanäle verwendet. Für die prompten nicht-direkten Kanäle standen nur Sätze von Simulationen zur Verfügung, die dem SL-Filter genügten. Auf dem ungefilterten Satz von MC-Simulationen des direkten Kanals D 2 wurde die Anwendbarkeit geprüft. Es wurden Ereignisse mit mindestens einem Elektron betrachtet, das den Anforderungen des SL-Filters genügen musste. Es ergab sich die Akzeptanz $A_{SL}(|y_{ee}| < 2{,}4; p_{T,ee} > 7\,\text{GeV}) = 100\,\%$. Damit wurde gefunden, dass die gefilterten Sätze prompter Kanäle D 4, D 6 und D 8 verwendet werden können.

Zur Bestimmung der Zahl der generierten Ereignisse N_{gen} wurden generierte Elektronenpaare unterschiedlicher Ladung mit gleichem Produktionsvertex gezählt, die aus dem Zerfall des gleichen Mutterteilchens stammten. In den vorlie-

11. Messung des inklusiven Charmonium-Wirkungsquerschnittes

genden Sätzen von MC-Simulationen war die Information nicht verfügbar, um welches Mutterteilchen es sich handelte. Beiträge von Konversionselektronenpaaren wurde durch Forderung einer invarianten Masse von mindestens $m_{ee,gen} > 0{,}5\,\mathrm{GeV}$ unterdrückt. Anhand von Verteilungen aus MC-Studien wurde eine konservative Abschätzung des Eektes durch diesen Schnitt vorgenommen. Es ergab sich ein Wert deutlich unter von $0{,}5\permil$. Im Folgenden wird angenommen, dass der Eekt vernachlässigbar ist.

Die Anzahl der akzeptierten Ereignisse N_{akz} ergab sich durch Zählen der Elektronenpaare, die nach den eingangs genannten Forderungen für Positionen und Kinematik der Elektronen übrig blieben.

In Abb. 11.3 werden die Akzeptanzen in Abhängigkeit von der generierten Rapidität $y_{ee,gen}$ und in Abhängigkeit vom generierten Transversalimpuls $p_{T,ee,gen}$ des Dielektrons betrachtet. Die Akzeptanzen der Beiträge aus B-Zerfällen (MC-Satz D 9) wurden ebenfalls bestimmt und werden separat gezeigt. Die prompten Kanäle wurden gemäß Wirkungsquerschnitt gewichtet. Für die verwendeten Sätze von MC-Simulationen D 2, D 4, D 6 und D 8 ergeben sich aus den Werten aus den Tabellen 6.1 und 6.2 die Gewichtungsfaktoren 1, 1/47, 1/12 und 1/18. Bei der Wichtung fand eine quadratische Addition der Binomialfehler der einzelnen Kanäle statt; mögliche Fehler der Wichtungsfaktoren wurden nicht berücksichtigt.

In Abhängigkeit vom Transversalimpuls zeigt die Akzeptanz den erwarteten Anstieg. Die Verläufe von prompten und nicht-prompten Kanälen zeigen vergleichbare Werte. Die verfügbare Statistik lässt keinen Schluss zu, ob ein Plateau bei hohen transversalen Impulsen erreicht wird. In Abhängigkeit von der Rapidität zeigt sich ein Abfall durch den Schnitt auf die Pseudorapidität der Elektronen. In der höheren Akzeptanz des nicht-prompten Kanals zeigt sich der größere Anteil hoher Impulse.

11.4. Bestimmung der Rekonstruktionse zienz

Durch die Rekonstruktionse zienz wird beschrieben, ob zu einem Elektronpaar innerhalb des Akzeptanzbereichs von der Rekonstruktion erfolgreich ein Paar physikalischer Objekte rekonstruiert wurde. Ine zienzen können grade bei kleinen Impulsen durch großen Abstand zwischen Cluster und Spur auftauchen. Wenn Cluster oder Spuren nicht rekonstruiert wurden treten ebenfalls Ine zienzen auf. Die Rekonstruktionse zienz $\varepsilon_{reko} = N_{reko}/N_{akz}$ wird durch Bestimmung des Verhältnisses von rekonstruierten N_{reko} zu akzeptierten Ereigniszahlen N_{akz} bestimmt.

Die Zahl N_{akz} der akzeptierten Ereignisse wird unter den gleichen Forderungen wie im letzten Abschnitt bestimmt. Diese Forderungen sind härter als die des ML-

11.4. Bestimmung der Rekonstruktionseffizienz

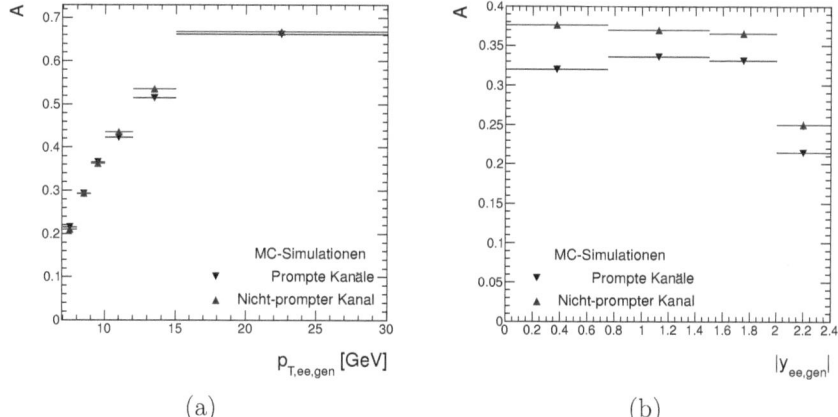

Abbildung 11.3.: *Aus MC-Simulationen bestimmte Akzeptanzen $\mathscr{A}$ der prompten und nichtprompten Zerfallskanäle in Abhängigkeit vom generierten Transversalimpuls $p_{T,ee,\text{gen}}$ (a) und von der generierten Rapidität $y_{ee,\text{gen}}$ (b). Es fand eine Einschränkung auf generierte Rapiditäten von weniger als $|y_{ee,\text{gen}}| < 2{,}4$ und auf generierte Transversalimpulse von mehr als $p_{T,ee,\text{gen}} > 7\,\text{GeV}$ statt. Für die prompten Kanäle fand eine Gewichtung statt.*

11. Messung des inklusiven Charmonium-Wirkungsquerschnittes

Filters und die Sätze prompter MC-Simulationen mit ML-Filter werden verwendet. Analog zur Berechnung im letzten Abschnitt werden Gewichtungsfaktoren für die MC-Sätze D 1, D 3, D 5 und D 7 bestimmt. Es ergeben sich die Werte 1, 0,25, 1,5 und 0,69.

Zur Suche nach akzeptierten Elektronenpaaren wurden generierte Objekte verwendet. Um die Zahl N_{reko} der rekonstruierten Ereignisse zu bestimmen, wurde für jedes dieser Objekte nach einem rekonstruierten Elektron gesucht. Kriterium für die Suche war ein Önungswinkel zwischen generierten und rekonstruierten Elektronen von höchstens $\Delta R < 0{,}1$. Zusätzlich zu den Akzeptanzkriterien mussten die rekonstruierten Elektronenpaare den in Abschnitt 11.1 vorgestellten Rekonstruktionskriterien (4, 6, 7, 8, 9, 10, 13, 14, 16 und 19) genügen.

Die bestimmten Rekonstruktionse zienzen sind in Abb. 11.4 gezeigt. Die Unsicherheiten der gewichteten E zienzen der prompten Kanäle ergaben sich aus der quadratischen Addition der Binomialfehler. Unsicherheiten der Wichtungsfaktoren wurden nicht berücksichtigt.

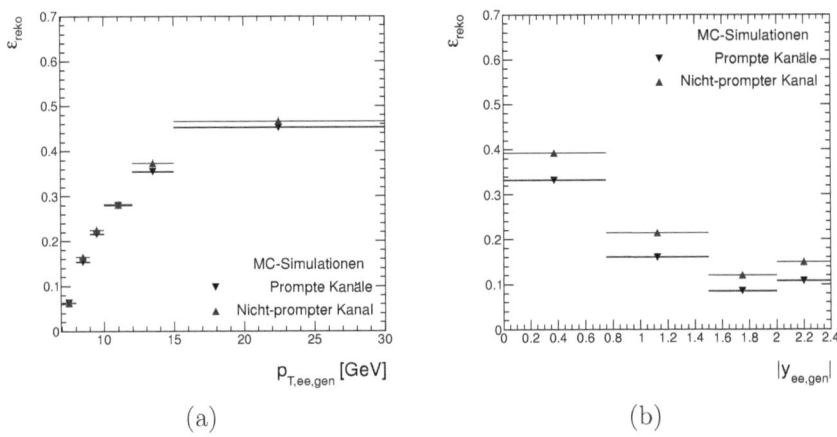

Abbildung 11.4.: *Aus MC-Simulationen bestimmte Rekonstruktionse zienzen ε_{reko} der prompten und nicht-prompten Zerfallskanäle in Abhängigkeit vom generierten Transversalimpuls $p_{T,ee,gen}$ (a) und von der generierten Rapidität $y_{ee,gen}$ (b). Für die prompten Kanäle fand eine Gewichtung statt.*

11.5. Bestimmung der Identifikationseffizienz

Bei der Betrachtung der Rekonstruktionseffizienz zeigt sich ein Anstieg für hohe Transversalimpulse. Spuren und Cluster haben in diesem Bereich einen geringeren Abstand und können einander effizienter zugeordnet werden. Bei der betrachteten Statistik lässt sich nicht erkennen, ob ein Plateau erreicht wird. Die Verläufe von prompten und nicht-prompten Kanälen zeigen kompatible Werte. Wird die Rekonstruktionseffizienz als Funktion der Rapidität betrachtet, so zeigt sich in den höheren Werten für den nicht-prompten Kanal der größere Anteil höherer Transversalimpulse, wie schon bei der Akzeptanz. Durch die bei der Elektronenselektion angewandten Schnitte sind Abfälle zu beobachten. Das sind die Schnitte auf den Rand des inneren Detektors bei $|\eta| < 2{,}47$ und auf die Übergangsregion $|\eta_2| \notin [1{,}375; 1{,}52]$.

11.5. Bestimmung der Identifikationseffizienz

Die Identifikationseffizienz ist ein Maß dafür, ob ein Elektronenpaar die Selektion erfolgreich durchlaufen hat, die zur Unterdrückung des Untergrundes angewandt wurde. Die Identifikationseffizienz $\varepsilon_{\text{ID}} = N_{\text{ID}}/N_{\text{reko}}$ wird relativ zur Zahl der rekonstruierten Ereignisse N_{reko} bestimmt, die im letzten Abschnitt bestimmt wurde. Es werden die gleichen Sätze von MC-Simulationen mit der beschriebenen Wichtung verwendet. Die Zahl der identifizierten Ereignisse N_{ID} wird nach zusätzlicher Anwendung der Identifikationsschnitte (Kriterien 5, 11, 12, 15, 16 und 17 aus Tab. 11.1) durch Zählen bestimmt. Die bestimmten Identifikationseffizienzen sind in Abb. 11.5 gezeigt.

Im Fall von J/ψ-Mesonen aus prompten Kanälen steigt die Identifikationseffizienz für große Transversalimpulse. Für die nicht-prompten Kanäle ist das Verhalten gegenläufig. Das ist durch die Produktion aus B-Mesonen bedingt. Beim Zerfall der B-Mesonen entsteht ein höherer Anteil an hadronischem Untergrund. Durch Beiträge dieses Untergrundes können die Signaturen der Elektronen „verschmutzt" werden, so dass die Anforderungen durch die Identifikation nicht mehr erfüllt werden [Rob10]. In Abhängigkeit von der Rapidität zeigen die Effizienzen aus den unterschiedlichen Kanälen ein ähnliches Verhalten. Der Einfluss des Übergangsbereiches zeigt sich in geringeren Effizienzen. Für den nicht-prompten Kanal sind die Werte durch den erhöhten Untergrund geringer.

11. Messung des inklusiven Charmonium-Wirkungsquerschnittes

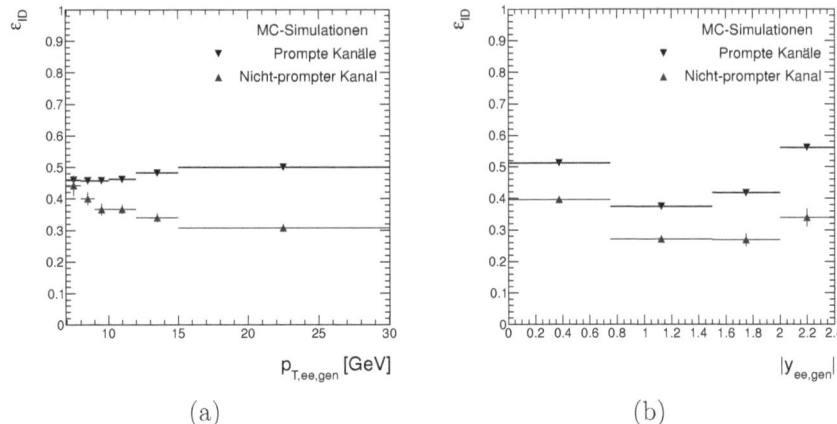

Abbildung 11.5.: *Aus MC-Simulationen bestimmte Identifikationseffizienzen ε_{ID} der prompten und nicht-prompten Zerfallskanäle in Abhängigkeit vom generierten Transversalimpuls $p_{T,ee,gen}$ (a) und von der generierten Rapidität $y_{ee,gen}$ (b). Für die prompten Kanäle fand eine Gewichtung statt.*

11.6. Bestimmung der Triggereffizienz

Durch die Triggereffizienz wird beschrieben, dass nicht alle Elektronenpaare beim Prozess des Triggerns akzeptiert werden. Um Einflüsse durch die notwendige Forderung nach einem Trigger zu vermeiden, wird die Triggereffizienz $\varepsilon_{EF\_e3\_loose} = N_{EF\_e3\_loose}/N_e$ bei Forderung eines Triggers für einzelne Elektronen bestimmt. Durch Anwendung der Effizienzen einzelner Elektronen auf den Satz identifizierter Elektronenpaare wird die Effizienz ε_{Trig} des verwendeten Triggers für Elektronenpaare bestimmt.

Zur Bestimmung der Triggereffizienz wurden die Sätze prompter MC-Simulationen mit ML-Filter (D 1, D 3, D 5, und D 7) verwendet.

Die im letzten Abschnitt beschriebene Selektion wurde durchgeführt. Anstatt des Triggers EF_2e3_loose wurde dabei gefordert, dass mindestens einer der Trigger für Einzelelektronen EF_e3_loose, EF_e3_loose_IdScan, EF_e3_medium oder EF_e3_medium_IdScan ausgelöst wurde. Der Massenbereich $2{,}2 < m_{ee} < 3{,}2\,\text{GeV}$ wurde betrachtet. Nacheinander wurde für beide Elektronen geprüft, ob sie den Trigger ausgelöst hatten. Dazu wurde untersucht, ob ein assoziiertes EF_e3_loose-Triggerobjekt mit kleinem Öffnungswinkel von $\Delta R_{EF\_e3\_loose} < 0{,}16$ vorhanden war. Für die jeweils anderen Elektronen wurde untersucht, mit

220

11.6. Bestimmung der Triggereffizienz

welcher Effizienz sie einen Trigger ausgelöst hatten. Ihre Zahl N_e wurde bestimmt. Dann wurde geprüft, ob sie ebenfalls den Trigger ausgelöst hatten. Existierte ein assoziiertes EF_e3_loose-Triggerobjekt, das einen Öffnungswinkel von mindestens $\Delta R_{\text{Objekte}} > 0{,}16$ zum anderen Triggerobjekt hatte, so wurde die Zahl $N_{\text{EF\_e3\_loose}}$ getriggerter Elektronen bestimmt. Die Effizienz einzelner Elektronen wurde in Abhängigkeit vom transversalen Spurimpuls $p_{T,\text{Spur}}$ und von der Pseudorapidität $|\eta_{\text{Spur}}|$ der Elektronen betrachtet (Abb. 11.6).

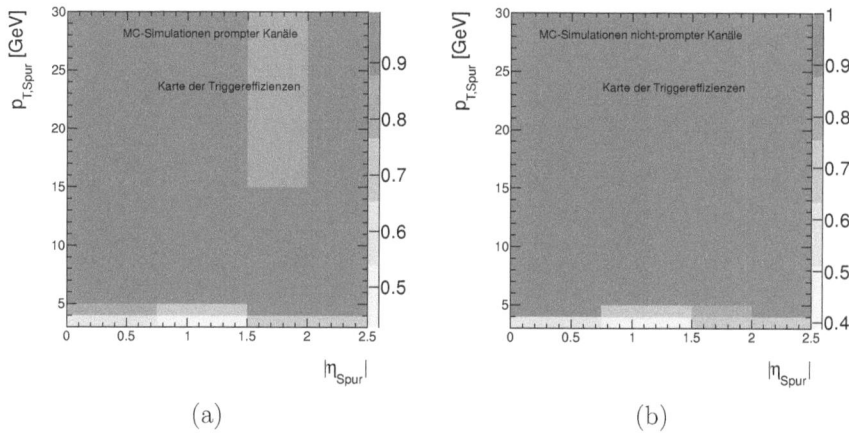

Abbildung 11.6.: *Einelektron-Triggereffizienzen* $\varepsilon_{\text{EF\_e3\_loose}}$ *in Abhängigkeit von* $|\eta_{\text{Spur}}|$ *und* $p_{T,\text{Spur}}$ *für Sätze von MC-Simulationen für prompte (a) und nicht-prompte (b) Kanäle.*

Um den Zweielektronen-Trigger EF_2e3_loose auszulösen, mussten in einem Ereignis zwei EF_e3_loose-Triggerobjekte vorliegen. Durch Summation der Produkte der beiden Einzeleffizienzen $\varepsilon_{e_{[1,2]}}$ aus der gefundenen Effizienz„karte" in dem Satz von N_{ID} identifizierten Elektronenpaaren $e_1 e_2$ wurde die Effizienz $\varepsilon_{\text{Trig}} = \left(\sum_{i=1}^{N_{\text{ID}}} \varepsilon_{e_1}\varepsilon_{e_2}\right)/N_{\text{ID}}$ bestimmt. Dabei mussten die identifizierten Elektronenpaare keinen Trigger ausgelöst haben. Diese Berechnung wurde in Abhängigkeit von der Rapidität $|y_{ee,\text{gen}}|$ (Abb. 11.7 (a)), bzw. vom Transversalimpuls $p_{T,ee,\text{gen}}$ (Abb. 11.7 (b)), durchgeführt. Gegenüber der direkten Bestimmung der Triggereffizienz hat

11. Messung des inklusiven Charmonium-Wirkungsquerschnittes

die Bestimmung mittels der Einelektron-Effizienz den Vorteil, dass Abhängigkeiten zwischen den Elektronen berücksichtigt werden. Es wird davon ausgegangen, dass mögliche Unterschiede der Abhängigkeiten in Daten durch nicht-prompte Kanäle verursacht werden. Ihr Einfluss wird durch die Untersuchung des Effektes bei Anwendung der Effizienzen aus diesen Kanälen (Abschnitt 11.8.6) abgedeckt.

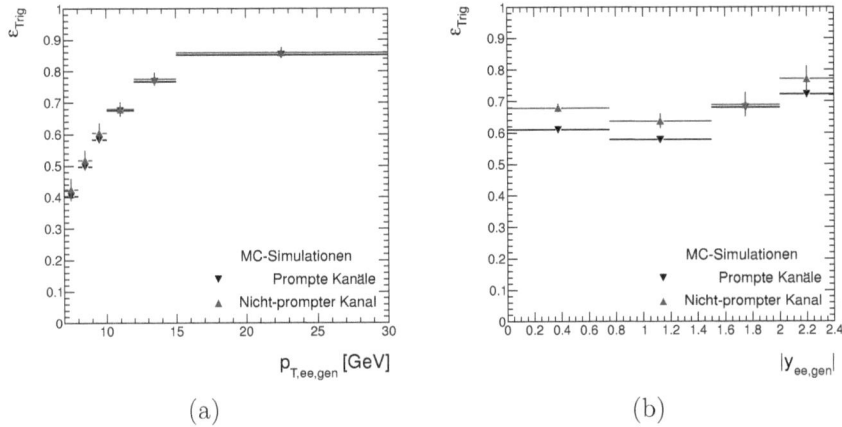

(a) (b)

Abbildung 11.7.: *Zweielektron-Triggereffizienzen $\varepsilon_{\text{Trig}}$ in Abhängigkeit von $p_{T,ee,\text{gen}}$ (a) und in Abhängigkeit von $|y_{ee,\text{gen}}|$ (b) für Sätze von MC-Simulationen für die prompten und für die nicht-prompten Kanäle.*

Ähnlich wie die Rekonstruktionseffizienz zeigt die Triggereffizienz als Funktion des Transversalimpulses einen Anstieg. Ob ein Plateau erreicht wird kann im Rahmen der Statistik nicht bestimmt werden. Durch die höheren Transversalimpulse ist die Effizienz in Abhängigkeit von der Rapidität für die nicht-prompten Beiträge größer.

11.7. Bestimmung des Wirkungsquerschnittes

Ziel dieses Abschnittes ist es, die bisher gefundenen Ereigniszahlen, Akzeptanzen und Effizienzen zu einem differentiellen Wirkungsquerschnitt zu vereinen. Dazu

11.7. Bestimmung des Wirkungsquerschnittes

werden zuerst die Ereigniszahlen betrachtet. Die Ereigniszahlen wurden in Abhängigkeit von rekonstruierten Werten gemessen. Damit sind die in Abhängigkeit von den generierten Werten aus MC-Simulationen bestimmten Effizienzen nicht anwendbar. In Abschnitt 11.7.1 wird eine Migration durch Umgewichtung durchgeführt.

In Abschnitt 11.7.2 werden die bisher bestimmten Akzeptanzen und Effizienzen zu einer Gesamteffizienz vereinigt. Durch Korrektur um die Gesamteffizienz wird der differentielle Wirkungsquerschnitt gemessen und in Abschnitt 11.7.3 präsentiert.

11.7.1. Migration zwischen generierten und rekonstruierten Werten

Um die anhand von MC-Simulationen gemessene Gesamteffizienz in Abhängigkeit von generierten Werten auf die Ereigniszahlen in Abhängigkeit von rekonstruierten Werten anwenden zu können, wurde die Migration für den Transversalimpuls und für die Rapidität identifizierter Dielektronen untersucht. Dazu wurden die gewichteten prompten Sätze von MC-Simulationen mit ML-Filter benutzt. Um Randeffekte zu vermeiden, wurde bei der Betrachtung in Abhängigkeit vom Transversalimpuls die Forderung nach einem minimalen Transversalimpuls von $p_{T,ee} > 7\,\mathrm{GeV}$ aufgegeben, für die Untersuchung in Abhängigkeit von der Rapidität die Forderung nach einer maximalen Rapidität von $|y_{ee[,\mathrm{gen}]}| < 2{,}4$. Der Einfluss durch mögliche Unterschiede in der Migration nicht-prompter Zerfälle wird durch die in Abschnitt 11.8.5 beschriebene Studie zu Systematiken durch die Migration berücksichtigt.

In Abb. 11.8 ist der Zusammenhang zwischen generierten und rekonstruierten Werten zu sehen. Zur Berechnung der Migration wurden die zweidimensionalen Histogramme als Matrizen (i_{reko}, j_{gen}) verwendet. Verteilungen rekonstruierter Variablen wurden mittels

$$x_{j_{\mathrm{mig}}} = \sum_{i_{\mathrm{reko}}} \left(x_{i_{\mathrm{reko}}} \left(i_{\mathrm{reko}}, j_{\mathrm{gen}}\right) / \sum_{j_{\mathrm{gen}}} \left(i_{\mathrm{reko}}, j_{\mathrm{gen}}\right) \right) \qquad (11.2)$$

spaltenweise in generierte Werte umgewichtet. In Abb. 11.2 wurden selektierte Ereignisse in Abhängigkeit von rekonstruierten Werten gezeigt. Das Ergebnis nach Umwichtung ist in Abb. 11.9 zu sehen.

11. Messung des inklusiven Charmonium-Wirkungsquerschnittes

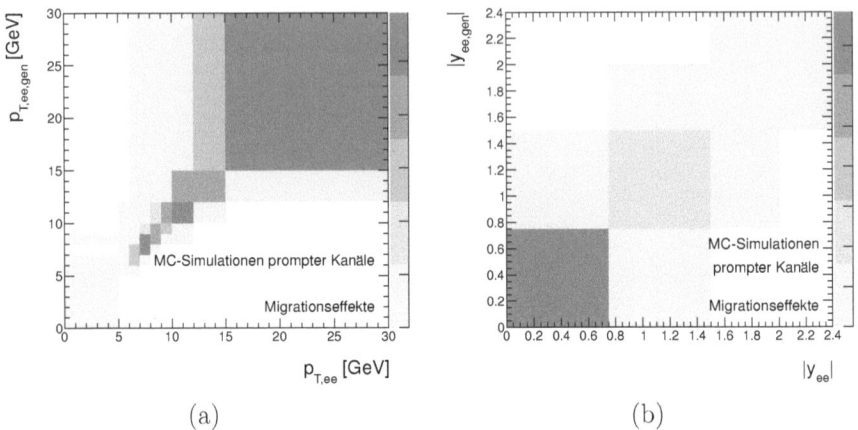

Abbildung 11.8.: *Zusammenhang zwischen rekonstruiertem $p_{T,ee}$ und generiertem $p_{T,ee,gen}$ Transversalimpuls (a) und zwischen rekonstruierter $|y_{ee}|$ und generierter $|y_{ee,gen}|$ Rapidität (b) des Dielektrons in den prompten Sätzen von MC-Simulationen.*

11.7.2. Bestimmung der Gesamteffizienz

Die Gesamteffizienz $\varepsilon = A\,\varepsilon_{\text{reko}}\varepsilon_{ID}\varepsilon_{\text{Trig}}$ beinhaltet alle bisher bestimmten Akzeptanzen und Effizienzen. Zur Vereinfachung der Fehlerpropagation wurde das Produkt aus Rekonstruktions- und Identifikationseffizienz $\varepsilon_{\text{reko}}\varepsilon_{ID} = N_{ID}/N_{akz}$ als Anteil der identifizierten an den akzeptierten Ereignissen in den MC-Simulationen der prompten Kanäle mit ML-Filter bestimmt. Wie die Zahlen N_{ID} und N_{akz} bestimmt wurden, kann den Abschnitten 11.3–11.5 entnommen werden. Es wurde eine binweise Multiplikation der Beiträge vorgenommen, die Unsicherheiten wurden durch quadratische Addition berechnet. Die Unsicherheiten aus der Effizienz werden in Abschnitt 11.8.4 als systematischer Effekte eingeführt; in die statistische Unsicherheit bei der Berechnung des Wirkungsquerschnittes fließen sie nicht ein.

Die Gesamteffizienz ist in Abb. 11.10 gezeigt. Unterschiede zwischen den prompten und den nicht-prompten Kanälen werden durch zwei Effekte verursacht. Der größere Einfluss von hadronischem Untergrund im nicht-prompten Kanal führt zu geringeren Identifikationseffizienzen. Das ist der Effekt, der zum unterschiedlichen Verhalten bei der Betrachtung in Abhängigkeit vom Transversalimpuls (Abb. 11.10 (a)) führt. Der nicht-prompte Kanal hat größere Anteile bei hohen

11.7. Bestimmung des Wirkungsquerschnittes

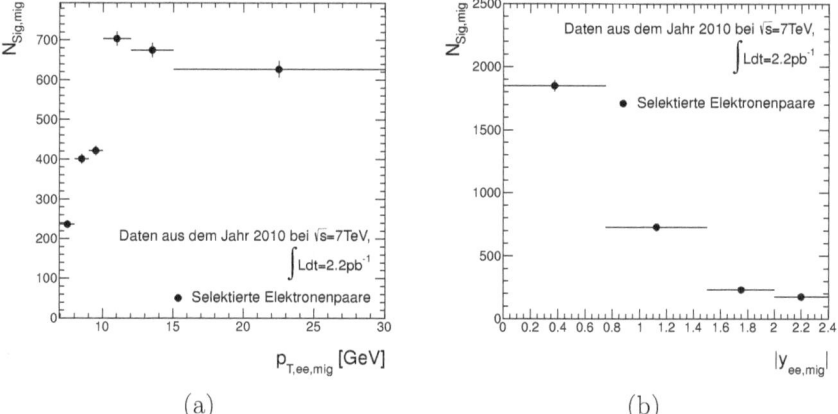

Abbildung 11.9.: *In Daten nach der Selektion gefundene Ereignisse in Abhängigkeit vom Transversalimpuls $p_{T,ee,\text{mig}}$ (a) und in Abhängigkeit von der Rapidität $|y_{ee,\text{mig}}|$ des Elektronenpaares (b). Für die Verteilungen wurde eine Korrektur auf die Migration zwischen generierten und rekonstruierten Werten angewandt. Schwankungen aufgrund unterschiedlicher Binbreiten wurden erwartet.*

11. Messung des inklusiven Charmonium-Wirkungsquerschnittes

Transversalimpulsen in allen Bins der Rapidität. Akzeptanzen und Effizienzen zeigen zu hohen Transversalimpulsen ein ansteigendes Verhalten. Dadurch ist die Gesamteffizienz in Abhängigkeit von der Rapidität (Abb. 11.10 (b)) für den nicht-prompten Kanal größer. Eine Betrachtung in Abhängigkeit von beiden Variablen war durch die geringe Statistik nicht möglich.

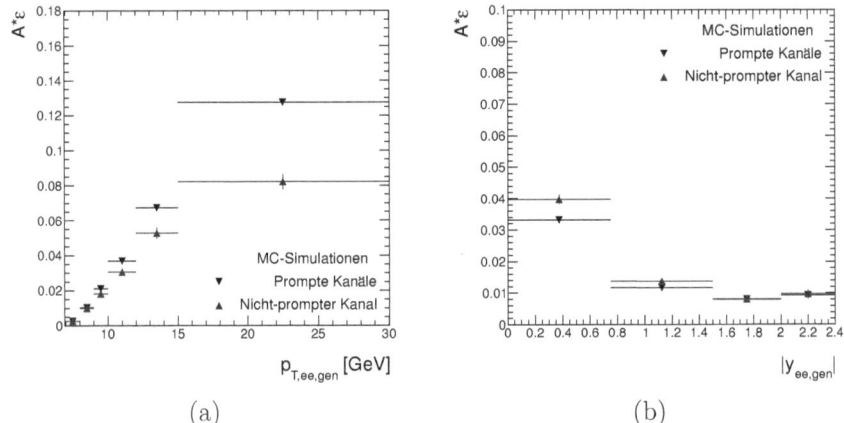

(a)   (b)

Abbildung 11.10.: *Aus MC-Simulationen bestimmte Effizienzen $A\varepsilon_{reko}\varepsilon_{ID}\varepsilon_{Trig}$ der prompten und nicht-prompten Zerfallskanäle in Abhängigkeit vom generierten Transversalimpuls $p_{T,ee,gen}$ (a) und von der generierten Rapidität $y_{ee,gen}$ (b). Für die prompten Kanäle fand eine Gewichtung statt.*

11.7.3. Berechnung des differentiellen Wirkungsquerschnittes

Um aus den bestimmten Ereigniszahlen Wirkungsquerschnitte zu berechnen, wurde der Zusammenhang

$$N_{Sig} = A\,\varepsilon_{Reko}\varepsilon_{ID}\varepsilon_{EF\_2e3\_loose}\,\sigma \int \mathscr{L}\,\mathrm{d}t \tag{11.3}$$

benutzt. Die vom Trigger EF_2e3_loose gesammelte integrierte Luminosität beträgt $\int \mathscr{L}\,\mathrm{d}t = 2{,}2\,\mathrm{pb}^{-1}$. Es wurden die in Abschnitt 11.7.1 bestimmten Ereignis-

11.7. Bestimmung des Wirkungsquerschnittes

zahlen verwendet und das Produkt von Akzeptanz und Effizienzen ist aus Abschnitt 11.7.2 bekannt. Die sich ergebenden differentiellen Wirkungsquerschnitte werden in Abb. 11.11 präsentiert. Es wurde eine Normierung auf die Binbreite vorgenommen. Zur Berechnung der angegebenen statistischen Unsicherheiten wurden nur die Unsicherheiten aus der Anzahl der Ereignisse verwendet. Unsicherheiten aus Effizienzen, Luminosität und Migration werden in Abschnitt 11.8 Gegenstand ausführlicherer Behandlung sein.

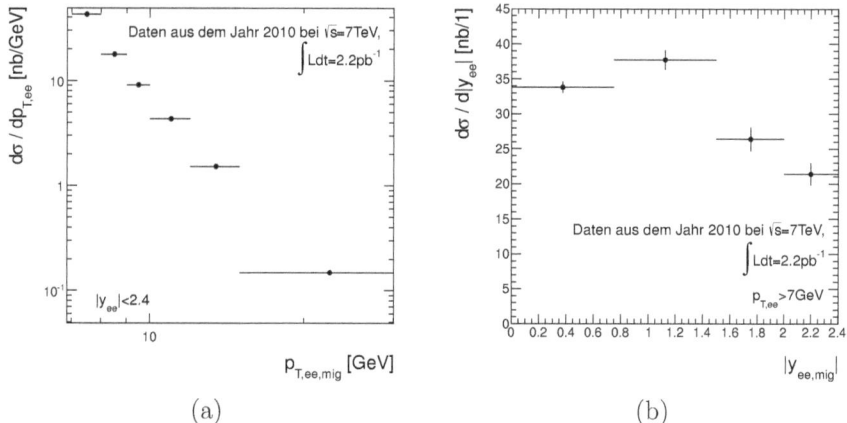

(a) (b)

Abbildung 11.11.: *Differentieller Wirkungsquerschnitt in Abhängigkeit vom transversalen Impuls* $p_{T,ee,\text{mig}}$ *(a) und in Abhängigkeit von der Rapidität* $|y_{ee,\text{mig}}|$ *(b) im Bereich von Transversalimpulsen* $p_{T,ee} > 7\,\text{GeV}$ *und von Rapiditäten* $|y_{ee}| < 2{,}4$.

Durch Integration lässt sich der Wirkungsquerschnitt im betrachteten Bereich angeben. Für den in Abhängigkeit vom Transversalimpuls bestimmten differentiellen Wirkungsquerschnitt steht der Integrationsbereich $7 < p_{T,ee,\text{mig}} < 30\,\text{GeV}$ zur Verfügung. Der Wirkungsquerschnitt in diesem Bereich wurde zu

$$\text{BR}\left(J/\psi \to e^+e^-\right)\sigma_p\left(pp \to J/\psi X\,;\, |y_{ee}| < 2{,}4;\, 7 < p_{T,ee,\text{mig}} < 30\,\text{GeV}\right) \\ = (85{,}1 \pm 1{,}9_{\text{stat}})\,\text{nb} \quad (11.4)$$

berechnet. Der Schnitt auf die Rapidität wurde nur in Abhängigkeit von rekonstruierten Werten gemacht. Auf MC-Simulationen wurde der Effekt durch die

227

11. Messung des inklusiven Charmonium-Wirkungsquerschnittes

Einschränkung $p_{T,ee} < 30\,\text{GeV}$ auf die Zahl der selektierten Ereignisse geprüft. Der Einfluss lag deutlich unter einem Prozent und wird im Folgenden vernachlässigt. Durch Integration der Verteilungen in Abhängigkeit von der Rapidität wurde der Wert

$$\text{BR}\left(J/\psi \to e^+e^-\right)\sigma_y\left(pp \to J/\psi X\,;\,|y_{ee,\text{mig}}| < 2{,}4;\,p_{T,ee} > 7\,\text{GeV}\right)$$
$$= (75{,}4 \pm 1{,}6_{\text{stat}})\,\text{nb} \quad (11.5)$$

ermittelt. Der Schnitt auf den Transversalimpuls musste auf rekonstruierten Werten durchgeführt werden.

11.8. Untersuchung systematischer Eekte

In diesem Abschnitt werden die durchgeführten Untersuchungen über systematische Eekte vorgestellt. Zuerst werden in den Abschnitten 11.8.1 bis 11.8.8 die untersuchten Quellen für Unsicherheiten beschrieben. Zum Abschluss werden die einzelnen Beiträge in Abschnitt 11.8.9 quantifiziert.

11.8.1. Eekte aus der Bestimmung der integrierten Luminosität

In Ref. [Aad11d] ist die relative Unsicherheit auf die Messungen der integrierten Luminosität für Daten aus dem Jahr 2010 mit $3{,}4\,\%$ angegeben.

11.8.2. Eekte durch die Entkopplung von Signal und Untergrund mit Fitfunktionen

In Abschnitt 11.2 wurde erklärt, wie in Analogie zu Abschnitt 10.2.2 die Zahl der Signalereignisse aus Fits an die invariante Masse gewonnen wird. Das Fitten ist dabei Quelle einiger Unsicherheiten. Die verwendeten Modellfunktionen für Signal und Untergrund können von der tatsächlichen Verteilung in den Daten abweichen. Der gewählte Fitbereich in der invarianten Masse kann ebenfalls einen Einfluss haben.

Um ein Gefühl für diesen Einfluss zu bekommen, wurden die Fits erneut durchgeführt. Zuerst wurde beim Fit des Signals eine Novosibirsk-Funktion verwendet. Für den Untergrund wurde weiter das Chebychev-Polynom zweiter Ordnung angenommen und der übliche Massenbereich $1{,}0 < m_{ee} < 4{,}0\,\text{GeV}$ wurde verwendet.

11.8. Untersuchung systematischer Effekte

Die relative Abweichung der gemessenen Ereigniszahlen N_{Novo} zu den Ereigniszahlen N_{Sig} mit der sonst verwendeten Crystal-Ball-Funktion wird in Abb. 11.12 gezeigt.

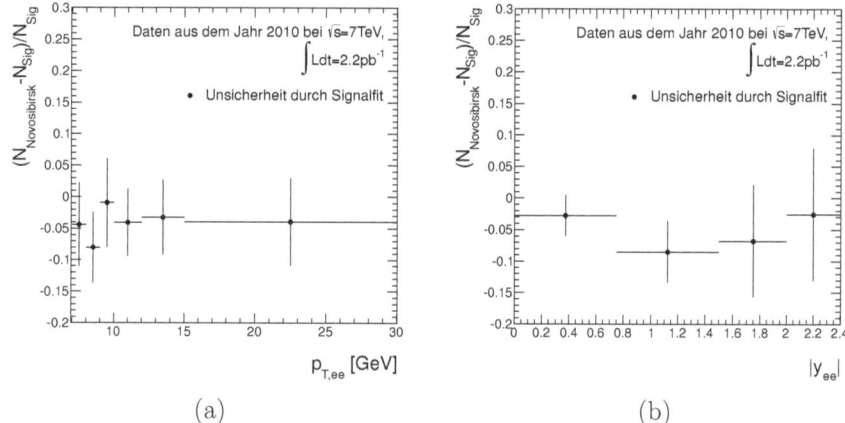

(a) (b)

Abbildung 11.12.: *In Daten nach der Selektion gefundene relative Abweichung der Ereigniszahlen bei Verwendung der Novosibirsk-Funktion zur Beschreibung des Signals in Abhängigkeit vom Transversalimpuls $p_{T,ee}$ (a) und in Abhängigkeit von der Rapidität $|y_{ee}|$ des Elektronenpaares (b). Schwankungen aufgrund unterschiedlicher Binbreiten wurden erwartet.*

Ein zweiter Test zeigte den Einfluss durch die Annahme für die Untergrundfunktion. Während für das Signal die übliche Crystal-Ball-Funktion verwendet wurde, wurde eine Exponentialfunktion benutzt, um den Untergrund zu beschreiben. Dabei wurde auch der Massenbereich variiert und auf den Bereich $1{,}8 < m_{ee} < 4{,}0\,\text{GeV}$ festgelegt. Die relative Abweichung der gefundenen Ereigniszahlen N_{exp} zu den Ereigniszahlen N_{Sig} mit den sonst angenommenen Untergrundverteilungen aus Chebychev-Polynomen zweiter Ordnung ist in Abb. 11.13 zu sehen. Die großen Abweichungen lassen sich durch das umgekehrte Krümmungsverhalten von Exponentialfunktion und Chebychev-Polynomen zweiter Ordnung erklären.

Zur Kombination der Unsicherheiten aus beiden Tests wurde eine quadratische Addition der Werte durchgeführt. Diese Kombination beider Größen stellt die Abschätzung für die Unsicherheit durch die Fitfunktion Δ_{Fit} dar.

11. Messung des inklusiven Charmonium-Wirkungsquerschnittes

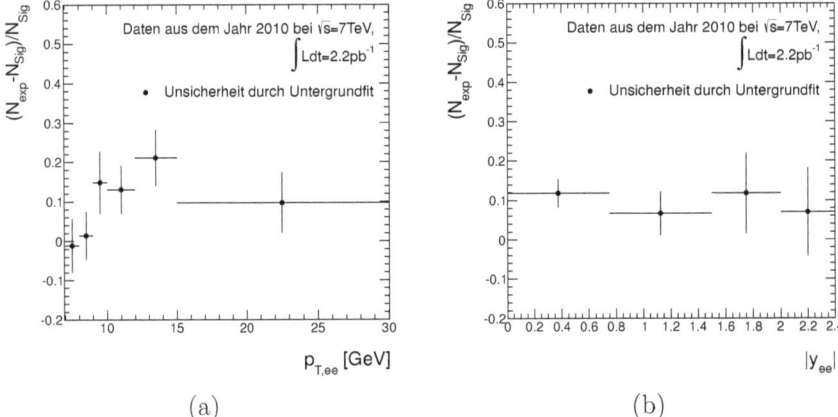

(a)   (b)

Abbildung 11.13.: *In Daten nach der Selektion gefundene relative Abweichung der Ereigniszahlen bei Verwendung der Exponentialfunktion zur Beschreibung des Untergrundes in Abhängigkeit vom Transversalimpuls $p_{T,ee}$ (a) und in Abhängigkeit von der Rapidität $|y_{ee}|$ des Elektronenpaares (b). Schwankungen aufgrund unterschiedlicher Binbreiten wurden erwartet.*

11.8. Untersuchung systematischer E ekte

11.8.3. E ekte aus der verwendeten Identifikationse zienz

Unterschiede in Verteilungen von Selektionsvariablen führen zu Di erenzen in der Identifikationse zienz (Abschnitt 11.5) zwischen Daten und MC-Simulationen. Zur Abschätzung der Unsicherheit soll ein Vergleich erfolgen. Zur Messung der Identifikationse zienz von Elektronenpaaren ist die Statistik im vorliegenden Datensatz zu gering. Um Unterschiede zwischen Daten und MC-Simulationen zu untersuchen, werden E zienzen einzelner Elektronen auf dem gesamten Datensatz betrachtet. Zum Vergleich werden unterschiedliche Methoden zur Bestimmung der Identifikationse zienz einzelner Elektronen auf MC-Simulationen vorgestellt.

Dazu wurde in den Daten nach Elektronenpaaren gesucht, die die Rekonstruktionskriterien erfüllten. Um den Satz von Elektronenpaaren von weiterem Untergrund zu befreien, wurde gefordert, das jeweils eines der Elektronen die Identifikationskriterien (5, 11 und 12) erfüllte. Für das jeweils andere Elektron konnten Untersuchungen angestellt werden. Zusätzlich zu den Rekonstruktionskriterien wurden Forderungen an den Ö nungswinkel und nach unterschiedlichen Elektronenladungen (Kriterien 15 und 17) gestellt. Die Identifikationse zienz des Elektrons konnte mit der Formel $\varepsilon_{\text{ID,Daten}}(1e) = N_{\text{ID},e}/N_{\text{reko},e}$ bestimmt werden. Dabei ist $N_{\text{reko},e}$ die Zahl der rekonstruierten Einzelelektronen, die zur Untersuchung zur Verfügung stehen. Die Zahl wurde durch Anpassung einer Crystal-Ball-Funktion für das Signal und einer Exponentialfunktion für den Untergrund bestimmt.

Nach zusätzlicher Forderung der Identifikationskriterien für das Elektron wurde die Anzahl $N_{\text{ID},e}$ der identifizierten Einzelelektronen bestimmt. Durch die zusätzliche Forderung hatte sich die Verteilung des Untergrundes geändert, und an den Untergrund wurde ein Chebychev-Polynom zweiter Ordnung angepasst. Für die Identifikationse zienz einzelner Elektronen ergab sich der Wert $\varepsilon_{\text{ID,Daten}}(1e) = (75{,}5 \pm 1{,}4)\,\%$.

Auf MC-Simulationen wurde die Selektion auf rekonstruierten Werten analog zum Verfahren auf Daten angewandt. Zum Fitten wurde jeweils die Crystal-Ball-Funktion ohne Untergrundmodell verwendet. Das Verfahren lieferte eine E zienz von $\varepsilon_{\text{ID,MC}}(1e) = (70{,}17 \pm 0{,}27)\,\%$. Es wurde nur der Satz D 1 von MC-Simulationen für den direkten Kanal verwendet.

In einem zweiten Verfahren wurde von generierten Elektronenpaaren ausgegangen. Zu den generierten Elektronen wurden rekonstruierte Elektronen gesucht. Bei diesen Schritten wurde analog vorgegangen, wie bei den entsprechenden Schritten bei der Bestimmung der Rekonstruktionse zienz (Abschnitt 11.4). In Analogie zu dem Satz rekonstruierter Elektronenpaare in Daten wurde die Identifikationse zi-

231

11. Messung des inklusiven Charmonium-Wirkungsquerschnittes

enz $\varepsilon_{\text{ID,gen}}$ (1e) = $N_{\text{ID},e,\text{gen}}/N_{\text{reko},e,\text{gen}}$ bestimmt. Die Zahlen $N_{\text{ID},e,\text{gen}}$ und $N_{\text{reko},e,\text{gen}}$ ergaben sich durch Zählen im Massenbereich $2{,}2 < m_{ee} < 3{,}2\,\text{GeV}$ und sind in Tab. 11.3 für die einzelnen Sätze von MC-Simulationen aufgelistet.

In einem dritten Test wurden einzelne generierten Elektronen verwendet, die innerhalb einer Pseudorapidität von $|\eta_{\text{gen}}| < 2{,}47$ lagen und über einen Transversalimpuls von mindestens $p_{T,\text{gen}} > 3\,\text{GeV}$ verfügten. Zur Bestimmung der Identifikationse zienzen $\varepsilon_{\text{ID,single}}$ (1e) = $N_{\text{ID},e,\text{single}}/N_{\text{reko},e,\text{single}}$ (Tab. 11.3) wurden die Anzahl $N_{\text{reko},e,\text{single}}$ der Elektronen, die die Rekonstruktionse zienz erfüllten, und die Anzahl $N_{\text{ID},e,\text{single}}$ der Elektronen, die die Identifikationse zienz erfüllten, gezählt.

MC-Satz Studie	$\varepsilon_{\text{ID,gen}}$ (1e)	$\varepsilon_{\text{ID,single}}$ (1e)
D 1	(69,7 ± 0,1) %	(68,2 ± 0,1) %
D 3	(68,6 ± 0,4) %	(67,0 ± 0,2) %
D 5	(67,9 ± 0,2) %	(67,0 ± 0,1) %
D 7	(67,7 ± 0,1) %	(66,6 ± 0,1) %
Gewichtetes Mittel	(68,4 ± 0,8) %	(67,3 ± 0,6) %

Tabelle 11.3.: *Vergleich der gefundenen Identifikationse zienzen aus MC-Simulationen.*

Auf MC-Simulationen zeigen alle Methoden zur Bestimmung der Identifikationse zienz vergleichbare Werte. Der systematische Fehler der Identifikationseffizienz wurde durch die Dierenz $(\langle\varepsilon_{\text{ID,gen}}(1e)\rangle - \varepsilon_{\text{ID,Daten}}(1e))/\varepsilon_{\text{ID,Daten}}(1e) = (9{,}4 \pm 2{,}0)\,\%$ zwischen dem Wert aus Daten und dem gewichteten Mittel für die analoge Methode aus MC-Simulationen, die sich auf generierte Werte stützt, abgeschätzt. Für die Identifikationse zienz eines Elektronenpaares ergibt sich durch Quadrierung eine relative Unsicherheit von $\Delta_{\text{ID}} = (19{,}7 \pm 4{,}4)\,\%$.

11.8.4. E ekte aus der verwendeten Gesamte zienz

Die statistischen Unsicherheiten der MC-Simulationen werden durch die Binomialfehler von Akzeptanzen und E zienzen repräsentiert. Die Beiträge der einzelnen Kanäle der MC-Simulationen wurden dabei jeweils durch Gauß-Propagation bestimmt. Die Unsicherheiten aus Akzeptanzen, Rekonstruktions-, Identifikations- und Triggere zienzen werden wiederum durch Gauß'sche Fehlerfortpflanzung zum Fehler der in Abschnitt 11.7.2 berechneten Gesamte zienz vereinigt

11.8. Untersuchung systematischer Effekte

und liefern den Beitrag Δ_E zur Unsicherheit des differentiellen Wirkungsquerschnittes.

11.8.5. Effekte durch Anwendung der Migration

Die Migration zwischen rekonstruierten und generierten Werten wurde in Abschnitt 11.7.1 anhand von MC-Studien für die prompten Kanäle bestimmt. In diesem Abschnitt wird eine Untersuchung vorgestellt, die die Erwartung für Unsicherheiten durch Anwendung der Methode abschätzt. Um einen Vergleich zwischen generierten und migrierten Werten durchführen zu können, werden Vergleiche mit Hilfe von MC-Simulationen durchgeführt. Um Unabhängigkeit von der Migrationsmatrix zu gewährleisten, findet der Test auf MC-Simulationen des nicht-prompten Kanals D 9 statt. Diese Simulationen flossen bei der Bestimmung der Matrix nicht ein. Durch Anwendung auf diesen Satz von Simulationen werden außerdem Effekte durch mögliche Unterschiede in der Migration für prompte und nicht-prompte Kanäle behandelt.

Verteilungen von identifizierten Elektronenpaaren wurden in Abhängigkeit von der rekonstruierten Rapidität $|y_{ee}|$ und vom rekonstruierten Transversalimpuls $p_{T,ee}$ betrachtet. Um Randeffekte zu berücksichtigen wurden die Schnitte auf die jeweilige Variable nicht durchgeführt. Durch Umgewichtung analog zu Abschnitt 11.7.1 wurden die Verteilungen zu generierten Werten migriert. Abb. 11.14 zeigt einen Vergleich zwischen migrierten und generierten Werten.

Zur Abschätzung des relativen systematischen Fehlers wurde die Abweichung zwischen den Variablen auf die generierten Werte normiert. Die entstandenen Verteilungen werden in Abb. 11.15 präsentiert. Die sich für den differentiellen Wirkungsquerschnitt ergebende Unsicherheit Δ_{mig} wurde durch Multiplikation der relativen Unsicherheiten mit dem Wirkungsquerschnitt berechnet. Zusätzliche Unsicherheiten aus der Statistik der verwendeten Simulationen wurden als im Rahmen der Unsicherheit der Gesamteffizienz abgegolten angesehen und es fand keine weitere Berücksichtigung statt.

11.8.6. Effekte durch Einflüsse aus nicht-prompten Zerfällen

In Abschnitt 3.2.5 wurden die erwarteten Kanäle für die Produktion des J/ψ aufgeschlüsselt. Bei der Bestimmung des Wirkungsquerschnittes flossen nur die Akzeptanzen und Effizienzen aus den prompten Zerfällen ein. Um den maximalen Effekt zu untersuchen, der dadurch entsteht, wurde der Wirkungsquerschnitt σ_B

11. Messung des inklusiven Charmonium-Wirkungsquerschnittes

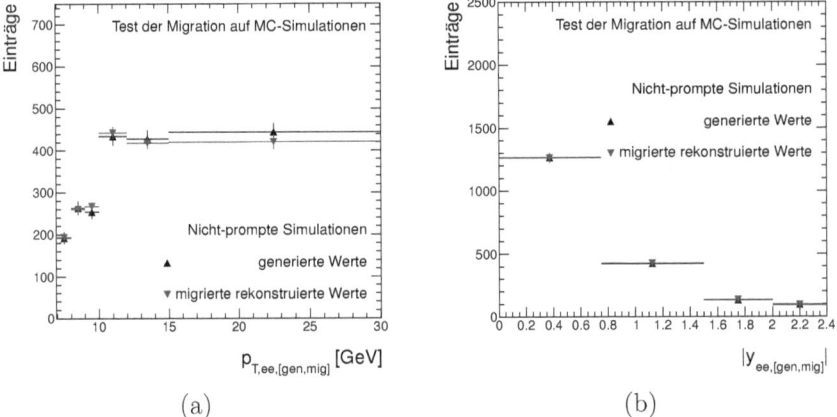

Abbildung 11.14.: *Vergleich zwischen den Anzahlen der identifizierten Elektronenpaaren, bei denen rekonstruierte Werte dem Migrationsprozess unterzogen wurden und generierten Werten in Abhängigkeit vom Transversalimpuls $p_{T,ee,[gen,mig]}$ (a) und in Abhängigkeit von der Rapidität $|y_{ee,[gen,mig]}|$ des Elektronenpaares (b). Die Tests wurden auf MC-Simulationen des nicht-prompten Kanals durchgeführt.*

11.8. Untersuchung systematischer Effekte

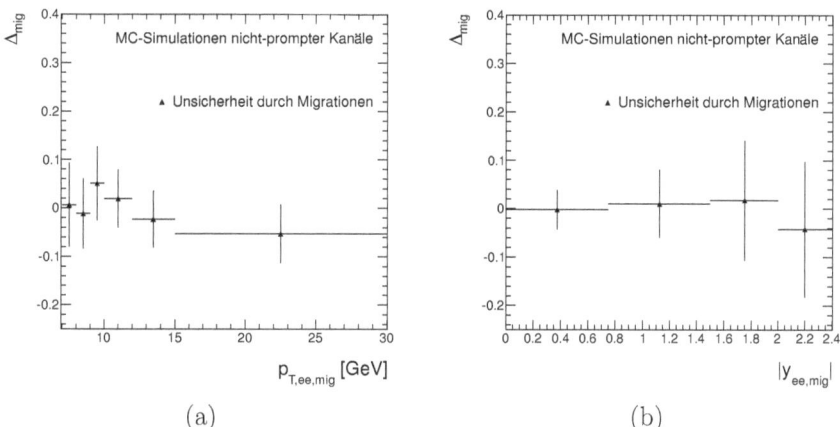

Abbildung 11.15.: *Relative Unsicherheit Δ_{mig} durch die Migration in Abhängigkeit vom Transversalimpuls $p_{T,ee,mig}$ (a) und in Abhängigkeit von der Rapidität $|y_{ee,mig}|$ des Elektronenpaares (b). Die Tests wurden auf MC-Simulationen des nicht-prompten Kanals durchgeführt.*

unter ausschließlicher Verwendung von Akzeptanzen und Effizienzen für den nicht-prompten Kanal berechnet. Zur Bestimmung dieser Akzeptanzen und Effizienzen wurde der Satz D 9 von MC-Simulationen verwendet. Der abgeleitete differentielle Wirkungsquerschnitt wird in Abb. 11.16 gezeigt.

Der relative Unterschied zwischen dem Wirkungsquerschnitt σ_B und dem berechneten Wirkungsquerschnitt σ dient als Abschätzung der relativen systematischen Unsicherheit. Der Unterschied ist in Abb. 11.17 zu sehen. Der sich für den Wirkungsquerschnitt ergebende Fehler Δ_B wird abgeleitet. Der gefundene differentielle Wirkungsquerschnitt für nicht-prompte Kanäle liefert für hohe Transversalimpulse einen größeren Wirkungsquerschnitt. Damit lassen sich die höheren Transversalimpulse erklären, die bei Vergleichen von Verteilungen zwischen Daten und MC-Simulationen der prompten Zerfallskanäle in Kap. 10 gefunden wurden.

11.8.7. Effekte durch die Triggereffizienz

Die Triggereffizienz wurde in Abschnitt 11.6 bestimmt. Dazu wurden die Effizienzen einzelner Elektronen betrachtet. Anhand der Karten der Einzelelektron-Effizienzen wurde eine Gewichtung vorgenommen, um die Verteilungen für die Variablen des Systems aus zwei Elektronen zu bestimmen. Einfache Quadrierung

11. Messung des inklusiven Charmonium-Wirkungsquerschnittes

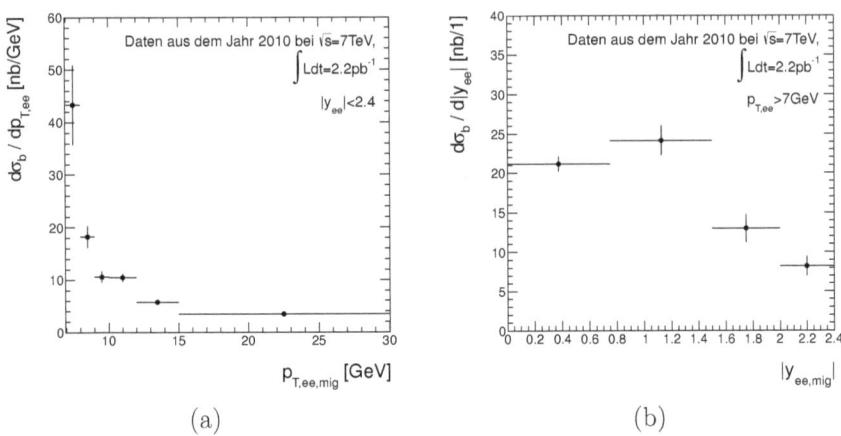

(a)   (b)

Abbildung 11.16.: *Dierentieller Wirkungsquerschnitt in Abhängigkeit vom transversalem Impuls $p_{T,ee,mig}$ (a) und in Abhängigkeit von der Rapidität $|y_{ee,mig}|$ (b) im Bereich von Transversalimpulsen $p_{T,ee} > 7$ GeV und von Rapiditäten $|y_{ee}| < 2{,}4$. Zur Korrektur wurden Akzeptanzen und Ezienzen aus MC-Simulationen des nicht-prompten Zerfalles verwendet.*

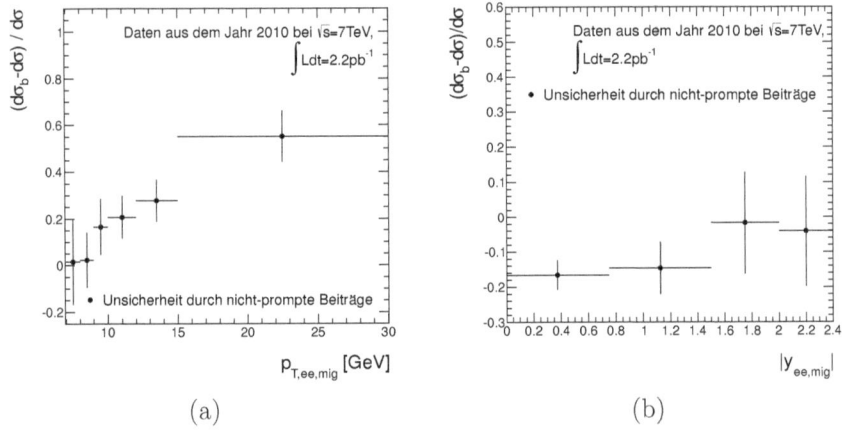

(a)   (b)

Abbildung 11.17.: *Abweichung des dierentiellen Wirkungsquerschnittes bei Verwendung von Akzeptanzen und Ezienzen aus MC-Simulationen des nicht-prompten Zerfalles in Abhängigkeit von transversalem Impuls $p_{T,ee,mig}$ (a) und in Abhängigkeit von der Rapidität $|y_{ee,mig}|$ (b).*

11.8. Untersuchung systematischer Effekte

der Effizienzen in den Bins der Zweielektron-Variablen hätten Abhängigkeiten zwischen den Elektronen nicht berücksichtigt. Um Unterschiede zwischen realen und simulierten Verteilungen abzuschätzen, werden Abhängigkeiten zwischen den Elektronen bewusst ignoriert. Durch einfaches Quadrieren von Effizienzen einzelner Elektronen werden die Effizienzen für die Elektronenpaare bestimmt.

Die Bestimmung der Einzelelektronen-Effizienz erfolgte in Analogie zu der bereits aus Abschnitt 11.6 bekannten Methode. Allerdings wurden die Ereigniszahlen in Abhängigkeit von den Variablen $p_{T,ee}$ und $|y_{ee}|$ betrachtet. Durch Migration mit der in Abschnitt 11.8.5 eingeführten Methode wurden die Verteilungen umgewichtet und die Einzelelektron-Effizienz wurde bestimmt. Direkte Quadrierung lieferte den Wert für die Triggereffizienz des Zweielektronen-Triggers. Sie wird in Abb. 11.18 mit der Effizienz aus der Kartographierung von Einzelelektron-Effizienzen verglichen. Zusätzlich ist die analog direkt bestimmte Effizienz aus Daten aufgetragen. Bei der Bestimmung durch einfaches Zählen wurden Untergrundeffekte nicht berücksichtigt.

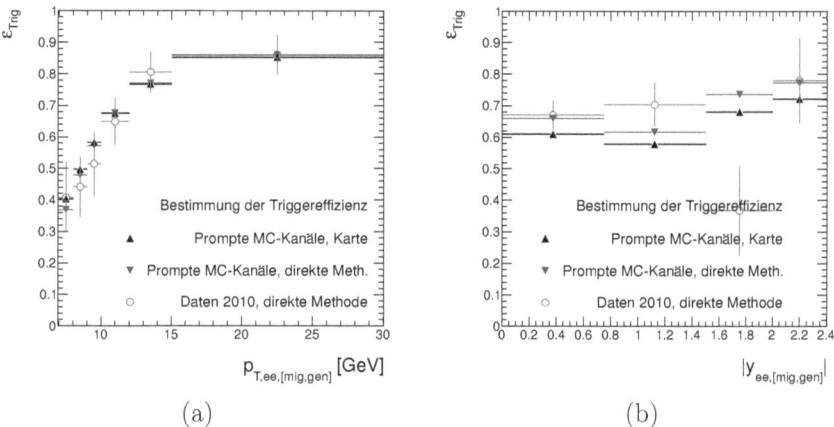

Abbildung 11.18.: *In MC-Simulationen und Daten durch Vergleich mit Triggerojekten abgeschätzte Triggereffizienzen ε_{Trig} aus dem Datensatz unter Forderung nach einem der Trigger EF_e3_loose, EF_e3_loose_IdScan, EF_e3_medium oder EF_e3_medium_IdScan. Gezeigt sind Verteilungen als Funktion vom generierten, bzw. migrierten, Transversalimpuls $p_{T,ee,[gen,mig]}$ (a) und als Funktion von der generierten, bzw. migrierten, Rapidität $|y_{ee,[gen,mig]}|$ (b).*

11. Messung des inklusiven Charmonium-Wirkungsquerschnittes

Der Vergleich (Abb. 11.19) der bestimmten Effizienzen aus den MC-Simulationen prompter Kanäle mit den Effizienzen aus der Kartierung einzelner Elektroneffizienzen wird zur Abschätzung der Unsicherheit Δ_{Trig} verwendet.

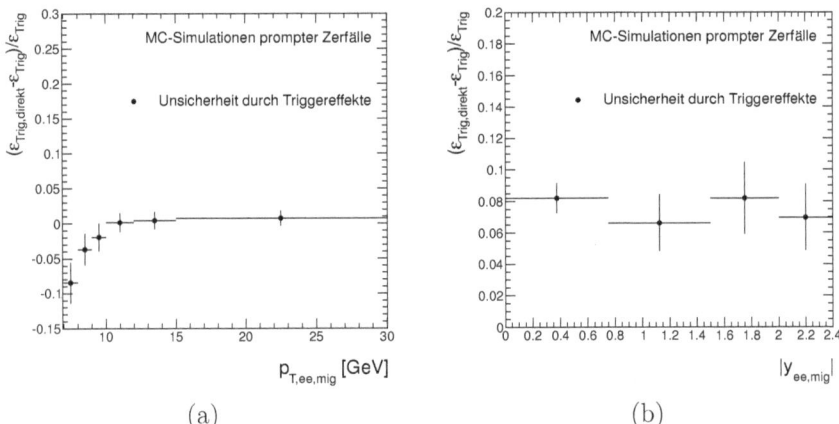

Abbildung 11.19.: *Relative Abweichung zwischen den in MC-Simulationen der prompten Kanäle gemessenen Triggereffizienzen in Abhängigkeit von transversalem Impuls $p_{T,ee,\text{mig}}$ (a) und in Abhängigkeit von der Rapidität $y_{ee,\text{mig}}$ (b).*

11.8.8. Effekte durch die Fragmentation der Effizienzen

Die Gesamteffizienz wurde durch einfache Multiplikation der Akzeptanz A, der Rekonstruktions- und Identifikationseffizienz $\varepsilon_{\text{reko}}\varepsilon_{\text{ID}}$ und der Triggereffizienz $\varepsilon_{\text{Trig}}$ bestimmt. Systematische Effekte durch diese Multiplikation werden durch Anwendung der multiplizierten Effizienzen auf MC-Simulationen untersucht.

Zur Untersuchung der Akzeptanz ist es notwendig, Simulationen mit SL-Filter zu verwenden. Es wurde der Satz D 8 für den Zerfall des χ_{c2}-Mesons ausgewählt. Von den Sätzen mit SL-Filter weist dieser Kanal die größte Statistik auf. Die gefundenen Ereigniszahlen nach der Identifikation wurden mit dem Produkt aus Akzeptanz und Rekonstruktions- und Identifikationseffizienz $N_{\text{ID}}/(A\,\varepsilon_{\text{reko}}\varepsilon_{\text{ID}})$ korrigiert. Das Resultat wurde mit der Zahl der generierten Ereignisse N_{gen} verglichen

11.8. Untersuchung systematischer Effekte

(Abb. 11.20). Statistische Effekte spielen bei Betrachtung von Verteilungen aus den gleichen Samples keine Rolle. Folglich werden statistische Fehler nicht gezeigt. Die Effizienz $\varepsilon_{\text{reko}}\varepsilon_{\text{ID}}$ wurde unter Verwendung der vom Satz D 8 unabhängigen prompten MC-Simulationen mit ML-Filter bestimmt. Um die resultierenden Unsicherheiten zu berücksichtigen, werden die systematischen Unsicherheiten durch die Identifikationseffizienz betrachtet. Die Differenzen der Verteilungen sind durch die großen Unsicherheiten nicht signifikant und fließen nicht in die Systematik ein.

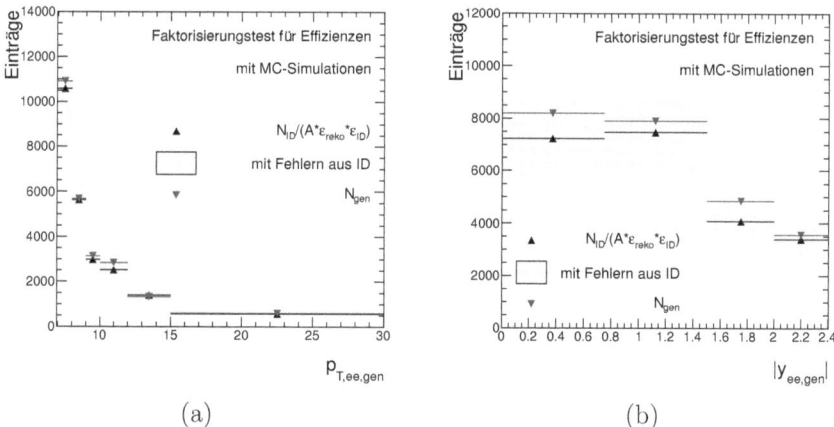

Abbildung 11.20.: *Test der Fragmentation von Akzeptanz A und Rekonstruktions- und Identifikationseffizienz $\varepsilon_{\text{reko}}\varepsilon_{\text{ID}}$ in Abhängigkeit vom transversalen Impuls (a) und von der Rapidität (b) des Elektronenpaares. Schwankungen aufgrund unterschiedlicher Binbreiten wurden erwartet.*

Der Test für das Produkt aus Rekonstruktions- und Identifikationseffizienz $\varepsilon_{\text{reko}}\varepsilon_{\text{ID}}$ und Triggereffizienz $\varepsilon_{\text{Trig}}$ wurde mit den gewichteten Sätzen prompter MC-Simulationen (vgl. Abschnitt 11.4) durchgeführt. Für die gefundenen Ereigniszahlen nach Anwendung des Triggers wurde eine Korrektur mit den Effizienzen für Rekonstruktion, Identifikation und Triggereffekte $N_{\text{Trig}}/(\varepsilon_{\text{reko}}\varepsilon_{\text{ID}}\varepsilon_{\text{Trig}})$ durchgeführt. Die aus Abb. 11.21 zu ersehende Abweichung zur Zahl der akzeptierten Ereignisse N_{akz} ist nicht allein durch Effekte der Fragmentation bedingt, sondern beinhaltet außerdem systematische Effekte durch die Berechnung der Triggereffizienz. Der Vergleich mit den bereits vorgestellten Effekten (Abb. 11.19) ergibt

11. Messung des inklusiven Charmonium-Wirkungsquerschnittes

aber keine oensichtliche Korrelation. Die Abweichungen gehen als Unsicherheiten Δ_{Frag} bei der Betrachtung der systematischen Eekte ein. Für die Rapidität liegen die korrigierten Werte zwischen 5 und 10 % über den akzeptierten, für den Transversalimpuls ergeben sich Über- und Unterschätzungen, die einen Absolutwert von 6 % nicht überschreiten.

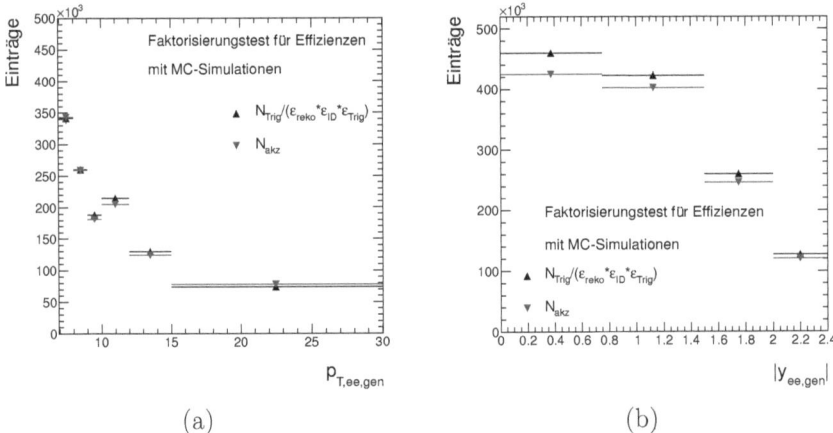

(a) (b)

Abbildung 11.21.: *Test der Fragmentation von Rekonstruktions- und Identifikationse zienz $\varepsilon_{\text{reko}}\varepsilon_{\text{ID}}$ und Triggere zienz $\varepsilon_{\text{Trig}}$ in Abhängigkeit vom transversalen Impuls (a) und von der Rapidität (b) des Elektronenpaares. Schwankungen aufgrund unterschiedlicher Binbreiten wurden erwartet.*

11.8.9. Zusammenfassung der systematischen Eekte

In den vorherigen Abschnitten wurden die systematischen Eekte beschrieben. In Tab. 11.4 werden diese Eekte in Abhängigkeit von der Rapidität quantifiziert. Die Unsicherheiten aus der Luminosität Δ_{Lum}, aus den verwendeten Fitfunktionen Δ_{Fit}, aus der Identifikationse zienz Δ_{ID}, durch die Migration Δ_{mig}, aus nichtprompten Kanälen Δ_{B}, durch den verwendeten Trigger Δ_{Trig} und aus den statistischen Fehlern bei der Berechnung der E zienzen Δ_{E} werden aufgelistet. Zur Angabe der Unsicherheiten im Gesamtbereich wurde eine quadratische Additi-

11.8. Untersuchung systematischer Effekte

on der Einzelfehler vorgenommen; für die Unsicherheiten der Luminosität eine Addition.

$|y_{ee,\text{mig}}|$	$y \cdot BR(J/\psi \to e^+e^-)$ [nb]	Δ stat [nb]	Δ Lum [nb]	Δ Fit [nb]	Δ ID [nb]	Δ mig [nb]	Δ B [nb]	Δ Trig [nb]	Δ E [nb]	Δ Frag [nb]
[0,0; 0,75[	25,3	±0,6	±0,9	±3,1	±5,0	±0,05	±4,2	±2,1	±0,2	±2,1
[0,75; 1,5[	28,3	±1,0	±1,0	±3,1	±5,6	±0,3	±4,1	±1,9	±0,3	±1,4
[1,5; 2,0[	13,2	±0,8	±0,4	±1,8	±2,6	±0,2	±0,2	±1,1	±0,2	±0,7
[2,0; 2,4[	8,6	±0,6	±0,3	±0,6	±1,7	±0,4	±0,4	±0,6	±0,1	±0,5
[0,0; 2,4[	75,4	±1,6	±2,6	±4,8	±8,1	±0,5	±5,9	±3,1	±0,5	±2,7

Tabelle 11.4.: *Beiträge und ihre Unsicherheiten in Bins von der Rapidität $|y_{ee,\text{mig}}|$ des Elektronenpaares.*

Die Unsicherheiten bei der Berechnung des Wirkungsquerschnittes im Integrationsbereich

$$BR(J/\psi \to e^+e^-)\sigma_y(pp \to J/\psi X; |y_{ee}| < 2{,}4; p_{T,ee} > 7\,\text{GeV})$$
$$= (75{,}4 \pm 1{,}6_{\text{stat}} \pm 11{,}9_{\text{sys}} \pm 2{,}6_{\text{Lum}})\,\text{nb} \quad (11.6)$$

ergeben sich unter der Annahme nicht korrelierter Fehler durch Gauß'sche Fehlerfortpflanzung in den einzelnen Bins. Der Verlauf des differentielle Wirkungsquerschnitt in Abhängigkeit von der Rapidität ist in Abb. 11.22 (b) gezeigt.

Eine Quantifizierung in Abhängigkeit vom Transversalimpuls $p_{T,ee,\text{mig}}$ erfolgt in Tab. 11.5. Der Wirkungsquerschnitt wurde im Integrationsbereich zu

$$BR(J/\psi \to e^+e^-)\sigma_p(pp \to J/\psi X; |y_{ee}| < 2{,}4; 7 < p_{T,ee} < 30\,\text{GeV})$$
$$= (85{,}1 \pm 1{,}9_{\text{stat}} \pm 11{,}2_{\text{sys}} \pm 2{,}9_{\text{Lum}})\,\text{nb} \quad (11.7)$$

bestimmt. Die Verteilung des differentiellen Wirkungsquerschnittes als Funktion des transversalen Impulses wird in Abb. 11.22 (a) präsentiert.

Unter der Abschätzung, dass die Unsicherheiten durch Nichtberücksichtigung der nicht-prompten Zerfälle Δ_B, durch die Statistik der MC-Simulationen Δ_E und durch die Fragmentation der Effizienzen Δ_{Frag} zwischen den beiden Werten komplett unkorreliert und alle anderen Unsicherheiten vollständig korreliert sind, stimmen die gemessenen Wirkungsquerschnitte innerhalb von $1{,}3\,\sigma$ überein.

11. Messung des inklusiven Charmonium-Wirkungsquerschnittes

$p_{T,ee,mig}$ [GeV]	$p \cdot BR(J/\psi \to e^+e^-)$ [nb]	Δ stat [nb]	Δ Lum [nb]	Δ Fit [nb]	Δ ID [nb]	Δ mig [nb]	Δ B [nb]	Δ Trg [nb]	Δ E [nb]	Δ Frag [nb]
[7; 8[	42,7	± 1,8	± 1,5	± 1,9	± 8,4	± 0,3	± 0,6	± 3,6	± 0,9	± 0,2
[8; 9[	17,8	± 0,5	± 0,6	± 1,4	± 3,5	± 0,20	± 0,4	± 0,7	± 0,3	± 0,1
[9; 10[	9,1	± 0,3	± 0,3	± 1,4	± 1,8	± 0,5	± 1,5	± 0,2	± 0,1	± 0,4
[10; 12[	8,7	± 0,2	± 0,3	± 1,2	± 1,7	± 0,2	± 1,8	± 0,01	± 0,1	± 0,4
[12; 15[	4,6	± 0,1	± 0,2	± 1,0	± 0,9	± 0,1	± 1,3	± 0,02	± 0,04	± 0,2
[15; 30[	2,2	± 0,1	± 0,1	± 0,2	± 0,4	± 0,1	± 1,2	± 0,02	± 0,02	± 0,1
[7; 30[	85,1	± 1,9	± 2,9	± 3,2	± 9,5	± 0,6	± 3,0	± 3,7	± 1,0	± 0,6

Tabelle 11.5.: *Beiträge und ihre Unsicherheiten in Bins vom transversalen Impuls $p_{T,ee,mig}$ des Elektronenpaares.*

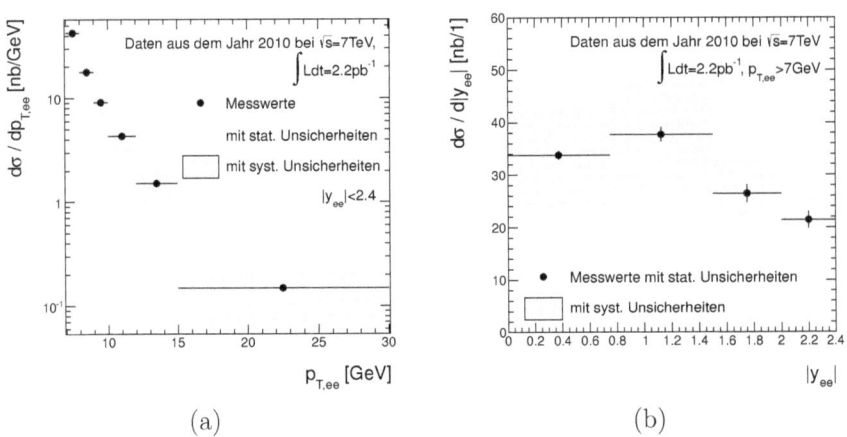

(a) (b)

Abbildung 11.22.: *Dierentieller Wirkungsquerschnitt in Abhängigkeit von transversalem Impuls $p_{T,ee,mig}$ (a) und in Abhängigkeit von der Rapidität $|y_{ee,mig}|$ (b) im Bereich von Transversalimpulsen $p_{T,ee} > 7$ GeV und von Rapiditäten $|y_{ee}| < 2,4$. Neben den statistischen sind die systematischen Fehler gezeigt. Die Unsicherheiten aus den Luminositäten wurden quadratisch addiert.*

11.9. Bezug zu anderen Messungen und zur Theorie

Bei der in Abschnitt 11.8.6 vorgestellten Untersuchung der Systematik des nichtprompten Kanals zeigte sich mit der Erhöhung der Unsicherheiten für große Transversalimpulse der erwartete Unterschied zu prompten Kanälen. Damit wurde der Ansatz zur Erklärung der in den Abschnitten 10.1.3 und 10.2.3 gemessenen Unterschiede zwischen Verteilungen aus Daten und Verteilungen aus MC-Simulationen des direkten Kanals bestätigt. Eine detailliertere Studie und eine Entkopplung der prompten und der nicht-prompten Kanäle wurde im Rahmen dieser Analyse nicht betrachtet.

Abgesehen von vernachlässigbaren Eekten durch unterschiedliche Leptonmassen werden für den Wirkungsquerschnitt des Zerfalles $J/\psi \to e^+e^-$ die gleichen Ergebnisse erwartet, wie für bereits von der Atlas-Kollaboration veröentlichte Resultate [Aad11c] von Zerfällen $J/\psi \to \mu^+\mu^-$ in Myonpaare. In Abb. 11.23 werden die dierentiellen Wirkungsquerschnitte als Funktion der Rapidität $|y_{ll}|$ verglichen. Die Werte zeigen gute Übereinstimmung. Der Vergleich in Abhängigkeit vom Transversalimpuls (Abb. 11.24) zeigt ebenfalls gute Übereinstimmung.

Der inklusive Wirkungsquerschnitt wurde im Rapiditätsbereich $|y_{\mu\mu}| < 2{,}4$ und für Transversalimpulse von mehr als $p_{T,\mu\mu} > 7\,\text{GeV}$ zu

$$\text{BR}\left(J/\psi \to \mu^+\mu^-\right) \sigma_{\text{Atlas}}\left(pp \to J/\psi X\,;\ |y_{\mu\mu}| < 2{,}4;\ p_{T,\mu\mu} > 7\,\text{GeV}\right)$$
$$= \left(81 \pm 1_{\text{stat}} \pm 10_{\text{syst}}{}^{+25}_{-20,\text{spin}} \pm 3_{\text{Lum}}\right)\,\text{nb} \quad (11.8)$$

bestimmt. Der Wert zeigt eine gute Übereinstimmung innerhalb der Fehler mit den gemessenen Werten.

Die Untersuchungen unterschiedlicher Szenarien für die Spinpolarisation[2] der J/ψ-Mesonen stellte bei der Vergleichsmessung eine Quelle systematischer Unsicherheiten dar. Für den Zerfall in Elektronenpaare wurden Studien dieser Szenarien nicht angestellt, da keine MC-Simulationen für die unterschiedlichen Polarisationen zur Verfügung standen. Unter Erwartung einer ähnlichen Zerfallstopologie ergeben sich Unsicherheiten ähnlicher Größe.

Eine von der CMS-Kollaboration durchgeführte Messung des Wirkungsquerschnittes für Prozesse $J/\psi \to \mu^+\mu^-$ wird in Ref. [Kha10] vorgestellt. Der angegebene Wirkungsquerschnitt

$$\text{BR}\left(J/\psi \to \mu^+\mu^-\right) \sigma_{\text{CMS}}\left(pp \to J/\psi X\,;\ |y_{\mu\mu}| < 2{,}4;\ p_{T,\mu\mu} > 6{,}5\,\text{GeV}\right)$$
$$= \left(97{,}5 \pm 1{,}5_{\text{stat}} \pm 3{,}4_{\text{syst}} \pm 10{,}7_{\text{Lum}}\right)\,\text{nb} \quad (11.9)$$

---
[2] Siehe Abschnitt 3.3.

11. Messung des inklusiven Charmonium-Wirkungsquerschnittes

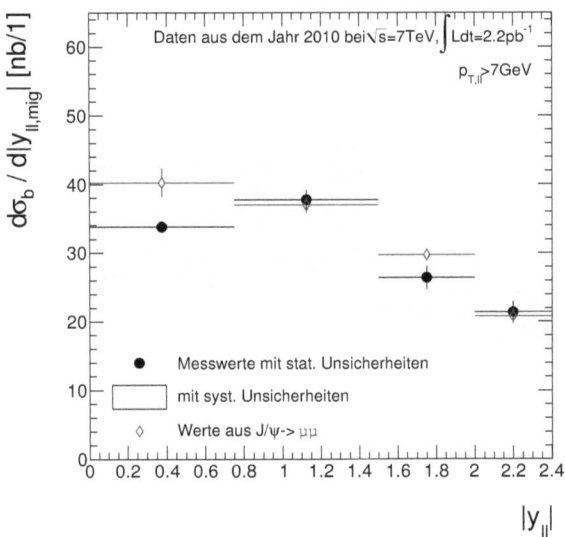

Abbildung 11.23.: *Dierentieller Wirkungsquerschnitt in Abhängigkeit von der Rapidität $|y_{ll}|$. Neben den statistischen sind die systematischen Fehler gezeigt. Bei den zum Vergleich gezeigten Werten für von der ATLAS-Kollaboration durchgeführte Studien mit Zerfällen $J/\psi \rightarrow \mu^+\mu^-$ [Aad11c] werden nur die statistischen Unsicherheiten gezeigt.*

11.9. Bezug zu anderen Messungen und zur Theorie

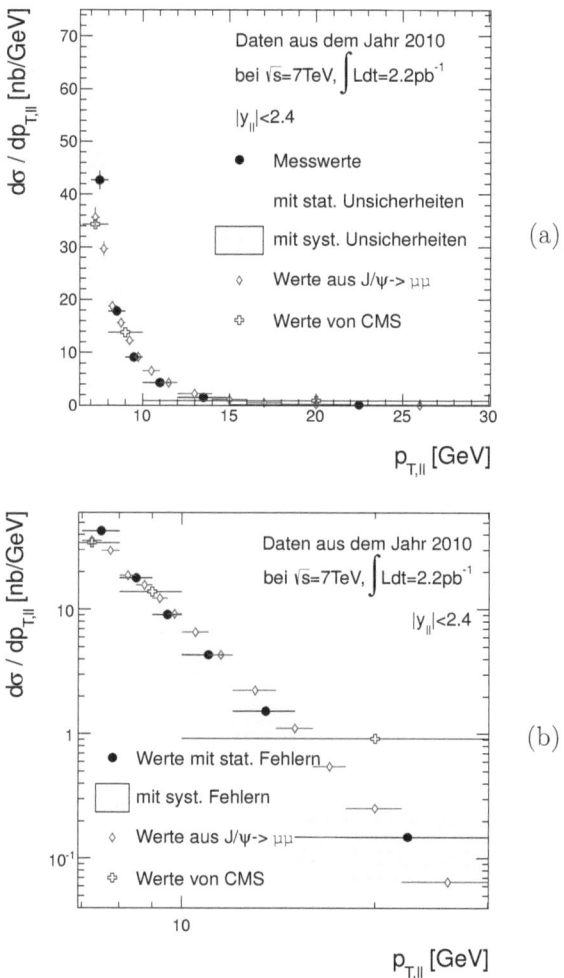

Abbildung 11.24.: *Dierentieller Wirkungsquerschnitt in Abhängigkeit von transversalem Impuls $p_{T,ll}$ in linearer (a) und logarithmischer (b) Darstellung. Neben den statistischen sind die systematischen Fehler gezeigt. Bei den zum Vergleich gezeigten Werten für von der ATLAS-Kollaboration durchgeführte Studien mit Zerfällen $J/\psi \to \mu^+\mu^-$ [Aad11c] werden nur die statistischen Unsicherheiten gezeigt. Das gleiche gilt für Werte aus Messungen für Zerfälle $J/\psi \to \mu^+\mu^-$, die von der CMS-Kollaboration durchgeführt [Kha10] wurden.*

11. Messung des inklusiven Charmonium-Wirkungsquerschnittes

kann wegen der unterschiedlichen Wahl des Integrationsbereiches nicht verglichen werden.

Die im Vergleich mit den Messungen von CMS wesentlich geringeren Beiträge der Unsicherheit der Luminosität resultieren aus neueren Erkenntnissen über diesen Fehler. Während bei der CMS-Messungen ein relativer Fehler von 11 % angenommen wurde, ergaben neuere Messungen den Wert von 3,4 %.

Aus den Angaben für den dierentiellen Wirkungsquerschnitt kann der Wirkungsquerschnitt im Integrationsbereich

$$\text{BR}\left(J/\psi \to \mu^+\mu^-\right)\sigma_{\text{CMS}}(pp \to J/\psi X\,;\,|y_{\mu\mu}|<2{,}4;\,p_{T,\mu\mu}>8\,\text{GeV}) \\ = (45{,}99 \pm 0{,}81_{\text{stat}})\,\text{nb} \quad (11.10)$$

bestimmt werden. Integration im vergleichbaren Bereich der Transversalenergie in den eigenen Werten zeigt mit

$$\text{BR}\left(J/\psi \to e^+e^-\right)\sigma_p(pp \to J/\psi X\,;\,|y_{ee}|<2{,}4;\,8<p_{T,ee}<30\,\text{GeV}) \\ = (42{,}37 \pm 0{,}65_{\text{stat}} \pm 6{,}0_{\text{syst}} \pm 1{,}5_{\text{Lum}})\,\text{nb} \quad (11.11)$$

eine gute Übereinstimmung innerhalb der Fehler. Der dierentielle Wirkungsquerschnitt ist in den Abbildungen 11.24 gezeigt und befindet sich ebenfalls in guter Übereinstimmung.

In Ref. [Aad11c] wurde mit Vorhersagen theoretischer Modelle verglichen. Die zugrundeliegenden Verteilungen wurden in der vorliegenden Arbeit ebenfalls verwendet. Zur Beschreibung der nicht-prompten Kanäle wurde ein Modell (Referenzen [Cac98] und [Cac01]) in Störungs-QCD verwendet, das eine Vereinigung (FONLL[3]) von Berechnungen in NLO mit einer Resummierung von Termen mit nächst-zu-führenden Logarithmen (NLL[4]) vornimmt. Die Fragmentationsfunktionen können aus Messungen von e^+e^--Kollisionen entnommen werden.

Für den prompten Kanal standen drei Sätze von Verteilungen zur Verfügung. Im Farb-Singulett-Modell (Referenzen [Lan10] und [Lan08]) wurden Vorhersagen in nächst-zu-führender Ordnung (NLO) und mit Anteilen in nächst-zu-nächst-zu-führender Ordnung (NNLO) verwendet. Außerdem steht eine Vorhersage aus Farb-Evaporationsmodellen (Referenzen [Fra08], [Bar79] und [Bar80]) zur Verfügung. Zur Bestimmung der Verteilungen wurde der Satz von Partondichtefunktionen CTEQ6M [Pum02] verwendet, Details zur Berechnung finden sich in Ref. [Aad11c].

---

[3] „Fixed Order Next-to-Leading Logarithms".

[4] „Next-to-Leading Logarithm". Es wird eine Resummierung der Terme in nächst-zu-führender Ordnung mit Ordnungen k im Term $\alpha_S \log^k(p_T/m)$ vorgenommen.

11.9. Bezug zu anderen Messungen und zur Theorie

Da in der vorliegenden Arbeit keine Entkopplung von prompten und nichtprompten Kanälen vorgenommen wurde, wurden die Vorhersagen der FONNL zu den jeweiligen Modellen zur Beschreibung der prompten Kanäle addiert. In Abb. 11.25 ist der Vergleich mit dem gemessenen dierentiellen Wirkungsquerschnitt gezeigt. Die Verteilungen mit Anteilen aus der NLO liegen leicht unter den gemessenen Werten. Durch Anteile in NNLO findet gerade bei niedrigen Transversalimpulsen eine Korrektur statt, die zu besserer Übereinstimmung führt. Während die Vorhersage mit Anteilen aus dem CEM bei hohen Transversalimpulsen eine gute Übereinstimmung zeigt, kommt es bei niedrigen Transversalimpulsen zu einer deutlichen Unterschätzung.

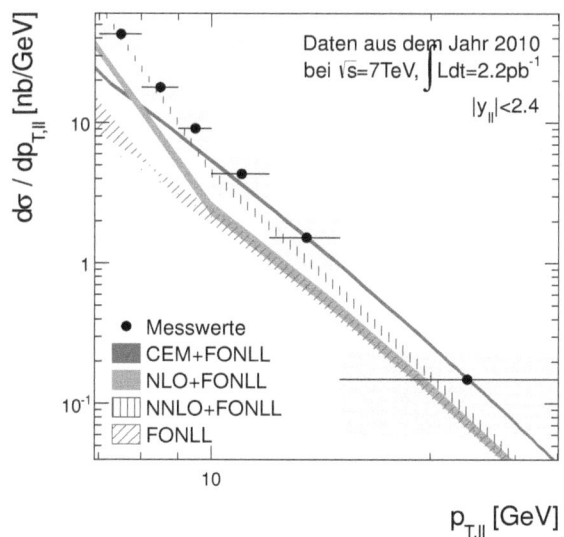

Abbildung 11.25.: *Dierentieller Wirkungsquerschnitt in Abhängigkeit vom Transversalimpulse $p_{T,ll}$ im Bereich der Rapidität von $|y_{ll}| < 2{,}4$. Neben den statistischen sind die systematischen Fehler gezeigt. Zum Vergleich wurden Theorievorhersagen [Aad11c] für prompte und nicht-prompte Kanäle addiert; der Beitrag des nicht-prompten Kanals ist zur Referenz gezeigt.*

11. Messung des inklusiven Charmonium-Wirkungsquerschnittes

Die vorgenommene Messung zeigt gute Übereinstimmung mit Vergleichsmessungen für den Zerfall $J/\psi \rightarrow \mu^+\mu^-$, sowohl von Atlas, als auch von CMS. Beim Vergleich mit theoretischen Vorhersagen wurden Verteilungen für prompte und für nicht-prompte Kanäle addiert. Hier zeigte sich eine leichte Bevorzugung des CSM mit Anteilen in NNLO.

12. Zusammenfassung

In der vorliegenden Arbeit wurden Studien mit Elektronen mit dem Atlas-Detektor vorgestellt. Dazu wurden Daten von Kollisionen hochenergetischer Protonen im LHC-Ring in Genf verwendet, die bei $\sqrt{s} = 900\,\text{GeV}$ und $\sqrt{s} = 7\,\text{TeV}$ während der Laufzeit in den Jahren 2009 und 2010 aufgezeichnet wurden.

Bei der Arbeit mit kinematisch korrelierten Elektronen aus Zerfällen des Charmoniums wurden Untersuchungen der Energieskala der Kalorimeter vorgenommen. Das Verständnis der Energiemessung bei niedrigen Energien spielt z.B. bei der Suche nach Leptonzerfällen des Higgs-Teilchens eine Rolle. Zur Rekonstruktion fehlender transversaler Energie muss die elektromagnetische Energieskala für den gesamten Energiebereich verstanden sein.

Die kalibrierten Energien flossen bei der Messung des Produktionswirkungsquerschnittes von J/ψ-Mesonen ein. Für den Zerfall J/$\psi \to e^+e^-$ fand bei $\sqrt{s} = 7\,\text{TeV}$ bisher keine Messung statt.

Zur Vorbereitung vor der ersten Datennahme wurde an der Optimierung der Identifikation im Vorwärtsbereich gearbeitet. Es wurde eine Methode zur Bestimmung der Energieskala in diesem Bereich entwickelt. Beide Untersuchungen wurden anhand von Monte-Carlo-Simulationen bei $\sqrt{s} = 10\,\text{TeV}$ durchgeführt.

In ersten Daten bei Schwerpunktsenergien von $\sqrt{s} = 900\,\text{GeV}$ aus dem Jahr 2009 mit einer Statistik von $\int \mathcal{L}\,\text{dt} = 11{,}5\,\mu\text{b}^{-1}$ wurden erste Pionzerfälle $\pi^0 \to \gamma\gamma$ untersucht. Unter Verwendung der entwickelten Methode zur Kalibration wurde ein erster Eindruck von der Energieskala der zentralen Kalorimeter für Photonen bei niedrigen transversalen Energien $E_T > 400\,\text{MeV}$ gewonnen. Bei der Untersuchung der Uniformität in Abhängigkeit von der Pseudorapidität wurden Verläufe gefunden, die mit den Erwartungen aus Monte-Carlo-Simulationen im Einklang standen und durch die Verteilung von totem Material vor den Kalorimetern verursacht wurden. Unterschiede im Absolutwert lagen unter 15 % und wurden durch imperfekte Simulation der Schauerbreiten in Simulationen und unvollkommene Kalibration der Vergleichswerte in Daten erklärt.

Eine Optimierung der Selektion von Elektronen aus Charmoniumresonanzen in den frühen Datenläufen aus dem Jahr 2010 bei Schwerpunktsenergien von $\sqrt{s} = 7\,\text{TeV}$ wurde vorgenommen. Mit der gefundenen Selektion wurden in den

12. Zusammenfassung

Daten erste Zerfälle $J/\psi \to e^+e^-$ im Atlas-Detektor gefunden. Die selektierten Zerfälle wurden genutzt, um eine erste Bestimmung der Energieskala von Elektronen im Zentralbereich anhand von Daten vorzunehmen. Bei Vergleichen mit Monte-Carlo-Simulationen wurden die Unterschiede aufgezeigt, die datengestützte Optimierungen notwendig machen.

Unter Verwendung des gesamten Datensatzes aus dem Jahr 2010 wurde die Analyse wiederholt. Erneute Vergleiche mit Monte-Carlo-Simulationen zeigten ähnliche Resultate wie die Untersuchungen bei niedrigen Luminositäten. Mit größerer Statistik wurden für die Abweichungen zwischen den Energien in Daten und Monte-Carlo-Simulationen für das Barrelkalorimeter und das Endkappenkalorimeter die Werte $(-1{,}56 \pm 0{,}12_{stat} \pm 0{,}37_{sys})\,\%$ und $(1{,}36 \pm 0{,}25_{stat} \pm 0{,}44_{sys})\,\%$ gemessen. Die Werte bestätigten das schon bei den Messungen mit geringerer Statistik beobachtete gegenläufige Verhalten in den beiden Kalorimetern. Zur Korrektur wurden Werte verwendet, die in Messungen mit hochenergetischen Elektronen aus dem Zerfall $Z \to e^+e^-$ bestimmt worden waren. Nach der Korrektur wurden für die Abweichungen Werte von (absolut) weniger als $-0{,}5\,\%$ bestimmt. Aus den geringen Abweichungen wurde auf die exzellente Linearität der Energieskala der zentralen Kalorimeter des Atlas-Detektors geschlossen.

Mit den Daten aus dem Jahr 2010 mit einer integrierten Luminosität von $\int \mathscr{L}\,\mathrm{d}t = 2{,}2\,\mathrm{pb}^{-1}$ wurde eine Messung des inklusiven Wirkungsquerschnittes für die Produktion des J/ψ-Mesons am Atlas-Detektor durchgeführt. Dabei handelte es sich um die erste Messung dieses Wirkungsquerschnittes mit dem Zerfall $J/\psi \to e^+e^-$ bei $\sqrt{s} = 7\,\mathrm{TeV}$. Durch Anpassung von Modellfunktionen an die Daten wurden $N_{Sig} = 2986$ J/ψ-Kandidaten selektiert.

Die dierentiellen Wirkungsquerschnitte wurden in Abhängigkeit vom Transversalimpuls ($\mathrm{d}\sigma/\mathrm{d}p_{T,ee}$) und von der Rapidität ($\mathrm{d}\sigma/\mathrm{d}|y_{ee}|$) des J/ψ-Mesons bestimmt. Für beide Abhängigkeiten wurde der inklusive Wirkungsquerschnitt bestimmt. In Abhängigkeit von der Rapidität wurde der Wert

$$\mathrm{BR}\left(J/\psi \to e^+e^-\right)\sigma_y(pp \to J/\psi X\,;\,|y_{ee}|<2{,}4;\,p_{T,ee}>7\,\mathrm{GeV})$$
$$= (75{,}4 \pm 1{,}6_{stat} \pm 11{,}9_{sys} \pm 2{,}6_{Lum})\,\mathrm{nb} \qquad (12.1)$$

gefunden, in Abhängigkeit vom Transversalimpuls der Wert

$$\mathrm{BR}\left(J/\psi \to e^+e^-\right)\sigma_p(pp \to J/\psi X\,;\,|y_{ee}|<2{,}4;\,7<p_{T,ee}<30\,\mathrm{GeV})$$
$$= (85{,}1 \pm 1{,}9_{stat} \pm 11{,}2_{sys} \pm 2{,}9_{Lum})\,\mathrm{nb}\,. \qquad (12.2)$$

Für Vergleiche zwischen den inklusiven Wirkungsquerschnitten wurden die meisten Beiträge aus den Unsicherheiten als vollständig korreliert angenommen. Unter

Nutzung der verbleibenden Beiträge wurde eine Übereinstimmung innerhalb von 1,3 σ gefunden. Die notwendige Einschränkung bei der Betrachtung in Abhängigkeit vom Transversalimpuls auf $p_{T,ee}$ < 30 GeV beeinträchtigt die Vergleichbarkeit kaum; Abschätzungen anhand von Monte-Carlo-Simulationen ergaben, dass der Einfluss durch diese Forderung auf die Zahl der Ereignisse deutlich unter einem Prozent liegt. Die dominierenden Beiträge der systematischen Unsicherheiten entstammten der Messung der Identifikationse zienzen. Bei der Messung in Abhängigkeit von der Rapidität lieferte die Nichtberücksichtigung nicht-prompter Kanäle ebenfalls einen dominanten Beitrag.

Vergleiche zeigen gute Übereinstimmung mit aktuellen Resultaten aus dem Zerfall pp → J/ψ ($\mu^+\mu^-$), die von Atlas und CMS veröentlicht wurden. Für Vergleiche mit Verteilungen aus theoretischen Vorhersagen wurden Kombinationen eines resummierten Modelles in nächst-zu-führender Ordnung für den nicht-prompten Kanal mit Modellen für den prompten Kanal kombiniert. Das waren das Farb-Evaporations-Modell und das Farb-Singulett-Modell in nächst-zu-führender und mit Anteilen in nächst-zu-nächst-zu-führender Ordnung. Für die Kombination mit dem Farb-Singulett-Modell mit Anteilen in nächst-zu-nächst-zu-führender Ordnung zeigte sich gute Übereinstimmung. Bei der Kombination mit dem Farb-Oktett-Modell zeigten sich Abweichungen im Bereich niedriger Transversalimpulse.

In der vorliegenden Analyse wurde eine Einschränkung auf den Datensatz vorgenommen, der im Jahr 2010 aufgenommen wurde. Bei den Datennahmen im Jahr 2011 wurde bereits ein Vielfaches der Statistik gesammelt. Die integrierte Luminosität hat mittlerweile $\int \mathscr{L} dt = 1{,}8 \, \text{fb}^{-1}$ überschritten. Gegenüber dem Jahr 2010 hat sich die Statistik damit bereits mehr als verdreißigfacht. Mit der wachsenden Luminosität geht eine Anpassung des Triggermenüs einher. Insbesondere bedeutet das, dass Trigger für niederenergetische Elektronen höherer Vorskalierung unterliegen. Während in der vorliegenden Analyse Elektronen mit Transversalimpulsen p_T > 3 GeV gefordert wurden, liegen die Triggerschwellen für Elektronenpaare mittlerweile bei p_T > 5 GeV.

Dabei schreiten auch die Analysen immer weiter voran. In Ref.[Aad11b] wird eine Messung der Energieskala von Elektronen vorgestellt, die eine wesentlich feinere Segmentierung in der Pseudorapidität vornimmt. Die Messung der Kalibrationskonstante wird dabei unter Nutzung von Zerfällen Z → e^+e^- durchgeführt. Eine Untersuchung der Linearität mit höherer Statistik steht noch immer aus. Der in der vorliegenden Analyse studierte Bereich niedriger Energien entzieht sich triggerbedingt zunehmend dem für Kalibrationen zugänglichen kinematischen Bereich.

12. Zusammenfassung

Auch die Messung des Wirkungsquerschnittes des Zerfalles $pp \to J/\psi\,(e^+e^-) + X$ ist weiter Gegenstand laufender Analysen bei Atlas. Dabei werden die Datensätze mit höherer Statistik verwendet. Bei der höheren Statistik wird eine Entkopplung zwischen prompten und nicht-prompten Kanälen möglich. Während die prompten Zerfälle sofort am Primärvertex produziert werden, propagieren bei nicht-prompten Zerfällen erzeugte B-Mesonen vor dem Zerfall. Zur Entkopplung kann damit der transversale Abstand L_{XY} zwischen Primär- und Sekundärvertex verwendet werden.

Durch eine doppelt dierentielle Betrachtung in Rapidität und Transversalimpuls werden bei höherer Statistik mögliche Abhängigkeiten zwischen beiden Variablen berücksichtigt. Bedingt durch die verwendeten Trigger müssen dabei höhere Transversalimpulse gefordert werden. Im Bereich niedriger Transversalimpulse $p_{T,ee} \lesssim 11\,\text{GeV}$ ist keine statistische Verbesserung gegenüber der vorgestellten Messung zu erwarten. Fortschritte im Detektorverständnis werden andererseits sicher eine deutliche Reduzierung der systematischen Unsicherheiten bewirken, sei es durch besseres Verständnis der Monte-Carlo-Simulationen oder durch Bestimmung der E zienzen anhand von Verteilungen aus Daten.

Teil IV.
Anhang

A. Zusatzinformationen

Einige Tabellen und Abbildungen, die zur Ergänzung interessant sein können, fanden in den entsprechenden Kapiteln keinen Platz mehr. Der Vollständigkeit halber sollen diese hier gezeigt werden. Das gleiche gilt für einige Abschnitte, die eher noch von historischem Interesse sind.

A.1. Rekonstruktion niederenergetischer Elektronen

Während bei hochenergetischen Teilchen das Ansprechverhalten für Cluster höher ist, sind bei niederenergetischen Teilchen die Spuren effizienter rekonstruierbar. Das wird in einem zusätzlichen Rekonstruktionsalgorithmus für niederenergetische Elektronen ausgenutzt. Dabei wird von den Spuren ausgegangen und es wird nach passenden Clustern gesucht.

Damit eine Spur hierzu tauglich ist, muss sie einigen Anforderungen genügen, die in Tab. A.1 aufgelistet sind. Die Anforderungen an die Treer im Übergangsstrahlungsdetektor implizieren, dass niederenergetische Elektronen nur innerhalb der Abdeckung des Übergangsstrahlungsdetektors, also innerhalb eines zentralen Bereiches $|\eta| < 2{,}0$, rekonstruiert werden können. Das ist der Grund dafür, dass sie in der vorliegenden Analyse nicht verwendet werden können.

Die Spuren werden zur mittleren Lage des elektromagnetischen Kalorimeters hin extrapoliert und um die gefundene Position wird ein Sliding-Window-Cluster rekonstruiert. Der in Tab. A.2 aufgelistete Satz von Anforderungen wird gestellt. Dabei wird die Energie des Kerns eines Schauers wie folgt bestimmt. In der ersten Lage des Detektors befindet sich die Energie E_1 (Kern) in einem Fenster mit 3×1 Zellen. Für Cluster setzt sich die Energie E (Kern) zusammen aus einem Fenster mit 3×3 Zellen im Präsampler, 15×2 Zellen in der ersten, 5×5 Zellen in der mittleren und 3×5 Zellen in der hinteren Detektorlage. In der dritten Lage wird die Energie E_3 (Kern) in einem Fenster von der Größe 3×3 Zellen aufaddiert.

A. Zusatzinformationen

Schnittvariable	Schnitt
Transversalimpuls	$p_T > 2\,\text{GeV}$
Treer im Pixeldetektor	$N_{Pix} \geq 2$
davon Treer in der ersten Lage	$N_{Pix,1} = 1$
Treer in den Siliziumdetektoren	$N_{Pix+SCT} \geq 9$
Treer im Übergangsstrahlungsdetektor	$N_{TRT} \geq 20$
davon mit hoher Energie	$N_{TRT,hoch} \geq 1$

Tabelle A.1.: *Auflistung der Kriterien für Spuren, die zur Rekonstruktion niederenergetischer Elektronen verwendet werden.*

Schnittvariable	Schnitt
Energieanteil der ersten Kalorimeterlage im Kern	$E_1(\text{Kern})/E(\text{Kern}) > 0{,}03$
Energieanteil der dritten Kalorimeterlage im Kern	$E_3(\text{Kern})/E(\text{Kern}) < 0{,}5$
Verhältnis zwischen Kalorimeterenergie und Spurimpuls	$E/p > 0{,}7$

Tabelle A.2.: *Auflistung der Kriterien für Cluster, die zur Rekonstruktion niederenergetischer Elektronen verwendet werden.*

Das Zentrum zur folgenden Berechnung der Schauerformen wird durch die Zelle mit dem höchsten Energieeintrag in einem Fenster von 3×3 Zellen um den Auftrepunkt der Spur in der mittleren Kalorimeterlage definiert.

Neuere Optimierungen der Standard-e/γ-Rekonstruktion haben zu besseren Effizienzen dieser Methode für niederenergetische Elektronen geführt. Die Standard-e/γ-Rekonstruktion ist der Rekonstruktion niederenergetischer Elektronen mittlerweile auch für diese Elektronen überlegen. Die Methode zur Rekonstruktion niederenergetischer Elektronen findet deswegen bei Atlas keine Verwendung mehr.

A.2. Magnetfeldkorrektur

Die Unmöglichkeit der Ladungsbestimmung von einzelnen Elektronen im Vorwärtsbereich verhindert eine Korrekur der Ablenkung im Magnetfeld bei der Rekonstruktion von Elektronen. Deswegen wurde ein Algorithmus entwickelt, der eine grobe Abschätzung dieser Ablenkung im Azimutwinkel $\Delta\phi$ berechnet und während der Analyse unter Ausnutzung der bekannten –entgegengesetzten– Ladung des zentralen Elektrons Anwendung finden kann.

A.2. Magnetfeldkorrektur

Ein erster Schritt auf dem Weg zu einem solchen Algorithmus ist die Korrektur für das zentrale Barrelkalorimeter. Die hier vorliegende Situation ist relativ einfach. Idealisiert kann das Magnetfeld als homogen entlang der z-Richtung angesehen werden. Radiale Komponenten des Magnetfeldes werden vernachlässigt. Entsprechend erfolgt die Ablenkung der Teilchen nur in der x-y-Ebene. Die Teilchen bewegen sich von der z-Achse aus nach außen, bis sie in einem festen Radius R_{LAr} auf die Kalorimeter treen.

Die Situation ist in Abb. A.1 dargestellt. Zur Berechnung der Ablenkung $\Delta \phi$ wird in der x-y-Ebene der Schnittpunkt zwischen der Teilchenbahn, die vom Ursprung kommend der Lorentzkraft folgend eine Kreisbahn mit Radius $R = \frac{p_T}{qB}$ beschreibt, und dem Barrelkalorimeter, das durch einen Kreis mit Radius R_{LAr} um den Ursprung beschrieben wird, berechnet. Nach entsprechender Parametrisierung und dem Vergleich mit Kugelkoordinaten findet sich der Zusammenhang

$$\Delta \phi = \arcsin\left(\frac{\alpha}{p_T}\right), \qquad (A.1)$$

wo der Parameter $\alpha = \frac{R_{LAr}}{2qB}$ für Elektronen unter Ausnutzung von $p_T \approx E_T$ durch einen Fit an MC-Simulationen bei Schwerpunktsenergien von $\sqrt{s} = 14\,\text{TeV}$ zu $\alpha = 453\,\text{MeV}$ bestimmt wurde. Dieser Wert kann als die Energie interpretiert werden, unterhalb der die Kreisbahn der Elektronen im Magnetfeld ein Erreichen des Barrelkalorimeters unmöglich macht.

Um die gefundene Korrektur zu validieren, wird der Unterschied im Azimutwinkel $\Delta \phi$ zwischen Clustern und Spuren von Elektronen betrachtet. Dieser ist in Abb. A.2 (a) gezeigt. Die Ablenkung positiv und negativ geladener Elektronen zeigt sich in den beiden symmetrischen Verteilungen mit unterschiedlichen Vorzeichen. Die Beiträge innerhalb dieser Struktur rühren daher, dass etwa 29% der Beiträge aus dem Endkappenbereich stammen. Elektronen im Endkappenbereich sind nicht während ihres gesamten Weges im Magnetfeld. Nach Anwendung der Korrektur in Abb. A.2 (b) ist der Unterschied im Azimutwinkel weitaus geringer geworden. Durch Überkorrektur der Beiträge aus den Endkappen entsteht eine zusätzliche Struktur bei niedrigen Transversalenergien.

Die Korrektur für die Elektronen jenseits der Übergangsregion ist etwas komplexer. Anhand von einfachen Modellannahmen wird eine Lösung gesucht. Wie in Abb. A.3 illustriert, wird davon ausgegangen, dass das Magnetfeld innerhalb des Solenoidmagneten homogen in z-Richtung verlaufe und im Abstand z_1 vom Ursprung mit Ende des Magneten abrupt ende. Die Bahn geladener Teilchen folge einer Kreisbahn, bis der Abstand z_1 erreicht ist. Dort habe sie den Abstand R'

A. Zusatzinformationen

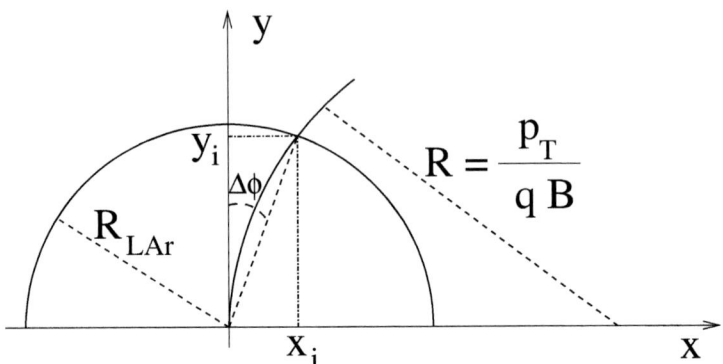

Abbildung A.1.: *Schematische Darstellung der Ablenkung eines Elektrons im Barrelkalorimeter vom Wechselwirkungspunkt zum Kryostaten mit Blick entlang der z-Achse.*

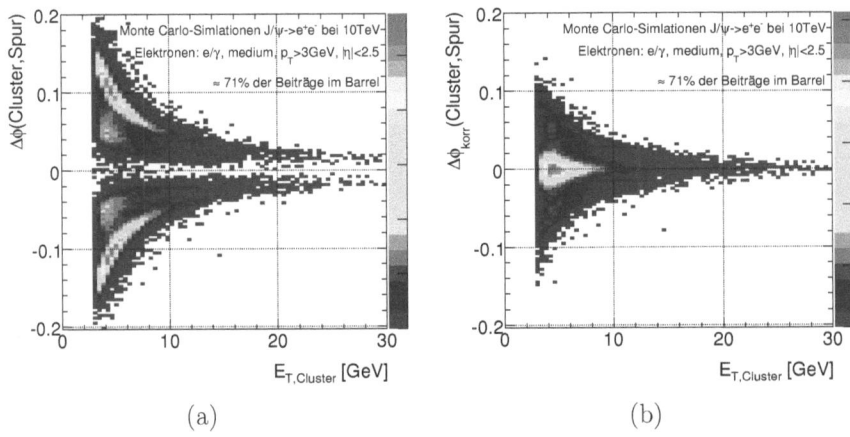

Abbildung A.2.: *Vergleich zwischen ϕ_{Spur} und ϕ_{Cluster} in Abhängigkeit von der Transversalenergie $E_{\text{T,Cluster}}$ von Elektronen aus MC-Simulationen des Zerfalles $J/\psi \to e^+e^-$ vor (a) und nach (b) der Korrektur auf die Ablenkung im Magnetfeld für $E_T > 3\,\text{GeV}$.*

A.2. Magnetfeldkorrektur

von der z-Achse. Dann verlaufe sie geradlinig weiter, bis sie im Abstand z_2 mit dem Radius R″ auf das Kalorimeter tree.

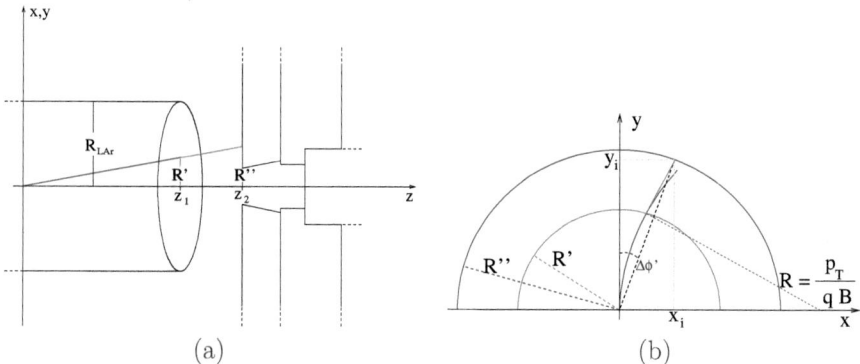

Abbildung A.3.: *Schematische Darstellung der Ablenkung eines Elektrons im Endkappen- oder Vorwärtskalorimeter vom Wechselwirkungspunkt zum Kryostaten mit Blick von der Seite (a) und entlang der z-Achse (b).*

Wird die erwartete Abweichung $\Delta \phi'$ berechnet, so finden sich in der resultierenden Formel

$$\Delta \phi' = \arcsin\left(\beta\gamma\left[\frac{1}{2} + (\gamma^2 - 1)\left(1 - \frac{\gamma^2}{4}\right)\right.\right.$$
$$\left.\left.+ \sqrt{\left(\frac{1}{\beta^2} - \frac{9\gamma^2}{4} + \frac{3\gamma^4}{2} - \frac{\gamma^6}{4}\right)\left(1 - \frac{\gamma^2}{4}\right)}\right]\right) \qquad (A.2)$$

implizite Abhängigkeiten von der Pseudorapidität und vom Transversalimpuls. Diese stecken in dem Faktor $\gamma \equiv \frac{R'}{R}$, der die Ablenkung im Magnetfeld beschreibt. Der Anteil am im Magnetfeld zurückgelegten Radius $\beta \equiv \frac{R'}{R''}$ lässt sich für Endkappen- und Vorwärtskalorimeter jeweils aus der Detektorgeometrie bestimmen.

Umschreiben des Geometriefaktors β auf Wege entlang der z-Achse ergibt $\beta = \frac{z_1}{z_2}$. Im Punkt z_1 wird das abrupte Ende des Magnetfelds angenommen. In grober Näherung wird das Ende des Solenoidmagneten $z_1 = 2{,}6\,\text{m}$ eingesetzt. Für

vii

A. Zusatzinformationen

das Auftreen auf dem Kalorimeter muss nach Pseudorapidität zwischen dem Endkappenkalorimeter und dem Vorwärtskalorimeter unterschieden werden:

$$z_2 = \begin{cases} 3{,}64\,\text{m} & \text{im Endkappenkalorimeter,} \\ 4{,}67\,\text{m} & \text{im Vorwärtskalorimeter.} \end{cases}$$

Zur Bestimmung des Magnetfeldfaktors γ wird gemäß

$$\gamma \equiv \frac{R'}{R} = \frac{R'}{R_{\text{LAr}}} \frac{R_{\text{LAr}}}{R} = \frac{R'}{R_{\text{LAr}}} \frac{\alpha}{p_T} \tag{A.3}$$

eine Aufteilung in einen schon für das Barrelkalorimeter bestimmten Anteil und einen geometrischen Anteil vorgenommen. Der geometrische Anteil wird in Abhängigkeit von der bekannten Pseudorapidität dargestellt:

$$\frac{R'}{R_{\text{LAr}}} = \beta \frac{R''}{R_{\text{LAr}}} = \beta \frac{z_2}{R_{\text{LAr}}} \tan\left(2\arctan\left(e^{-}\right)\right).$$

Messungen in MC-Simulationen des Zerfalls $J/\psi \to e^+e^-$ bei Schwerpunktsenergien von $\sqrt{s} = 14\,\text{TeV}$ zeigen unterschiedliche Verläufe im negativen und im positiven Bereich der Pseudorapidität. Ebenso ändert das Vorzeichen der betrachteten Elektronenladung die Situation. Um Inhomogenitäten und radiale Anteile des Magnetfeldes (siehe Abb. A.4) auszugleichen wurde eine Anpassung vorgenommen. Eine Karte des Magnetfeldes zu verwenden würde der Forderung nach einem einfachen Algorithmus widersprechen. Zweidimensionale Fits in Pseudorapidität und Transversalenergie für die Faktoren α und β in den vier Bereichen mit positivem und negativem Magnetfeld und mit positiver und negativer Ladung wurden angefertigt.

Diese zeigten, dass die Werte für positive und negative Bereiche des Produktes aus Pseudorapidität und Ladung jeweils gleich zu behandeln sind. Für die Faktoren ergaben sich für ein negatives Produkt die Werte $\alpha = 538{,}4\,\text{MeV}$ und $\beta = 0{,}210$ und für ein positives Produkt die Werte $\alpha = 534{,}4\,\text{MeV}$ und $\beta = 0{,}576$.

Ein Vergleich der Abweichungen vor und nach der Korrektur in der Endkappe, wieder auf MC-Simulationen für den Zerfall $J/\psi \to e^+e^-$ durchgeführt, diesmal aber bei einer Schwerpunktsenergie von $\sqrt{s} = 10\,\text{TeV}$, ist in Abb. A.5 als Funktion von der Transversalenergie und von der Pseudorapidität gezeigt. Es wurde nach einem generierten Elektronenpaar aus demselben generierten J/ψ gesucht. Eines der Elektronen musste im Zentralbereich, das andere im Endkappenbereich sein. Zu dem generierten Vorwärtselektron wurde das passende topologische Cluster mit

A.3. Schnittoptimierung in Abhängigkeit von der Pseudorapidität

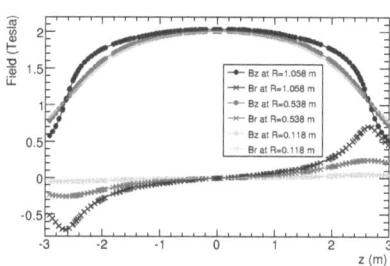

Abbildung A.4.: *Abhängigkeit von Radius und z-Position der axialen und radialen Komponenten B_z und B_r der Stärke des Magnetfeldes wie in Ref. [Ale08] gemessen. [Aad09b]*

$\Delta R < 0{,}1$ gesucht. Dieses topologische Cluster musste eine Transversalenergie von mindestens $E_{T,\text{topo}} > 5\,\text{GeV}$ haben. Der Azimutwinkel des topologischen Clusters wurde mit dem generierten Wert verglichen, jeweils in Abhängigkeit von der Transversalenergie und vom Betrag der Pseudorapidität. Die Unterschiede können von der Methode in beiden Fällen verringert werden.

Die Methode wurde aus zwei Gründen nicht verwendet. Die Ablenkung im Magnetfeld wird auch in MC-Simulationen berücksichtigt, präziser als mit dem gefundenen einfachen Algorithmus möglich. Anwendung der Korrektur wäre eine zusätzliche Quelle für systematische Unsicherheiten. Die Ablenkung der Elektronen im Vorwärtsbereich, für die die Methode entwickelt wurde, ist eher gering. In anfängliche Analysen wurden niederenergetischen Elektronen aus MC-Simulationen verwendet. In späteren Analysen wurden Daten verwendet und durch die Anforderungen des Triggers hatten die zur Verfügung stehenden Elektronen höhere Energien.

A.3. Schnittoptimierung in Abhängigkeit von der Pseudorapidität

In den folgenden Abschnitten werden einige Zusatzinformationen zur in Kap. 10 vorgestellten Analyse gezeigt. Teilweise handelt es sich um Analyseschritte, in anderen Fällen werden tiefergehende Informationen gegeben. In diesem Abschnitt werden die bei der in Abschnitt 10.1.1 beschriebenen Optimierung anhand von MC-Simulationen gefundenen Schnittwerte für unterschiedliche Bereiche in der Pseudorapidität $|\eta|$ aufgelistet.

A. Zusatzinformationen

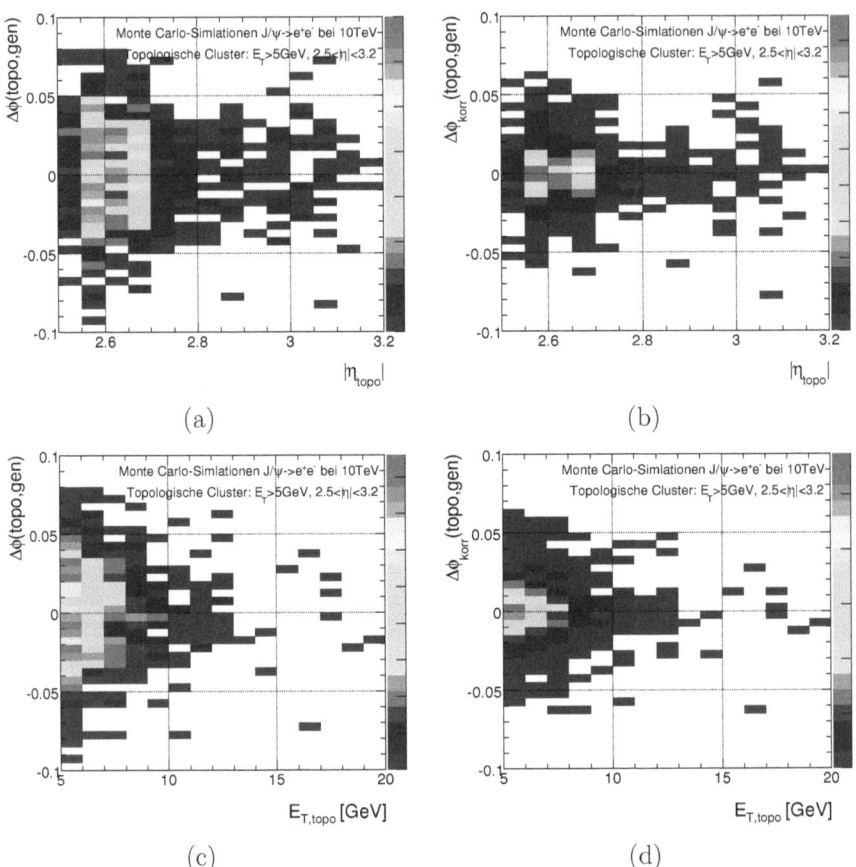

Abbildung A.5.: *MC* $J/\psi \to e^+e^-$, 10 TeV: *Vergleich zwischen gemessenem ϕ_{topo} und generiertem Azimutwinkel ϕ_{gen} im Endkappenbereich vor (links) und nach (rechts) der Korrektur auf die Ablenkung im Magnetfeld. Gezeigt ist die Korrektur in Abhängigkeit vom Betrag der Pseudorapidität $|\eta_{topo}|$ (oben) und von der Transversalenergie $E_{T,topo}$.*

A.4. Fits der Linearität im Barrelbereich

In den Tabellen A.3, A.4 und A.5 sind die Schnitte für die Bereiche $|\eta| < 0{,}8$, $0{,}8 \leq |\eta| < 1{,}5$ und $1{,}5 \leq |\eta| < 2{,}0$ aufgeführt. Mit diesen Schnittwerte gefundene Signal- und Untergrundeffizienzen wurden in Abb. 10.2 gezeigt. Die aufgelisteten Verhältnisse $\frac{S}{B}_{\text{supp}}$, bzw. $\frac{S}{B}$, bezeichnen das Verhältnis von Signal- zu Untergrundeffizienz $\frac{\text{Signal}}{\text{Untergrund}}$, bzw. das Verhältnis von nach integrierter Luminosität gewichteten Anzahlen von Signal- zu Untergrundereignissen $\frac{N_{\text{Signal}}}{N_{\text{Untergrund}}}$.

A.4. Fits der Linearität im Barrelbereich

In Abschnitt 10.1.2 wurde die Linearität des elektromagnetischen Flüssigargon-Kalorimeters untersucht. Die Untersuchung für den Barrelbereich $|\eta_e| < 1{,}0$ wurde in Abb. 10.8 gezeigt. Die Fits, die die entsprechenden Messpunkte lieferten, sind für MC-Simulationen in Abb. A.6 zu sehen, für Daten in Abb. A.7.

Zur Untersuchung des systematischen Fehlers bei Verwendung der Crystal-Ball-Funktion für das Signal wurde in Abb. 10.9 das Verhältnis der gefundenen Massen zu Werten betrachtet, bei denen das Signal mit anderen Fitfunktionen beschrieben wurde, und zwar mit Gaußfunktionen und mit Novosibirsk-Funktionen. Die Messung der Massen unter Verwendung dieser Funktionen ist in Abb. A.8 gezeigt.

A. Zusatzinformationen

$\left(\frac{E_{raw,1}}{E_{raw}}\right)_{min}$	$\left(\frac{E_{237}}{E_{277}}\right)_{min}$	deMax$_{min}$	$\left(\frac{S}{B}\right)_{supp}$	$\left(\frac{S}{B}\right)$
0,18	0,74	0,76	44,96/0,20 = 225,26	2,833
0,11	0,74	0,75	47,55/0,40 = 119,10	1,498
0,16	0,86	0,47	52,97/0,60 = 88,46	1,112
0,16	0,84	0,47	55,81/0,80 = 69,91	0,879
0,34	0,77	0,29	59,95/1,00 = 60,07	0,755
0,17	0,74	0,62	62,27/1,20 = 52,00	0,654
0,23	0,77	0,47	68,48/1,40 = 49,01	0,616
0,22	0,77	0,47	69,25/1,60 = 43,37	0,545
0,23	0,77	0,29	72,87/1,80 = 40,56	0,510
0,23	0,77	0,21	74,68/2,00 = 37,41	0,470
0,22	0,77	0,21	75,45/2,20 = 34,37	0,432
0,23	0,75	0,21	76,49/2,59 = 29,48	0,371
0,22	0,75	0,21	77,26/2,79 = 27,65	0,348
0,22	0,75	0,17	78,04/3,39 = 23,00	0,289
0,23	0,71	0,21	80,36/3,79 = 21,19	0,266
0,22	0,71	0,21	81,14/3,99 = 20,32	0,256
0,20	0,71	0,20	82,17/4,79 = 17,15	0,216
0,20	0,71	0,15	83,20/5,79 = 14,37	0,181
0,23	0,71	0,07	84,50/6,19 = 13,66	0,172
0,22	0,71	0,07	85,27/6,39 = 13,35	0,168
0,20	0,71	0,07	86,30/7,19 = 12,01	0,151
0,20	0,70	0,03	87,08/8,38 = 10,39	0,131
0,22	0,66	0,03	88,37/9,98 = 8,85	0,111
0,22	0,65	0,03	89,15/10,78 = 8,27	0,104
0,20	0,65	0,03	90,18/12,18 = 7,41	0,093

Tabelle A.3.: *Gefundene Schnitte zur Optimierung der Identifikation im Bereich* $|\eta| < 0{,}8$.

A.4. Fits der Linearität im Barrelbereich

$\left(\frac{E_{\text{raw},1}}{E_{\text{raw}}}\right)_{\min}$	$\left(\frac{E_{237}}{E_{277}}\right)_{\min}$	deMax$_{\min}$	$\left(\frac{S}{B}\right)_{\text{supp}}$	$\left(\frac{S}{B}\right)$
0,22	0,80	0,52	35,00/0,17 = 203,35	0,456
0,22	0,80	0,50	37,50/0,34 = 108,94	0,244
0,22	0,65	0,49	41,25/0,52 = 79,89	0,179
0,22	0,86	0,10	42,50/0,69 = 61,73	0,138
0,22	0,86	0,00	45,00/0,86 = 52,29	0,117
0,21	0,86	0,04	46,25/1,03 = 44,79	0,100
0,20	0,86	0,00	48,75/1,38 = 35,40	0,079
0,15	0,86	0,00	50,00/1,55 = 32,28	0,072
0,24	0,77	0,04	52,50/1,72 = 30,50	0,068
0,22	0,77	0,10	55,00/1,89 = 29,05	0,065
0,21	0,76	0,08	57,50/2,07 = 27,84	0,062
0,22	0,77	0,04	58,75/2,24 = 26,26	0,059
0,21	0,77	0,04	61,25/2,41 = 25,42	0,057
0,21	0,75	0,04	63,75/2,75 = 23,15	0,052
0,21	0,72	0,03	65,00/3,27 = 19,88	0,045
0,20	0,75	0,03	66,25/3,44 = 19,25	0,043
0,20	0,73	0,03	67,50/4,13 = 16,34	0,037
0,20	0,75	0,00	68,75/4,48 = 15,36	0,034
0,20	0,73	0,00	70,00/5,16 = 13,56	0,030
0,20	0,68	0,00	71,25/6,37 = 11,19	0,025
0,20	0,63	0,00	73,75/6,88 = 10,71	0,024
0,20	0,50	0,00	75,00/9,47 = 7,92	0,018
0,15	0,63	0,00	76,25/10,15 = 7,51	0,017
0,15	0,50	0,00	77,50/13,77 = 5,63	0,013
0,15	0,34	0,00	78,75/15,66 = 5,03	0,011
0,06	0,50	0,00	80,00/36,66 = 2,18	0,005
0,06	0,34	0,00	81,25/40,28 = 2,02	0,005

Tabelle A.4.: *Gefundene Schnitte zur Optimierung der Identifikation im Bereich $0{,}8 \leq |\eta| < 1{,}5$.*

A. Zusatzinformationen

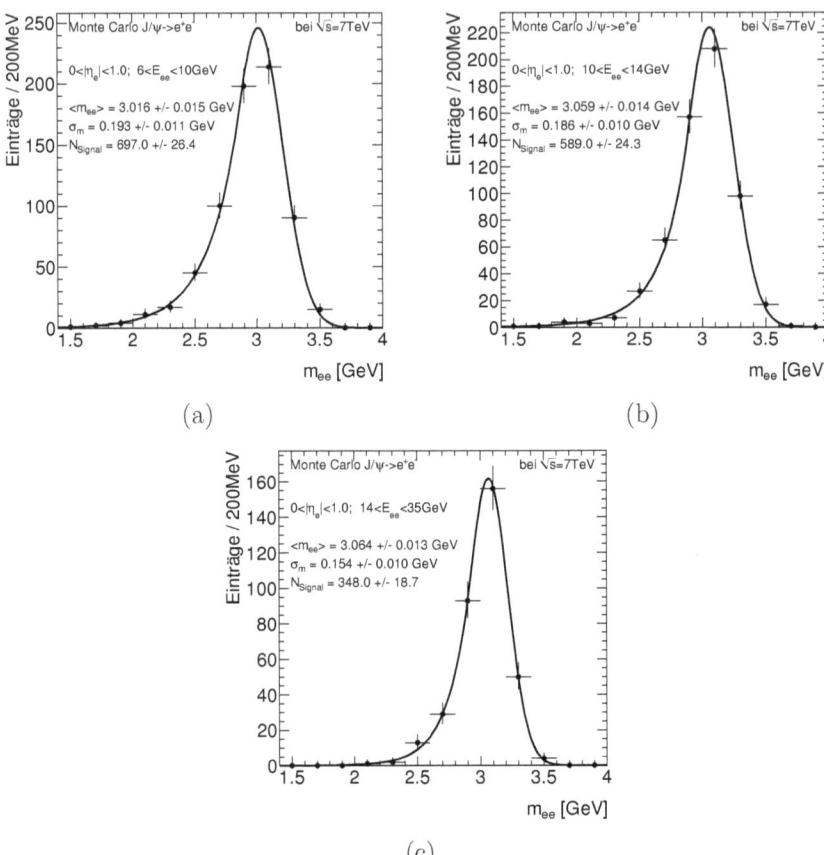

Abbildung A.6.: *Invariante Masse des Elektronenpaares in den Regionen $6 < E_{ee} < 10\,\text{GeV}$ (a), $10 < E_{ee} < 14\,\text{GeV}$ (b) und $14 < E_{ee} < 35\,\text{GeV}$ (c) für MC-Simulationen bei $\sqrt{s} = 7\,\text{TeV}$, jeweils mit gefitteter Crystal-Ball-Funktion. Die Elektronen wurden auf den Barrelbereich $|\eta_e| < 1{,}0$ beschränkt.*

A.4. Fits der Linearität im Barrelbereich

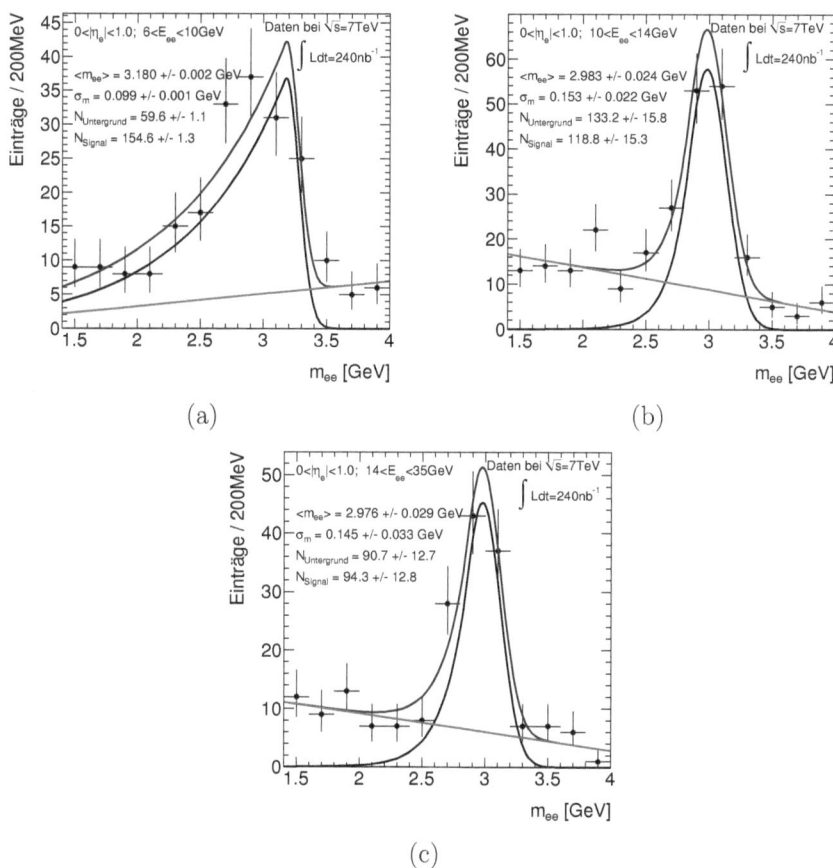

Abbildung A.7.: *Invariante Masse des Elektronenpaares in den Regionen $6 < E_{ee} < 10\,\text{GeV}$ (a), $10 < E_{ee} < 14\,\text{GeV}$ (b) und $14 < E_{ee} < 35\,\text{GeV}$ (c) für Daten bei $\sqrt{s} = 7\,\text{TeV}$, jeweils gefittetet mit der Summe aus Crystal-Ball-Funktion und linearem Untergrund. Die Elektronen wurden auf den Barrelbereich $|\eta_e| < 1{,}0$ beschränkt.*

A. Zusatzinformationen

$\left(\frac{E_{raw,1}}{E_{raw}}\right)_{min}$	$\left(\frac{E_{237}}{E_{277}}\right)_{min}$	deMax$_{min}$	$\left(\frac{S}{B}\right)_{supp}$	$\left(\frac{S}{B}\right)$
0,29	0,77	0,36	64,71/1,72 = 37,53	0,358
0,20	0,71	0,40	76,47/3,45 = 22,18	0,212
0,20	0,71	0,35	79,41/5,17 = 15,35	0,147
0,20	0,81	0,03	85,29/6,90 = 12,37	0,118
0,20	0,74	0,03	91,18/8,62 = 10,58	0,101

Tabelle A.5.: *Gefundene Schnitte zur Optimierung der Identifikation im Bereich* $1{,}5 \leq |\eta| < 2{,}0$.

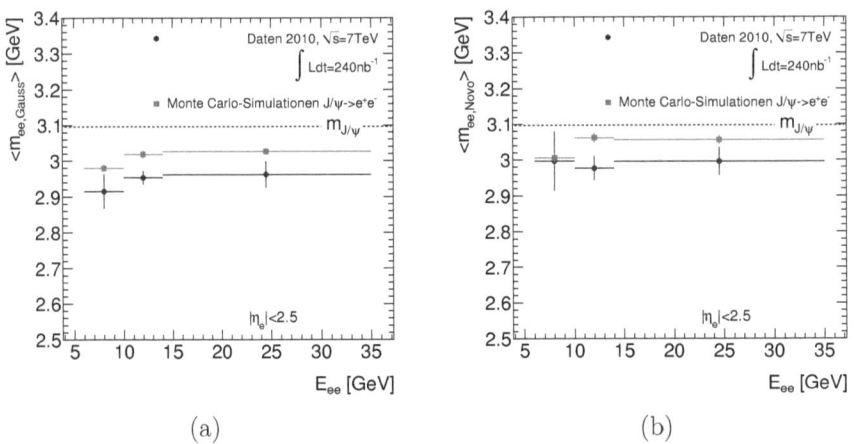

Abbildung A.8.: *Gemessene Massen aus Fits mit Gaußfunktionen (a) und mit Novosibirsk-Funktionen (b) für Daten und MC-Simulationen bei jeweils* $\sqrt{s} = 7\,\text{TeV}$.

B. Formelsymbole und Abkürzungen

Im Verlauf der vorliegenden Arbeit gibt es einige häufig auftauchende Formelsymbole. An dieser Stelle werden die Wichtigsten dieser Symbole aufgelistet. Die Stelle, an der die Erklärung auftaucht, wird ebenfalls angegeben.

Der Atlas-Jargon ist berüchtigt für die große Menge an dreibuchstabigen Abkürzungen. In dieser Arbeit wurde versucht, weitestgehend auf diese zu verzichten. In einigen Fällen ließ sich das aber nicht umgehen. Zur Erleichterung sollen ihre Bedeutungen hier aufgeführt werden. Wofür die Abkürzungen stehen findet sich in den Abschnitten, in denen die Abkürzungen zuerst auftauchen.

B. Formelsymbole und Abkürzungen

Symbol	Bedeutung	Erklärung
α	Feinstrukturkonstante	Abschnitt 2.1.1
d_0	Transversaler Stoßparameter	Abschnitt 7.2
ΔR	Abstand in $\eta-\phi$	Abschnitt 7.4.1
η	Pseudorapidität	Abschnitt 4.2
E/p	Verhältnis von Energie zu Impuls eines Teilchens	Abschnitt 7.5
E_{ratio}	Verhältnis höchster Zellenergien im Cluster	Abschnitt 7.5
f_1	Energieanteil in erster Detektorlage	Abschnitt 7.5
$f_{1,Lagen}$	Energieanteil in erster Detektorlage	Abschnitt 7.5
$f_{2,Lagen}$	Energieanteil in zweiter Detektorlage	Abschnitt 7.5
f_{CB}	Crystal-Ball-Funktion	Gl. 8.5
f_{Max}	Energieanteil höchstenergetischer Zelle	Abschnitt 7.6
f_{Novo}	Novosibirsk-Funktion	Gl. 10.1
f_{TRT}	Anteil hochenergetischer Einträge im TRT	Abschnitt 7.5
$\langle \lambda^2 \rangle$	zweites longitudinales Moment	Abschnitt 7.6
$\lambda_{Zentrum}$	Abstand Schauerzentrum-Vorderseite, Kalorimeter	Abschnitt 7.6
lateral	Laterales Moment	Abschnitt 7.6
longitudinal	Longitudinales Moment	Abschnitt 7.6
O	Ordnung	Abschnitt 2.1.1
ϕ	Azimutwinkel	Abschnitt 4.2
$\langle r^2 \rangle$	Zweites laterales Moment	Abschnitt 7.6
R	Energieanteil unterschiedlicher Clustertypen	Abschnitt 7.5
$R_{had,1}$	Energieanteil erster hadronischer Lage an em. Energie	Abschnitt 7.5
R_{had}	Energieanteil hadronischer an em. Energie	Abschnitt 7.5
$w, 2$	Laterale Schauerbreite	Abschnitt 7.5
w_{stot}	Absolute Schauerbreite	Abschnitt 7.5

Tabelle B.1.: *Verwendete Formelsymbole.*

Abkürzung	Bedeutung	Erste Behandlung
AOD	Datensatz zur Analyse	Abschn. 6.1.1
CERN	CERN	Abschn. 4.1
COM	Farb-Oktett-Modell	Abschn. 3.2.3
CSM	Farb-Singulett-Modell	Abschn. 3.2.2
DCS	Detektorkontrollsystem	Abschn. 5.2
DNA	Dynamische Rauschanpassung	Abschn. 7.1
DPD	Abgeleitete Physikdaten	Abschn. 6.1.1
EMEC	Elektromagnetisches Endkappenkalorimeter	Abschn. 4.5.3
ESD	Zusammengefasster Datensatz	Abschn. 6.1.1
GSF	Gauss'scher Summenfilter	Abschn. 7.1
HEC	Hadronisches Endkappenkalorimeter	Abschn. 4.5.3
LHC	*Large Hadron Collider*	Abschn. 4.1
LO	Führende Ordnung (i.d. Störungsrechnung)	Abschn. 2.1.1
NLO	Ordnung nach der Führenden (i.d. Störungsrechnung)	Abschn. 2.1.1
NRQCD	Nichtrelativistische QCD	Abschn. 3.2.2
MBTS	Minimum-Bias-Triggerszintillatoren	Abschn. 4.8.5
MC	Monte-Carlo(-Simulation)	Abschn. 6.2
PS	Proton-Synchrotron	Abschn. 4.1
PS	Vorskalierungsfaktor	Abschn. 4.8.2
QCD	Quantenchromodynamik	Abschn. 2.1.4
QED	Quantenelektrodynamik	Abschn. 2.1.1
SCT	Siliziumstreifenzähler *Semiconductor Tracker*	Abschn. 4.4.2
SPS	Super-Proton-Synchrotron	Abschn. 4.1
SM	Standardmodell	Kap. 2
TRT	Übergangsstrahlungsdetektor *Transition Radiation Tracker*	Abschn. 4.4.3
TT	Triggerturm	Abschn. 4.8.1
USA-15	Atlas-Rechnerkaverne	Abschn. 4.2
UX-15	Atlas-Detektorkaverne	Abschn. 4.2

Tabelle B.2.: *Verwendete Abkürzungen.*

Literaturverzeichnis

[Aad08] G. Aad et al. [ATLAS-Kollaboration], "ATLAS pixel detector electronics and sensors", JINST **3** (2008) P07007.

[Aad09a] G. Aad et al. [ATLAS-Kollaboration], "Expected Performance of the ATLAS Experiment - Detector, Trigger and Physics", arXiv:hep-ex/0901.0512.

[Aad09b] G. Aad et al. [ATLAS-Kollaboration], "The ATLAS Experiment at the CERN Large Hadron Collider", JINST **3** (2008) S08003.

[Aad10a] G. Aad et al. [ATLAS-Kollaboration], "ATLAS Monte Carlo Tunes for MC09", ATL-PHYS-PUB-2010-002.

[Aad10b] G. Aad et al. [ATLAS-Kollaboration], "Charged-particle multiplicities in pp interactions at $\sqrt{s} = 900\,\text{GeV}$ measured with the ATLAS detector at the LHC", Phys. Lett. B **688**, 21 (2010) [arXiv:hep-ex/1003.3124].

[Aad10c] G. Aad et al. [ATLAS-Kollaboration], "Electron and photon reconstruction and identification in ATLAS: expected performance at high energy and results at 900 GeV", ATLAS-CONF-2010-005.

[Aad10d] G. Aad et al. [ATLAS-Kollaboration], "Luminosity Determination in pp Collisions at $\sqrt{s} = 7\,\text{TeV}$ using the ATLAS Detector at the LHC", Eur. Phys. J. C **71** (2011) 1630 [arXiv:hep-ex/1101.2185].

[Aad10e] G. Aad et al. [ATLAS-Kollaboration], "Performance of primary vertex reconstruction in proton-proton collisions at $\sqrt{s} = 7\,\text{TeV}$ in the ATLAS experiment", ATLAS-CONF-2010-069.

[Aad10f] G. Aad et al. [ATLAS-Kollaboration], "The ATLAS Simulation Infrastructure", arXiv:ins-det/1005.4568v1.

[Aad11a] G. Aad et al. [ATLAS-Kollaboration], "ATLAS Muon Momentum Resolution in the First Pass Reconstruction of the 2010 p-p Collision Data at $\sqrt{s} = 7\,\text{TeV}$", ATLAS-CONF-2011-046.

Literaturverzeichnis

[Aad11b] G. Aad *et al.* [ATLAS-Kollaboration], "Electron performance measurements with the ATLAS detector using the 2010 LHC proton-proton collision data", ATLAS-PERF-2010-04-002; CERN-PH-EP-2011-117 (Publikation in Eur. Phys. J. C ist geplant).

[Aad11c] G. Aad *et al.* [ATLAS-Kollaboration], "Measurement of the dierential cross-sections of inclusive, prompt and non-prompt J/psi production in proton-proton collisions at $\sqrt{s}$ = 7 TeV", Nucl. Phys. B **850**, 387 (2011) [arXiv:hep-ex/1104.3038].

[Aad11c] G. Aad *et al.* [ATLAS-Kollaboration], "Performance of the ATLAS Trigger System in 2010", ATLAS-PERF-2011-02-003; CERN-PH-EP-2011-078 (Publikation in Eur. Phys. J. C ist geplant).

[Aad11d] G. Aad *et al.* [ATLAS-Kollaboration], "Updated Luminosity Determination in pp Collisions at $\sqrt{s}$ = 7 TeV using the ATLAS Detector", ATLAS-CONF-2011-011.

[Aal11] T. Aaltonen *et al.* [CDF- und D0-Kollaboration], "Combined CDF and D0 Upper Limits on Standard Model Higgs Boson Production with up to 8.2 fb-1 of Data", arXiv:hep-ex/1103.3233.

[Aam08] K. Aamodt *et al.* [ALICE-Kollaboration], "The Alice Experiment At The Cern Lhc", JINST **3** (2008) S08002.

[Abb98] B. Abbott *et al.* [D0-Kollaboration], "Small angle J / ψ production in $p\bar{p}$ collisions at $\sqrt{s}$ = 1.8 TeV", Phys. Rev. Lett. **82** (1999) 35 [arXiv:hep-ex/9807029].

[Abd96] O. B. Abdinov *et al.* [ATLAS-Kollaboration], "ATLAS liquid argon calorimeter: Technical design report", ATLAS-TDR-2.

[Abe97a] F. Abe *et al.* [CDF-Kollaboration], "J / ψ and $\psi(2S)$ production in $p\bar{p}$ collisions at $\sqrt{s}$ = 1.8 TeV", Phys. Rev. Lett. **79** (1997) 572.

[Abe97b] F. Abe *et al.* [CDF-Kollaboration], "Production of J/ψ mesons from χ_c meson decays in $p\bar{p}$ collisions at $\sqrt{s}$ = 1.8 TeV", Phys. Rev. Lett. **79** (1997) 578.

[Ach08] R. Achenbach *et al.*, "The ATLAS level-1 calorimeter trigger", JINST **3** (2008) P03001.

Literaturverzeichnis

[Ada05] M. Adams et al., "A Purity Monitoring System For Liquid Argon Calorimeters," Nucl. Instrum. Meth. A **545** (2005) 613.

[Adl03] S. S. Adler et al. [PHENIX-Kollaboration], "J/ψ production from proton proton collisions at $\sqrt{s}$ = 200-GeV", Phys. Rev. Lett. **92** (2004) 051802 [arXiv:hep-ex/0307019].

[Ado08] R. Adolphi et al. [CMS-Kollaboration], "The CMS experiment at the CERN LHC", JINST **3** (2008) S08004.

[A00] A. A. Aolder et al. [CDF-Kollaboration], "Measurement of J/ψ and psi(2S) polarization in $p\bar{p}$ collisions at $\sqrt{s}$ = 1.8TeV", Phys. Rev. Lett. **85** (2000) 2886 [arXiv:hep-ex/0004027].

[Afo10] A. Afonin et al. [HiLum-ATLAS-Endcap-Kollaboration], "Relative luminosity measurement of the LHC with the ATLAS forward calorimeter", 2010 JINST 5 P05005.

[Ago03] S. Agostinelli et al. [GEANT4-Kollaboration], "GEANT4: A simulation toolkit", Nucl. Instrum. Meth. A **506** (2003) 250.

[Agu11] M. Agustoni et al., "Electromagnetic energy scale in-situ calibration and performance: Supporting document for the egamma performance paper", ATL-COM-PHYS-2011-263.

[Aha09] M. Aharrouche (Johannes-Gutenberg-Universität, Mainz), persönliche Mitteilung, 2009.

[Aha10a] M. Aharrouche et al. [ATLAS-Kollaboration], "Double dierential Z,W cross sections and their ratios in the electron channels", ATL-COM-PHYS-2010-325.

[Aha10b] M. Aharrouche et al. [ATLAS-Kollaboration], "Electron performance of the ATLAS detector using the $J/\psi \to e^+e^-$ decays", ATL-PHYS-INT-2010-124.

[Aha10c] M. Aharrouche et al., "Expected electron performance in the ATLAS experiment", ATL-PHYS-INT-2010-126.

[Aha10d] M. Aharrouche (Johannes-Gutenberg-Universität, Mainz), persönliche Mitteilung, 2010.

Literaturverzeichnis

[Ahm07] A. Ahmad et al. "The Silicon microstrip sensors of the ATLAS semiconductor tracker", Nucl. Instrum. Meth. A **578** (2007) 98.

[Air96] A. Airapetian et al. [ATLAS-Kollaboration], "ATLAS computing technical proposal", CERN-LHCC-96-43.

[Air97a] A. Airapetian et al. [ATLAS-Kollaboration], "ATLAS barrel toroid: Technical design report", ATLAS-TDR-7.

[Air97b] A. Airapetian et al. [ATLAS-Kollaboration], "ATLAS central solenoid: Technical design report", ATLAS-TDR-9.

[Air97c] A. Airapetian et al. [ATLAS-Kollaboration], "ATLAS end-cap toroids: Technical design report", ATLAS-TDR-8.

[Air97d] A. Airapetian et al. [ATLAS-Kollaboration], "ATLAS inner detector: Technical design report. Vol. 1", ATLAS-TDR-4.

[Air97e] A. Airapetian et al. [ATLAS-Kollaboration], "ATLAS inner detector: Technical design report. Vol. 2", ATLAS-TDR-5.

[Air97f] A. Airapetian et al. [ATLAS-Kollaboration], "ATLAS magnet system: Technical design report", ATL-TDR-6.

[Air97g] A. Airapetian et al. [ATLAS-Kollaboration], "ATLAS muon spectrometer: Technical design report", ATLAS-TDR-10.

[Air99] A. Airapetian et al. [ATLAS-Kollaboration], "ATLAS: Technical Coordination: Technical Design Report", ATLAS-TDR-13.

[Ala98] M. S. Alam et al. [ATLAS-Kollaboration], "ATLAS pixel detector: Technical design report", ATLAS-TDR-11.

[Ale06] M. Aleksa et al., "2004 Atlas Combined Testbeam: Computation and Validation of the Electronic Calibration Constants for the Electromagnetic Calorimeter", ATL-LARG-PUB-2006-003.

[Ale08] M. Aleksa et al., "Measurement of the ATLAS solenoid magnetic field", JINST **3** (2008) P04003.

[Alv08] A. A. Alves et al. [LHCb-Kollaboration], "The Lhcb Detector At The Lhc", JINST **3** (2008) S08005.

Literaturverzeichnis

[Ana10a] C. Anastopoulos *et al.* [ATLAS-Kollaboration], "Performance of the ATLAS electromagnetic calorimeter for $\pi^0 \to \gamma\gamma$ and $\eta \to \gamma\gamma$ events ", ATL-CONF-2010-006.

[Ana10b] C. Anastopoulos und E. Paganinis (University of She eld, She eld), persönliche Mitteilung, Mai 2010.

[Ang08] F. Anghinolfi *et al.* [ATLAS-Kollaboration], "ATLAS: Forward Detectors for Measurement of Elastic Scattering and Luminosity", ATLAS-TDR-18.

[Arm94] W. W. Armstrong *et al.* [ATLAS-Kollaboration], "ATLAS: Technical proposal for a general-purpose p p experiment at the Large Hadron Collider at CERN", CERN-LHCC-94-43.

[ATL11] Fundus interner Dokumentationen der ATLAS-Kollaboration, https://twiki.cern.ch/twiki/bin/view/AtlasProtected.

[Aub74] J. J. Aubert *et al.* [E598-Kollaboration], "Experimental Observation Of A Heavy Particle J", Phys. Rev. Lett. **33** (1974) 1404.

[Aug74] J. E. Augustin *et al.* [SLAC-SP-017-Kollaboration], "Discovery Of A Narrow Resonance In E+ E- Annihilation", Phys. Rev. Lett. **33** (1974) 1406.

[Bai81] R. Baier und R. Rückl, "Hadronic Production Of J/Psi And Upsilon: Transverse Momentum Distributions", Phys. Lett. B **102** (1981) 364.

[Bar01] E. Barrelet *et al.* [H1 Calorimeter Group], "A purity monitoring system for the H1 liquid argon calorimeter", Nucl. Instrum. Meth. A **490** (2002) 204 [arXiv:hep-ex/0111066].

[Bar03] R. Barate *et al.* [LEP-Arbeitsgruppe für Higgs-Boson-Suchen und ALEPH-Kollaboration und DELPHI-Kollaboration und L3-Kollaboration und OPAL-Kollaboration], "Search for the standard model Higgs boson at LEP", Phys. Lett. B **565** (2003) 61 [arXiv:hep-ex/0306033].

[Bar79] V. D. Barger, W. Y. Keung and R. J. N. Phillips, "On Psi And Upsilon Production Via Gluons", Phys. Lett. B **91** (1980) 253.

[Bar80] V. D. Barger, W. Y. Keung and R. J. N. Phillips, "Hadroproduction Of Psi And Upsilon", Z. Phys. C **6** (1980) 169.

[Bar93] E. Barberio und Z. Was, "PHOTOS: A Universal Monte Carlo for QED radiative corrections. Version 2.0", Comput. Phys. Commun. **79** (1994) 291.

Literaturverzeichnis

[Ben04] M. Benedikt, P. Collier, V. Mertens, J. Poole und K. Schindl, "LHC Design Report. 3. The LHC injector chain", CERN-2004-003-V-3.

[Ber96] E. Berger *et al.* [ATLAS-Kollaboration], "ATLAS tile calorimeter: Technical design report", ATLAS-TDR-3.

[Bil92] P. Billoir und S. Qian, "Fast vertex fitting with a local parametrization of tracks", Nucl. Instrum. Meth. A **311**, 139 (1992).

[Bod94] G. T. Bodwin, E. Braaten und G. P. Lepage, "Rigorous QCD analysis of inclusive annihilation and production of heavy quarkonium", Phys. Rev. D **51** (1995) 1125 [Erratum-ibid. D **55** (1997) 5853]; [arXiv:hep-ph/9407339].

[Bra04] N. Brambilla *et al.* [Quarkonium Working Group], "Heavy quarkonium physics", arXiv:hep-ph/0412158.

[Bra10] N. Brambilla *et al.* [Quarkonium Working Group], "Heavy quarkonium: progress, puzzles, and opportunities", Eur. Phys. J. C **71** (2011) 1534 [arXiv:hep-ph/1010.5827].

[Bri98] P. Bright-Thomas *et al.* [ATLAS-Kollaboration], "ATLAS first-level trigger: Technical design report", ATLAS-TDR-12.

[Bru97] R. Brun und F. Rademakers, "ROOT: An object oriented data analysis framework", Nucl. Instrum. Meth. A **389** (1997) 81.

[Buc11] A. Buckley *et al.*, "General-purpose event generators for LHC physics", CERN-PH-TH-2010-298 [arXiv:hep-ph/1101.2599v1].

[Cac01] M. Cacciari, S. Frixione und P. Nason, "The p(T) spectrum in heavy-flavor photoproduction", JHEP **0103** (2001) 006 [arXiv:hep-ph/0102134].

[Cac98] M. Cacciari, M. Greco and P. Nason, "The p(T) spectrum in heavy-flavour hadroproduction", JHEP **9805** (1998) 007 [arXiv:hep-ph/9803400].

[Cal05] P. Calafiura, W. Lavrijsen, C. Leggett, M. Marino und D. Quarrie, "The athena control framework in production, new developments and lessons learned", aus *„Interlaken 2004, Computing in high energy physics and nuclear physics"* 456-458.

[Cam07] J. M. Campbell, F. Maltoni und F. Tramontano, "QCD corrections to J/psi and Upsilon production at hadron colliders", Phys. Rev. Lett. **98** (2007) 252002 [arXiv:hep-ph/0703113].

Literaturverzeichnis

[Car00] B. Caron *et al.* [ATLAS-Kollaboration], "ATLAS High-Level Triggers, DAQ and DCS Technical Proposal", CERN-LHCC-2000-17.

[Car03] B. Caron *et al.* [ATLAS-Kollaboration], "ATLAS high-level trigger, data acquisition and controls: Technical design report", ATLAS-TDR-016.

[Cer01] P. Cerello [ALICE-Kollaboration], "GRID computing: Concepts and applications", CERN-ALICE-PUB-2001-48.

[Cha79] C. H. Chang, "HADRONIC PRODUCTION OF J/ψ ASSOCIATED WITH A GLUON", Nucl. Phys. B **172** (1980) 425.

[Che09] S. Cheatham *et al.* [ATLAS-Kollaboration], "Quarkonia studies with early ATLAS data", arXiv:hep-ex/0906.0308.

[Cor07] T. Cornelissen *et al.*, "Concepts, Design and Implementation of the ATLAS New Tracking (NEWT)", ATL-SOFT-PUB-2007-007.

[Dja04] F. Djama, "Using $Z^0 \to e^+e^-$ for Electromagnetic Calorimeter Calibration", ATL-LARG-2004-008.

[Dre70] S. D. Drell und T. M. Yan, "Massive Lepton Pair Production In Hadron-Hadron Collisions At High-Energies", Phys. Rev. Lett. **25** (1970) 316 [Erratum-ibid. **25** (1970) 902].

[Duc05] G. Duckeck *et al.* [ATLAS-Kollaboration], "ATLAS computing: Technical design report", ATLAS-TDR-017.

[Epp05] M. Eppard und C. Zeitnitz, "Internal documentation of the purity monitor probes in the ATLAS LArg calorimeter", EDMS note ATL-AP-EN-0003.

[Ert09] E. Ertel, "Firmware-Entwicklung für das Reinheitsüberwachungssystem der Flüssig-Argon-Kalorimeter beim ATLAS Experiment", Diplomarbeit, Johannes-Gutenberg-Universität Mainz, April 2009.

[Etz07] E. Etzion *et al.*, "Heavy Quarkonium Production Simulations at ATLAS", ATL-PHYS-INT-2007-001.

[Eva08] L. Evans und P. Bryant, "Lhc Machine", JINST **3** (2008) S08001.

[Fra08] A. D. Frawley, T. Ullrich and R. Vogt, "Heavy flavor in heavy-ion collisions at RHIC and RHIC II", Phys. Rept. **462** (2008) 125 [arXiv:nucl-ex/0806.1013].

Literaturverzeichnis

[Frü87] R. Frühwirth, "Application Of Kalman Filtering To Track And Vertex Fitting", Nucl. Instrum. Meth. A **262** (1987) 444.

[Gin92] D. Gingrich *et al.* [ATLAS-Kollaboration], "ATLAS: Letter of intent for a general purpose p p experiment at the large hadron collider at CERN", CERN/LHCC/I 2, CERN/LHCC/92-4.

[Gla70] S. L. Glashow, J. Iliopoulos und L. Maiani, "Weak Interactions with Lepton-Hadron Symmetry", Phys. Rev. D **2** (1970) 1285.

[Gla12] A. Glatte *et al.* [Hilum-ATLAS-Liquid-Argon-Endcap-Kollaboration], *Liquid Argon Calorimeter Performance at High Rates*, Nucl. Instrum. Meth. A **669** (2012) 47

[Gru93] C. Grupen, "Teilchendetektoren", ISBN 3-411-16571-5.

[Gur95] G. Gurov, "UNK status and plans", *aus den Verhandlungen der „16th IEEE Particle Accelerator Conference" (PAC 95) und der „International Conference on High-energy Accelerators" (IUPAP), Dallas, Texas, 1. bis 5. Mai 1995, Seiten 416-419.*

[Hal84a] F. Halzen und A. D. Martin, "Quarks and Leptons: An introductory Course in Modern Particle Physics", ISBN 0-471-88741-2.

[Hal84b] F. Halzen, F. Herzog, E. W. N. Glover und A. D. Martin, "The J / Psi As A Trigger In Anti-P P Collisions", Phys. Rev. D **30** (1984) 700.

[Her00] A. Hergesell, "Entwicklung einer CAN-basierten Datenerfassung für die Flüssig-Argon-Monitore am ATLAS-Experiment", Diplomarbeit, Johannes-Gutenberg-Universität, 2000.

[Hil96] H. Hilscher, "Elementare Teilchenphysik", ISBN 3-528-06670-9.

[Iva08] S. Ivanov, "ACCELERATOR COMPLEX U70 OF IHEP-PROTVINO: STATUS AND UPGRADE PLANS", *aus den Verhandlungen der „RuPAC 2008", Zvenigorod, Russland.*

[Jon03] R. W. L. Jones, "ATLAS computing and the GRID", Nucl. Instrum. Meth. A **502** (2003) 372.

[Kha10] V. Khachatryan *et al.* [CMS-Kollaboration], "Prompt and non-prompt J/psi production in pp collisions at sqrt(s) = 7 TeV", Eur. Phys. J. C **71** (2011) 1575 [arXiv:hep-ex/1011.4193].

[Kle05] K. Kleinknecht, "Detektoren für Teilchenstrahlung", ISBN 3-835-10058-0.

[Koe09] S. König, "Optimierung der Analyse zur Messung von Elektronen aus Z^0-Boson Zerfällen am ATLAS-Experiment am LHC", Diplomarbeit, Johannes-Gutenberg-Universität Mainz, November 2009.

[Koe11] S. König (Johannes-Gutenberg-Universität, Mainz), persönliche Mitteilung, Juni 2011.

[Kom10] E. Komatsu et al. [WMAP-Kollaboration], "Seven-Year Wilkinson Microwave Anisotropy Probe (WMAP) Observations: Cosmological Interpretation", Astrophys. J. Suppl. **192** (2011) 18 [arXiv:astro-ph.CO/1001.4538].

[Kos92] V. Kostyukhin, "VKalVrt - package for vertex reconstruction in ATLAS", ATL-PHYS-2003-031.

[Kwe08] R. Kwee [ATLAS-Kollaboration], "Minimum Bias Triggers at ATLAS, LHC", arXiv:hep-ex/0812.0613.

[Lam08] W. Lampl et al., "Calorimeter clustering algorithms: Description and performance", ATL-COM-LARG-2008-003.

[Lan06] J. P. Lansberg, "J/ψ, ψ' and production at hadron colliders: A Review", Int. J. Mod. Phys. A **21** (2006) 3857 [arXiv:hep-ph/0602091].

[Lan08] J. P. Lansberg, "On the mechanisms of heavy-quarkonium hadroproduction", Eur. Phys. J. C **61** (2009) 693 [hep-ph/arXiv:0811.4005].

[Lan10] J. P. Lansberg, "Total J/psi production cross section at the LHC", arXiv:hep-ph/1006.2750v1.

[LPC10] [ATLAS LPC Group], ozielle Webseite http://lpc.web.cern.ch/lpc.

[Mak08] N. Makovec, "In-Situ Calibration of the Electromagnetic Calorimeter using $Z \to ee$ Events (Monte-Carlo studies)", ATL-COM-LARG-2008-008.

[Mar09] A. D. Martin, W. J. Stirling, R. S. Thorne und G. Watt, "Parton distributions for the LHC", Eur. Phys. J. C **63** (2009) 189 [arXiv:hep-ph/0901.0002].

[Med00] D. Meder[1], "Eichung des Reinheitsüberwachungssystems des ATLAS Flüssig-Argon-Kalorimeters", Diplomarbeit, Johannes-Gutenberg-Universität Mainz, Mai 2000.

---
[1] Mittlerweile D. Meder-Marouelli.

Literaturverzeichnis

[Mor09] A. Moraesy et al. [ATLAS-Kollaboration], "Modeling the underlying event: generating predictions for the LHC", ATL-PHYS-PROC-2009-045.

[Nak10] K. Nakamura et al. [Particle Data Group], "Review of particle physics", J. Phys. G **37** (2010) 075021.

[Per00] D. H. Perkins, "Introduction to High Energy Physics", ISBN 0-521-62196-8.

[Per01] P. Perrodo, "Cabling and installing the monitoring on the ATLAS electromagnetic barrel calorimeter", EDMS note ATL-AB-EN-0015.

[Piv05] M. Pivk und F. R. Le Diberder, "sPlot: a statistical tool to unfold data distributions", Nucl. Instrum. Meth. A555:356-369,2005 [arXiv:physics/0402083v3].

[Pov09] B. Povh, K. Rith, C. Scholtz und F. Zetsche, "Teilchen und Kerne: Eine Einführung in die physikalischen Konzepte", ISBN 3-540-68075-6.

[Pro10] K. Prokoviev et al. [ATLAS-Kollaboration], "Reconstruction of primary vertices in p-p at energies of 900 GeV and 7 TeV with the ATLAS detector", ATL-PHYS-SLIDE-2010-347.

[Pum02] J. Pumplin, D. R. Stump, J. Huston, H. L. Lai, P. M. Nadolsky und W. K. Tung, "New generation of parton distributions with uncertainties from global QCD analysis", JHEP **0207** (2002) 012 [arXiv:hep-ph/0201195].

[Rob10] A. Robichaud-Véronneau, "Measurement of the Production Cross-Section of J/ψ Mesons Decaying into Electron-Positron Pairs in Proton-Proton Interactions at a Collision Energy of 10 TeV, using a detailed Simulation of the ATLAS Detector at the CERN LHC", Dissertation, Université de Genève, Dezember 2010.

[Rut02] J. P. Rutherfoord, "Signal degradation due to charge buildup in noble liquid ionization calorimeters", Nucl. Instrum. Meth. A **482** (2002) 156.

[Rut11] J. P. Rutherfoord (University of Arizona, Tucson), persönliche Mitteilungen, Juli 2011; R. Walker (University of Arizona, Tucson), Abb. 5.11.

[Sec05] H. Secker, "Entwicklung einer Datenerfassungssoftware für das Reinheitsüberwachungssystem der ATLAS Flüssig-Argon-Kalorimeter", Diplomarbeit, Johannes-Gutenberg-Universität, 2005.

Literaturverzeichnis

[She07] A. Sherstnev und R. S. Thorne, "Parton Distributions for LO Generators", Eur. Phys. J. C **55**, 553 (2008) [arXiv:hep-ph/0711.2473].

[Sjo06] T. Sjostrand, S. Mrenna und P. Skands, "PYTHIA 6.4 Physics and Manual", JHEP **0605** (2006) 026 [arXiv:hep-ph/0603175].

[Sjo08] T. Sjostrand, S. Mrenna und P. Skands, "A Brief Introduction to PYTHIA 8.1", Comput. Phys. Commun. **178** (2008) 852 [arXiv:hep-ph/0710.3820].

[SSC85] [SSC-Kollaboration], "Report Of The Task Force On Ssc Commissioning And Operations", SSC-SR-1005.

[Tho87] J. Thomas und D. A. Imel, "Recombination Of Electron-Ion Pairs In Liquid Argon And Liquid Xenon", Phys. Rev. A **36** (1987) 614.

[Tog09] B. Toggerson, A. Newcomer, J. Rutherfoord und R. B. Walker, "Onset Of Space Charge Eects In Liquid Argon Ionization Chambers", Nucl. Instrum. Meth. A **608** (2009) 238.

[Ver03] W. Verkerke und D. P. Kirkby, "The RooFit toolkit for data modeling", *aus den Verhandlungen der „2003 Conference for Computing in High-Energy and Nuclear Physics" (CHEP 03), La Jolla, Kalifornien, 24. bis 28. März 2003, Seiten MOLT007* [arXiv:physics/0306116].

[Wal98] W. Walkowiak, "Entwicklung von Flüssig-Argon-Reinheitsmessgeräten für das ATLAS-Experiment und Messungen zur Energieauflösung eines hadronischen Flüssig-Argon-Kalorimeters", Dissertation, Johannes-Gutenberg-Universität Mainz, November 1998.

[Wil03] S. Williams, "The Ring On The Parking Lot", CERN Cour. **43N5** (2003) 16.

Danksagung

Eine Arbeit wie die vorliegende kann nicht gelingen, wirkten neben dem Verfasser nicht noch andere Personen* mit. An dieser Stelle möchte ich den Personen danken, die mich während meiner Promotion auf mannigfache Art unterstützt haben. Der Anspruch auf Vollständigkeit kann bei dieser Aufzählung durch die schiere Menge der Beteiligten nicht erfüllt werden.

An erster Stelle gilt mein Dank für fortwährende Unterstützung und die Möglichkeit, an einem interessanten Thema zu arbeiten, meinem Doktorvater ST. S stand immer für fruchtbare Diskussionen zur Verfügung, ob bei der Reinheitsmessung oder bei der Analyse.

Meine Zeit in und mit der Mainzer ETAP-Gruppe hat nicht nur diese Arbeit geprägt. Begonnen hat diese Zeit schon während meiner Diplomarbeit bei NA48, wo ich bereits viele der grundlegenden Methoden erlernt habe, die ich später bei der Promotion in der Atlas-Gruppe wieder einsetzen, vertiefen und um weitere ergänzen konnte. Dabei standen mir MB, KK, LM, CMM, MW, RW und AW hilfreich zur Seite.

Der gemeinsame Austausch innerhalb der Atlas-Gruppe geschah unter Beteiligung von einer viel größeren Anzahl von Menschen, und über einen viel längeren Zeitraum.

In der Anfangszeit beschäftigte ich mich im Rahmen des Purity-Projektes mit der Messung der Reinheit von flüssigem Argon. Diese Arbeit geschah in intensivem Austausch mit EE und HS, mit denen ich auch ein Büro teilte. Für die ruhige Atmosphäre, die konzentriertes Arbeiten ermöglichte, aber auch für auflockernde Diskussionen, bin ich Beiden dankbar. Ebenfalls im Rahmen des Purity-Projektes arbeitete ich mit RD und RO zusammen die bei allen technischen Unklarheiten und bei Fragen zur Historie des Reinheitsprojektes immer zur Seite standen. Bei Messungen in Protvino lernte ich von und mit E, H und CZ viel über das Messsystem.

Bei den Messungen in Protvino gewann ich Eindrücke über die Experimentalphysik jenseits der Analyse. Von den Beteiligten sind mir SD, SH, JR, AS und

---

*Aus Datenschutzgründen werden in der Verlagsfassung keine Namen genannt. Es findet eine Beschränkung auf Initialien statt.

Danksagung

PS in guter Erinnerung geblieben. Ebenfalls an den Messungen beteiligt waren HB und SC. Die Zusammenarbeit mit Beiden bei der Einbindung des Purity-Projektes in Genf fortführen zu dürfen empfand ich als sehr angenehm.

Das eigentliche Thema meiner Arbeit war die Suche nach Elektronen aus Zerfällen des J/ψ. Dabei hatte ich Gelegenheit mit einer Vielzahl interessanter Menschen zusammenzuarbeiten. In Mainz war ich froh, mit MA zusammenarbeiten zu dürfen, der mit seinem Ideenreichtum und viel Geduld zum Vorantreiben der Analyse beitrug. FE und MG standen mit umfangreichem Erfahrungsschatz zu Seite und verhalfen mir in Diskussionen in vielen Punkten zu mehr Klarheit.

Die Analyse von J/ψ-Zerfällen geschah wieder in Zusammenarbeit mit „Nicht-Mainzern". Ohne die Zusammenarbeit mit CA, NK, GP, AR, RDS und ES wären einige der im Verlauf der vorliegenden Arbeit durchgeführten Analysen sicher nicht zustande gekommen.

Während der gesamten Zeit war es angenehm, in die Mainzer ETAP-Gruppe eingebunden zu sein. Der gelegentliche Plausch beim Mittagessen oder in den Kaeepausen lieferte teilweise einen Kontrapunkt, führte aber teilweise auch zur Vertiefung des aktuellen Arbeitsgebietes. An einer Aufzählung aller Personen, die mir während meiner Zeit in der ETAP begegneten, würde ich sicher scheitern. Deswegen möchte ich stellvertretend einen Dank an MB, SE, AN, RP und CS richten. Einen besonderen Dank möchte ich SM und K-HG aussprechen, die, oft ungesehen, allzeit für das Wohl der Gruppe arbeiteten.

Die Analyse von Daten ist in großem Maße von Computern abhängig. Deswegen gebührt ein sehr spezieller Dank dem Administratorenteam, zu dem in wechselnder Besetzung JA, EE, GK, AP, MW und KW gehörten.

Zum Abschluß der Arbeit kommend scheint es mir, als habe ich das das gramatische Feingefühl meiner Korekturleser, die vorliegende Arbeit lesbarer machten, bis zum Äußerßten beansprucht. Sie trugen sehr dazu bei, die vorliegende Arbeit lesbarer zu machen und sprahclich und fachlich auf den aktuellen Stand zu heben, und das teilweise auch noch auf den letzten Drucker. Dafür bin ich AKB, FE, EE, BH, LM, CS, RW und AW sehr dankbar.

Nicht zuletzt ist die wissenschaftliche Arbeit eine Belastung für das private soziale Umfeld. Ein Meeting in Genf, das Montags morgens um 9 beginnt oder ein Plot, der nun wirklich nicht bis morgen warten kann, seien nur als Beispiele genannt. Ein Dank für die Akzeptanz dieser teils etwas widrigen Umstände und für Unterstützung gilt meinem Freundeskreis. Stellvertretend möchte ich J+TB, BB, MG, TH und MH, BK, TP und M+GZ nennen.

In noch viel größerem Maße trit das und viel mehr auf meine Familie zu. An letzter, aber nicht geringster, Stelle gilt deswegen ein ganz besonderer Dank für

Unterstützung und Verständnis meinen Eltern B und H, meinem Opa WZ, meinen Geschwistern S und S, meinem Schwager S und natürlich meiner Freundin AK.

i want morebooks!

Buy your books fast and straightforward online - at one of world's fastest growing online book stores! Environmentally sound due to Print-on-Demand technologies.

Buy your books online at
www.get-morebooks.com

Kaufen Sie Ihre Bücher schnell und unkompliziert online – auf einer der am schnellsten wachsenden Buchhandelsplattformen weltweit! Dank Print-On-Demand umwelt- und ressourcenschonend produziert.

Bücher schneller online kaufen
www.morebooks.de

VDM Verlagsservicegesellschaft mbH
Heinrich-Böcking-Str. 6-8   Telefon: +49 681 3720 174   info@vdm-vsg.de
D - 66121 Saarbrücken   Telefax: +49 681 3720 1749   www.vdm-vsg.de

Printed by Books on Demand GmbH, Norderstedt / Germany